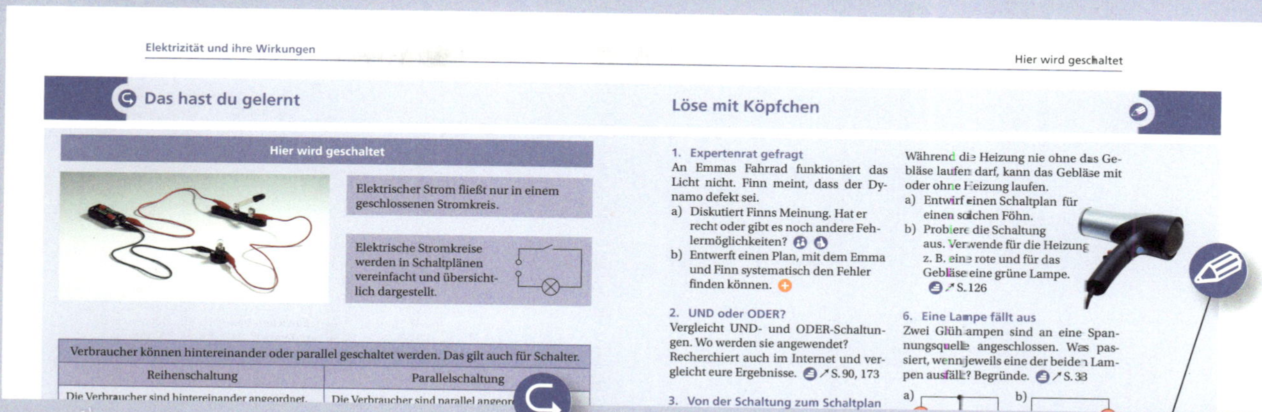
Elektrizität und ihre Wirkungen

Hier wird geschaltet

Das hast du gelernt

Hier wird geschaltet

Elektrischer Strom fließt nur in einem geschlossenen Stromkreis.

Elektrische Stromkreise werden in Schaltplänen vereinfacht und übersichtlich dargestellt.

Verbraucher können hintereinander oder parallel geschaltet werden. Das gilt auch für Schalter.

Reihenschaltung	Parallelschaltung
Die Verbraucher sind hintereinander angeordnet.	Die Verbraucher sind parallel angeor…

Löse mit Köpfchen

1. Expertenrat gefragt
An Emmas Fahrrad funktioniert das Licht nicht. Finn meint, dass der Dynamo defekt sei.
a) Diskutiert Finns Meinung. Hat er recht oder gibt es noch andere Fehlermöglichkeiten?
b) Entwerft einen Plan, mit dem Emma und Finn systematisch den Fehler finden können.

2. UND oder ODER?
Vergleicht UND- und ODER-Schaltungen. Wo werden sie angewendet? Recherchiert auch im Internet und vergleicht eure Ergebnisse. ↗ S. 90, 173

3. Von der Schaltung zum Schaltplan

Während die Heizung nie ohne das Gebläse laufen darf, kann das Gebläse mit oder ohne Heizung laufen.
a) Entwirf einen Schaltplan für einen solchen Föhn.
b) Probiere die Schaltung aus. Verwende für die Heizung z. B. eine rote und für das Gebläse eine grüne Lampe. ↗ S. 126

6. Eine Lampe fällt aus
Zwei Glühlampen sind an eine Spannungsquelle angeschlossen. Was passiert, wenn jeweils eine der beiden Lampen ausfällt? Begründe. ↗ S. 38

a) b)

Löse mit Köpfchen

Durch vielfältige und interessante Aufgaben kannst du erworbene Kenntnisse wiederholen und anwenden.

Das hast du gelernt

Du erhältst einen Überblick über wesentliche Inhalte mehrerer Themenseiten.

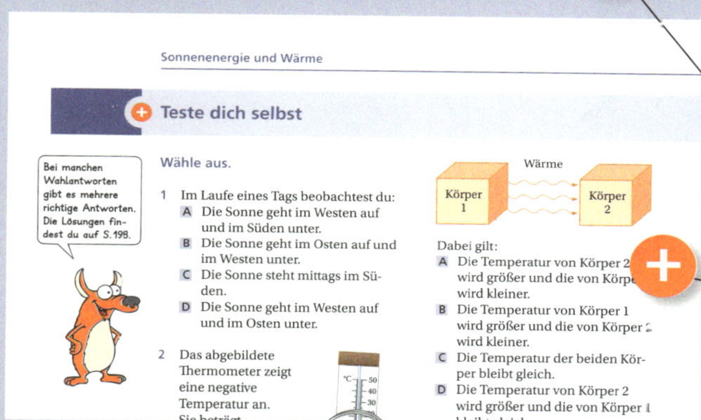
Sonnenenergie und Wärme

Teste dich selbst

Bei manchen Wahlantworten gibt es mehrere richtige Antworten. Die Lösungen findest du auf S. 198.

Wähle aus.

1 Im Laufe eines Tags beobachtest du:
A Die Sonne geht im Westen auf und im Süden unter.
B Die Sonne geht im Osten auf und im Westen unter.
C Die Sonne steht mittags im Süden.
D Die Sonne geht im Westen auf und im Osten unter.

2 Das abgebildete Thermometer zeigt eine negative Temperatur an. Sie beträgt …

Wärme
Körper 1
Körper 2

Dabei gilt:
A Die Temperatur von Körper 2 wird größer und die von Körper 1 wird kleiner.
B Die Temperatur von Körper 1 wird größer und die von Körper 2 wird kleiner.
C Die Temperatur der beiden Körper bleibt gleich.
D Die Temperatur von Körper 2 wird größer und die von Körper 1 bleibt gleich.

Teste dich selbst

Hier kannst du dein Wissen selbstständig überprüfen. Die Lösungen findest du im Anhang des Lehrbuchs.

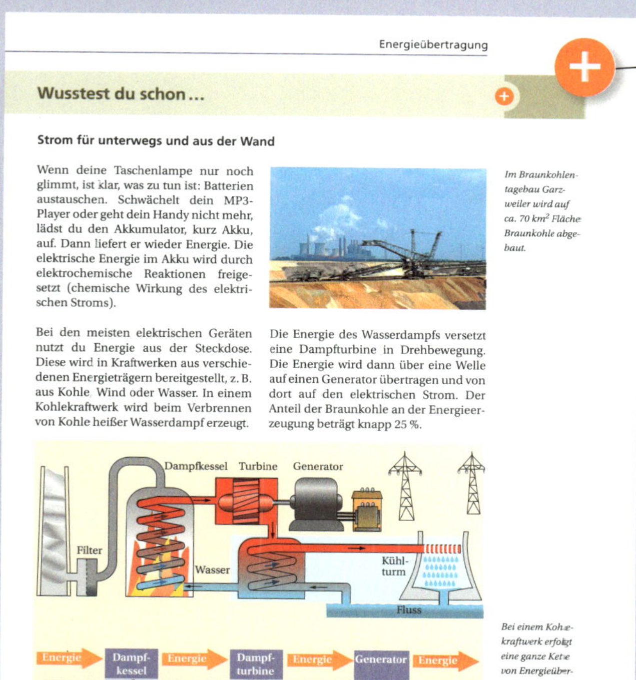
Energieübertragung

Wusstest du schon …

Strom für unterwegs und aus der Wand

Wenn deine Taschenlampe nur noch glimmt, ist klar, was zu tun ist: Batterien austauschen. Schwächelt dein MP3-Player oder geht dein Handy nicht mehr, lädst du den Akkumulator, kurz Akku, auf. Dann liefert er wieder Energie. Die elektrische Energie im Akku wird durch elektrochemische Reaktionen freigesetzt (chemische Wirkung des elektrischen Stroms).

Bei den meisten elektrischen Geräten nutzt du Energie aus der Steckdose. Diese wird in Kraftwerken aus verschiedenen Energieträgern bereitgestellt, z. B. aus Kohle, Wind oder Wasser. In einem Kohlekraftwerk wird beim Verbrennen von Kohle heißer Wasserdampf erzeugt.

Die Energie des Wasserdampfs versetzt eine Dampfturbine in Drehbewegung. Die Energie wird dann über eine Welle auf einen Generator übertragen und von dort auf den elektrischen Strom. Der Anteil der Braunkohle an der Energieerzeugung beträgt knapp 25 %.

Im Braunkohlentagebau Garzweiler wird auf ca. 70 km² Fläche Braunkohle abgebaut.

Dampfkessel Turbine Generator
Filter
Wasser
Kühlturm
Fluss
Energie → Dampfkessel → Energie → Dampfturbine → Energie → Generator → Energie

Bei einem Kohlekraftwerk erfolgt eine ganze Kette von Energieübertragungen. Ein…

Wusstest du schon …

Hier kannst du dein Wissen erweitern oder vertiefen.

Symbole zu den Aufgaben

- Erweiterndes und Vertiefendes
- Erkenntnisse gewinnen
- Kommunizieren
- Bewerten

Physik – na klar!

Lehrbuch Band 1
Nordrhein-Westfalen

Duden Schulbuchverlag
Berlin · Mannheim

Autoren
Dr. habil. Barbara Gau
Ingo Koch
Prof. Dr. habil. Lothar Meyer
PD Dr. Gerd Riedl

Beiträge von
Evelyn Honcu, Dirk Kelch, Michael Neunzig, Dr. habil. Christa Pews-Hocke, Dr. Josef Küblbeck, Dr. Adria Wehser, Silvia Wenning

Beraterin
Silvia Wenning, Essen

Dieses Werk enthält Vorschläge und Anleitungen für Untersuchungen und Experimente. Vor jedem Experiment sind mögliche Gefahrenquellen zu besprechen. Die Gefahrstoffe sind durch die entsprechenden Symbole gekennzeichnet. Experimente werden nur nach Anweisung der Lehrkraft durchgeführt. Solche mit Gefahrstoffen dürfen nur unter Aufsicht durchgeführt werden. Beim Experimentieren sind die Richtlinien zur Sicherheit im naturwissenschaftlichen Unterricht einzuhalten.

1. Auflage
1 5 4 3 2 1 | 2015 2014 2013 2012 2011
Alle Drucke dieser Auflage können im Unterricht nebeneinander benutzt werden.
Die letzte Zahl bezeichnet das Jahr des Druckes.

Internet www.duden-schulbuch.de

Redaktion Dr. habil. Barbara Gau
Gestaltungskonzept Schröder Design
Einband Britta Scharffenberg, Schröder Design
Layout corngreen, Cornelia Gründer, Leipzig; Claudia Kilian, Manuela Liesenberg, Angela Richter, Christel Ruppin, Marion Schneider
Grafik Heribert Braun, Peter Friedl, Christiane Gottschlich, Melanie Groger, Gabriele Lattke, Heike Möller, Jens Prockat, Walther-Maria Scheid
Titelbild Hagebutten, shutterstock/loisik
Druck und Bindung CS-Druck CornelsenStürtz, Berlin
ISBN 978-3-8355-3162-8

Inhaltsverzeichnis

1 Sonnenenergie und Wärme 8

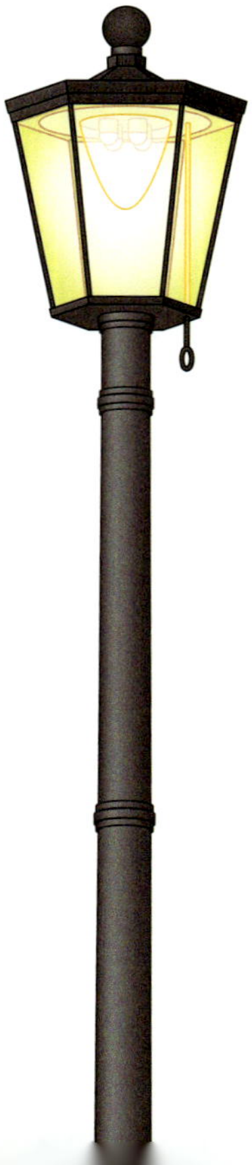

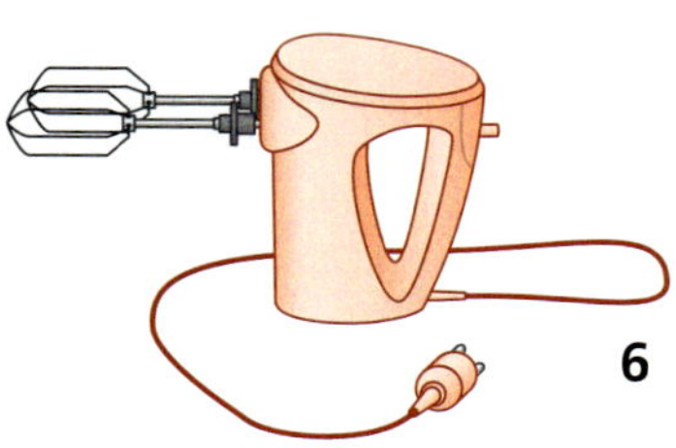

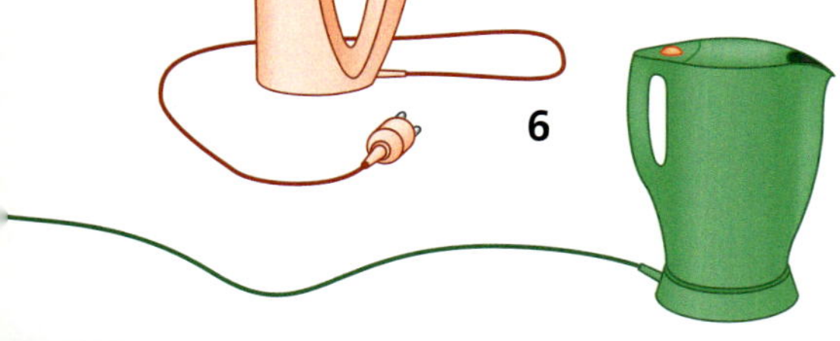

So kannst du vorgehen

1 Sonnenenergie und Wärme

1 Wohlfühltemperatur
Viele Tiere, aber auch Menschen leben ständig in der Kälte. Wie schützen sie sich? Was versteht man unter der Wohlfühltemperatur?

2 Und nun zum Wetter von morgen …

Nicht nur Verkehrsteilnehmer interessiert: Ist mit Regen oder Nebel zu rechnen? Besteht Glatteisgefahr? Wettererscheinungen gibt es viele. Erarbeitet Steckbriefe für Wettererscheinungen. Veranstaltet einen Quiz.

3 Ein Haus wird geplant

Denke dir eine kurze Geschichte zu diesem Bild aus. Schreibe sie auf. Vergleicht eure Geschichten. Was haben sie gemeinsam?

4 Lange Tage – kurze Tage

Morgens klingelt der Wecker zwar immer zur gleichen Zeit, aber im Laufe eines Jahrs ist es unterschiedlich hell. Was ändert sich alles in den vier Jahreszeiten? Zeichne eine Mindmap. Was hat es mit der fünften Jahreszeit auf sich?

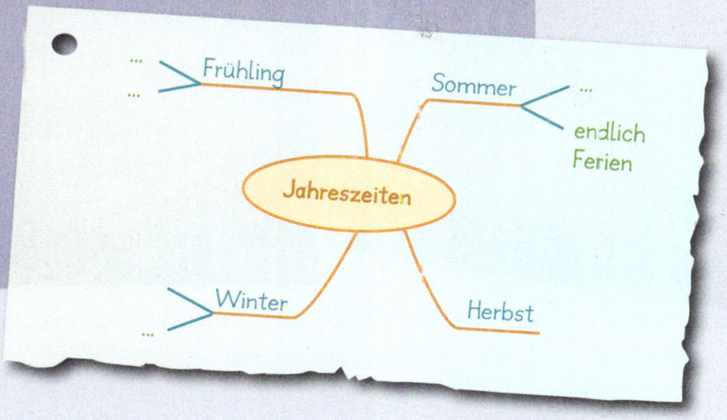

Leben in den Jahreszeiten

Die scheinbare Bewegung der Sonne

Endlich ist Frühling! Tim meint: „Die Sonne steht nun wieder höher am Himmel."
Tina widerspricht: „Die Sonne steht nicht. Sie bewegt sich um uns herum."

Viele Himmelsbeobachtungen sind für dich selbstverständlich: Die Sonne, die abends unter dem Horizont versinkt und morgens als gleißend helle Scheibe emporsteigt, ist ein- und derselbe Stern.

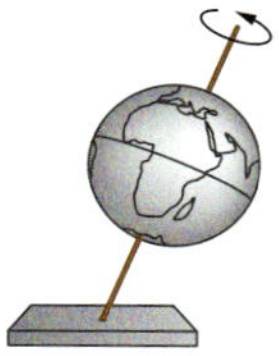

Die Bewegung der Sonne, die du beobachtest, ist eine **scheinbare Bewegung**. In Wirklichkeit bewegt sich unsere Erde während eines Tags ein Mal um ihre Achse. Das ist die **wahre Bewegung**.

Die scheinbare tägliche Bewegung der Sonne kannst du leicht verfolgen: Die Sonne geht im Osten auf. Sie hat im Süden ihren höchsten Stand und geht im Westen unter.

Wie hoch die Sonne über dem Horizont steht, hängt von der Jahreszeit ab.
Durch die scheinbare Bewegung der Sonne kannst du dich im Gelände orientieren.

- Die scheinbare tägliche Bewegung der Sonne kommt durch die wahre Bewegung der Erde um sich selbst zustande.

Die Erde dreht sich in 24 Stunden entgegen dem Uhrzeigersinn ein Mal um ihre eigene Achse. Diese Achse verläuft durch den Nordpol und Südpol der Erde. Du drehst dich an deinem Standort mit der Erde mit und erlebst so im Wechsel **Tag** und **Nacht**.

Der Sonnenuntergang wurde zeitlich nacheinander von einem Ort aus fotografiert. Beschreibe die scheinbare Bewegung der Sonne.

Aufgaben

1 _ Begründe, warum die Bewegung der Sonne um die Erde eine scheinbare Bewegung ist. ↗ S. 38

2 _ Erläutere mithilfe der Abbildung rechts: Mittags weist der Schatten eines Körpers nach Norden und ist am kürzesten. Wann ist der Schatten am längsten?

3 _ Schreibe einen kurzen Text, wie Tag und Nacht zustande kommen.

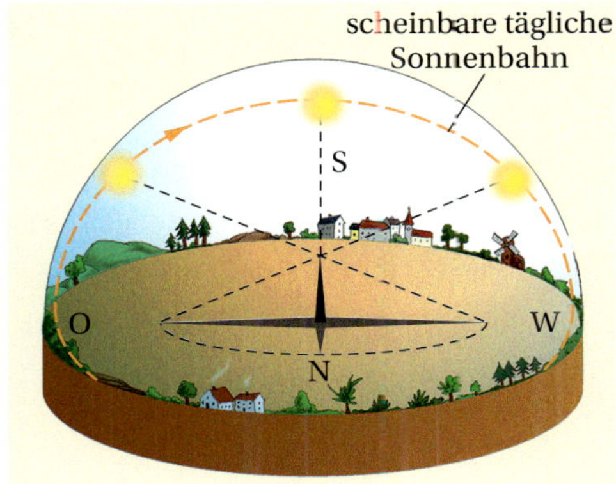

Erforsche es

Tag und Nacht wechseln sich ab

Baut in Partnerarbeit einen Globus, mit dem ihr den Wechsel von Tag und Nacht zeigen könnt.

Vorbereitung:

a) Ein Globus ist ein Modell für unsere Erde. Findet heraus, welche Gemeinsamkeiten und welche Unterschiede zwischen der wirklichen Erde und ihrem Modell Globus bestehen.

b) Ihr benötigt folgende Materialien: Holzspieß, Styroporkugel (Durchmesser ca. 15 cm), Stifte, Styroporplatte, Taschenlampe

Durchführung:

a) Markiert den „Äquator" an der Stelle mit dem größten Umfang, die Umrisse der Kontinente und etwa euren Wohnort.

b) Steckt das eine Ende des Holzspießes als „Erdachse" in die Styroporplatte und berücksichtigt dabei wie in der Abbildung rechts die Neigung der Achse.

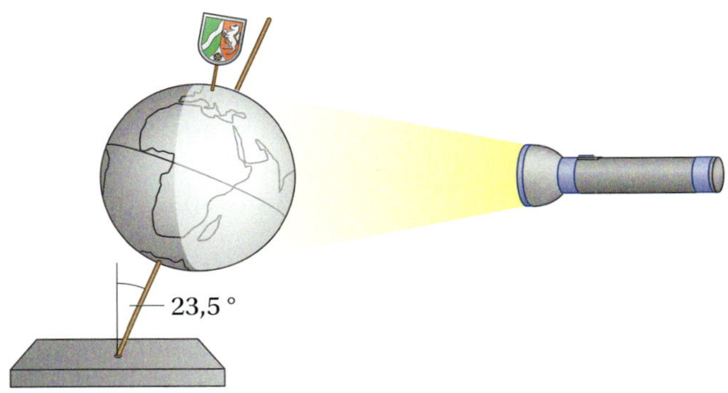

c) In einem verdunkelten Raum lenkt einer von euch beiden das Licht einer Taschenlampe genau auf den Äquator. Der andere dreht den Globus um seine Achse und beobachtet dabei die Lichtseite und die Schattenseite.

d) Wechselt eure Positionen und wiederholt den Vorgang.

Auswertung:

a) Beschreibt und deutet eure Beobachtungen.

b) Zeigt am Modell, wann an eurem Wohnort Tag, und wann Nacht ist.

Leben in den Jahreszeiten

Die Entstehung der Jahreszeiten

Die Achse, um die sich unsere Erde dreht, ist geneigt. Was hat das mit den Jahreszeiten zu tun?

Die Erde bewegt sich in einem Jahr ein Mal um die Sonne. Den wiederkehrenden **Jahresrhythmus** spürst du mit den Veränderungen in den **Jahreszeiten**.

Im Winter sind die Nächte lang. Das Tageslicht scheint nur relativ kurze Zeit. Im Sommer sind die Nächte kurz. Die Sonne geht früh auf und spät unter.

Während eines Umlaufs der Erde um die Sonne ändert sich zwar ständig ihr Abstand von der Sonne. Die Jahreszeiten entstehen jedoch durch die Neigung der Erdachse.

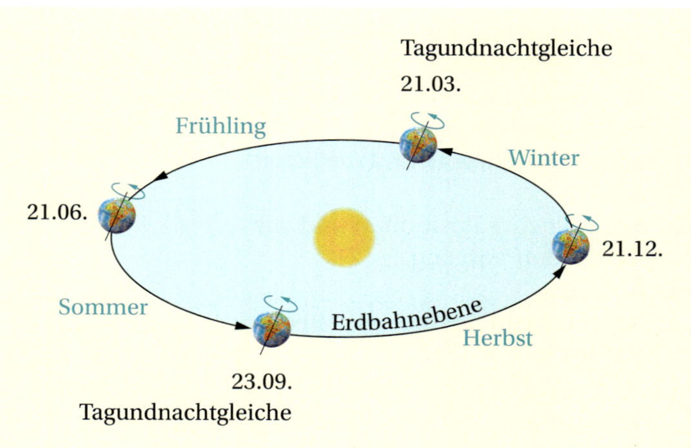

Die Erdachse bildet mit der Senkrechten auf der Ebene der Erdbahn einen Winkel von 23,5°.

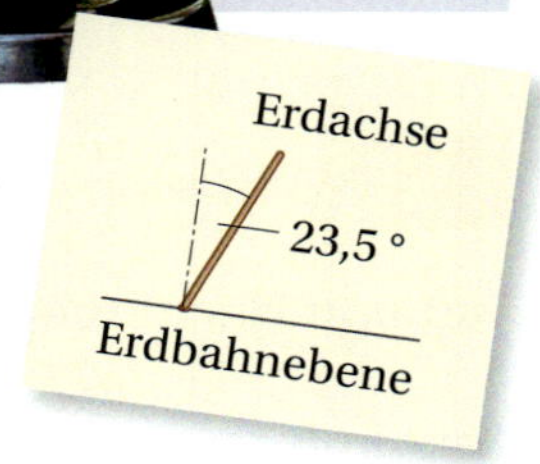

- Prüfe diesen Winkel an deinem selbst gebauten Globus.

Durch die Neigung der Erdachse ändert sich während der Bewegung der Erde um die Sonne im Laufe eines Jahrs der Stand der Sonne.
Da die Erde immer in die gleiche Richtung geneigt ist, wird im Sommer die Nordhalbkugel länger beleuchtet als im Winter.

> Die Jahreszeiten entstehen bei uns durch die jährliche Bewegung der Erde um die Sonne. Die Neigung der Erdachse weist dabei immer in die gleiche Richtung.

Was auf der Südhalbkugel der Erde und was im Bereich des Äquators passiert, findest du heraus, wenn du die Experimente auf der gegenüberliegenden Seite durchführst.

Erforsche es

Lange Tage – kurze Nächte?

1. Untersuche, wie die Energie des Sonnenlichts, das auf eine Fläche fällt, vom Einfallswinkel abhängt.
   Durchführung:
   a) Lass Licht aus einer bestimmten Entfernung auf eine Solarzelle treffen, an die ein Motor mit Ventilator angeschlossen ist.

   b) Verändere den Einfallswinkel des Lichts, indem du die Solarzelle kippst. Der Abstand Lampe – Solarzelle muss gleich bleiben.
   Auswertung:
   Beschreibe deine Beobachtungen. Ziehe Schlüsse aus der Schnelligkeit, mit der sich der Ventilator dreht, auf die Energie des Sonnenlichts.

2. Untersuche mit einem Partner das Zustandekommen von Jahreszeiten. +
   Vorbereitung:
   Recherchiert, was ein Polartag ist.
   Durchführung:
   a) Untersucht die Positionen A, B und C in der Tabelle rechts, wenn sich die Lichtquelle rechts vom Globus befindet.
   b) Beobachtet bei jeder Position, auf welche Hälfte der Kugel mehr Licht trifft. Übernehmt die Tabelle oben ins Protokoll und tragt die Ergebnisse ein.

Position	Halbkugel mit mehr Licht
A	Nordhalbkugel
B	…
C	…

   Auswertung:
   a) Schließt jeweils für die Positionen A, B und C, auf welcher Halbkugel das Licht flacher einfällt.
   b) Ordnet den Positionen die Jahreszeiten auf der jeweiligen Halbkugel zu.
   c) Auf welche Stelle der Kugel in Position A trifft trotz Drehung um die Erdachse kein Licht? Was bedeutet das dort für den Wechsel von Tag und Nacht?

Position	Stellung der Erdachse zur Lichtquelle	Skizze
A	Die Erdachse ist zur Lichtquelle geneigt. Der mittlere Lichtstrahl der Lichtquelle trifft oberhalb der Äquatorlinie auf.	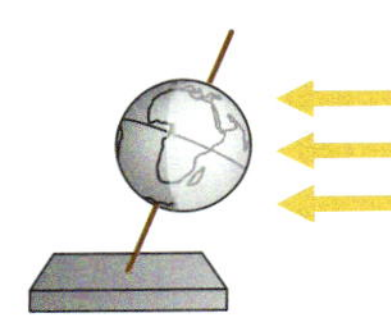
B	Die Erdachse neigt sich von der Lichtquelle weg. Der mittlere Lichtstrahl der Lichtquelle trifft unterhalb der Äquatorlinie auf.	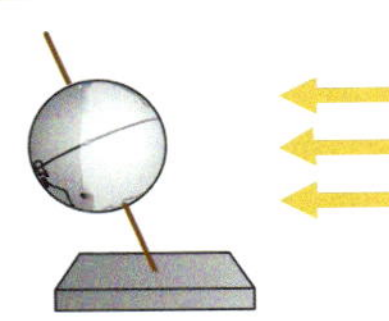
C	Der mittlere Lichtstrahl trifft auf die Äquatorlinie.	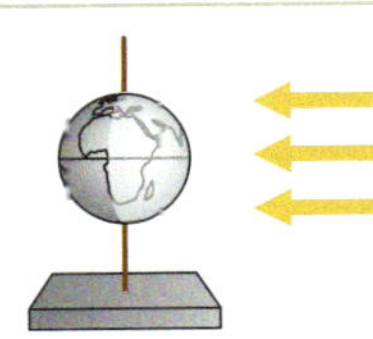

Leben in den Jahreszeiten

Tagundnachtgleiche in Europa

Steinzeitmenschen in Europa konnten bereits Frühlingsanfang und Herbstanfang bestimmen. Wie gelang ihnen das?

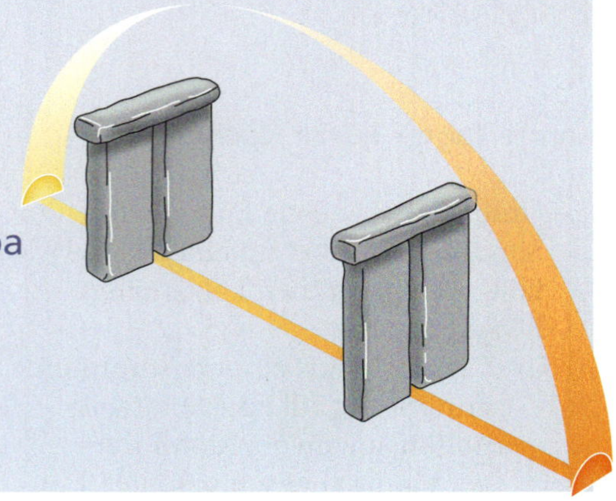

Tag und Nacht entstehen, weil sich die Erde in 24 Stunden einmal um sich selbst dreht.

Am längsten scheint bei uns die Sonne zur Sommersonnenwende am 21. Juni mit 16 Stunden. Am kürzesten scheint sie zur Wintersonnenwende am 21. Dezember mit nur 8 Stunden.

- Finde den 21. Juni und den 21. Dezember in der Abbildung auf der Seite 12.

Nicht nur die Sonnenscheindauer ist unterschiedlich, sondern auch der Winkel, unter dem die Sonne auf die Erde scheint.
Im Sommer ist dieser Winkel bei uns wesentlich steiler als im Winter. Der steilere Winkel bewirkt eine stärkere Erwärmung der Erdoberfläche.

Zwischen dem Sommer- und dem Winterhalbjahr geschieht es zwei Mal, dass Tag und Nacht mit je 12 Stunden gleich lang sind. Daher rührt die Bezeichnung **Tagundnachtgleiche**. Das ist zu Frühlingsanfang am 21. März und zu Herbstanfang am 23. September der Fall.

Nur an diesen Tagen geht die Sonne genau im Osten auf und genau im Westen unter. Diese beiden Orte am Horizont können durch eine gerade Linie verbunden werden. Wird die Linie durch Öffnungen in Felsblöcken markiert, dann kann jedes Jahr erneut der Zeitpunkt von Frühlingsanfang und Herbstanfang bestimmt werden.

Auf der Nordhalbkugel wird die Erdoberfläche im Sommer stärker erwärmt als im Winter.

Stonehenge in Mittelengland diente zur Beobachtung des Laufs der Sonne und damit zur genauen Bestimmung der Ost-West-Richtung.

Dies haben Völker in Europa bereits in der Steinzeit tatsächlich getan. In Kultstätten ordneten sie große Steine entsprechend an und schufen damit die Basis für eine einfache Zeitrechnung.

Die Zeitdauer zwischen zwei Frühlingsanfängen wurde als **Länge eines Jahrs** bestimmt. Dabei zeigte sich, dass ein Jahr keine ganze Anzahl von Tagen währt, sondern etwa 365,25 Tage lang ist.

Aus praktischen Gründen muss ein Kalenderjahr natürlich aus einer ganzen Anzahl von Tagen bestehen. Dafür wird in Abständen von vier Jahren der 29. Februar als Schalttag eingeführt.

Aufgaben

1 Ein Erdumlauf um die Sonne dauert 365 Tage und 6 Stunden. Welche Bedeutung hat dies für unseren Kalender?

2 Beschreibe mithilfe der Abbildung unten die Unterschiede im Lichteinfall der Sonne im Sommer und im Winter. ↗ S. 20, 173
Gehe auf die Länge eines Tags, die Höhe des Sonnenstands und die Länge des Schattens zur Mittagszeit ein. Vergleiche die Orte, an denen die Sonne auf- und untergeht.

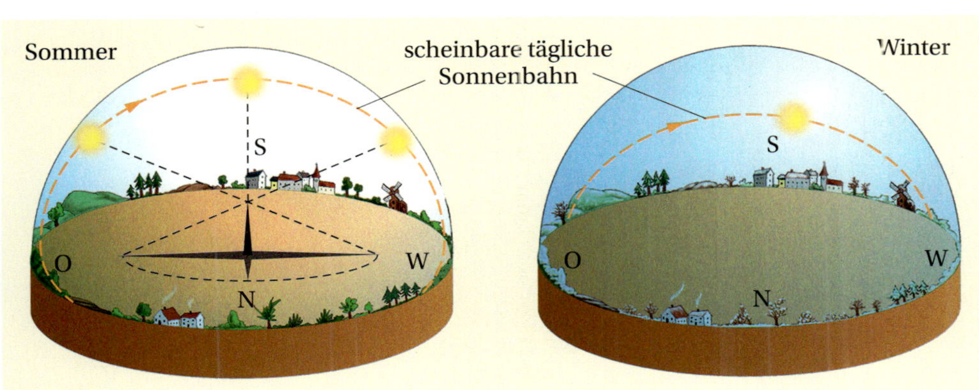

Das hast du gelernt

Leben in den Jahreszeiten

Bewegungen und Beobachtungen	
Bewegungen	Beobachtungen
Tägliche Bewegung: Die Erde dreht sich um ihre eigene Achse. Tageslänge: 24 Stunden	Die Sonne bewegt sich scheinbar von Ost über Süd nach West. Es entstehen **Tag** und **Nacht**.
Jährliche Bewegung: Die Erde bewegt sich um die Sonne. Jahreslänge: 365,25 Tage	Die Sonne „steht" im Sommer höher als im Winter. Es entstehen die Jahreszeiten.

Die **Jahreszeiten** entstehen durch die Bewegung der Erde um die Sonne und die Neigung der Erdachse. Dadurch fällt im Sommer die Sonnenstrahlung länger und steiler auf eine Erdhälfte als im Winter.

- Die Erde ist ein Teil unseres Sonnensystems. Die Sonne befindet sich im Zentrum des Sonnensystems.
- Die Erde bewegt sich um die Sonne.
- Der Mond kreist um die Erde und bewegt sich mit ihr zusammen um die Sonne.

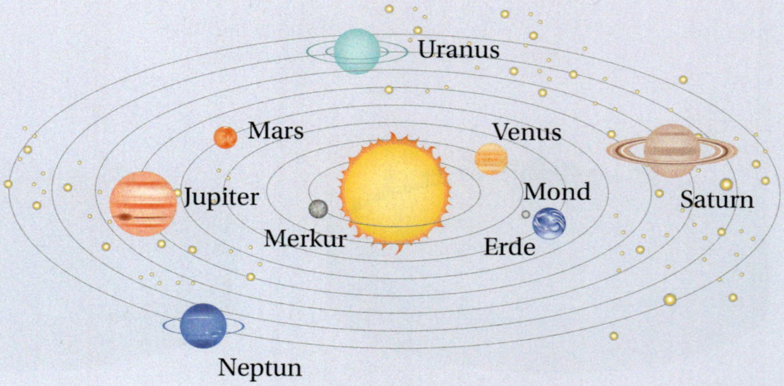

Löse mit Köpfchen

1. Genauigkeit in Stunden
Ein Jahr hat ja nicht exakt 365 Tage, sondern 365,25 Tage.
a) Wie viele Stunden sind 0,25 Tage?
b) Wie viele Stunden hat ein Jahr?

2. Modell Erde
Führe an einem Ball die Drehung der Erde um ihre eigene Achse vor. Berücksichtige auch die Neigung der Erdachse. Beachte: Die Erde dreht sich entgegen dem Uhrzeigersinn.

3. Steiler oder flacher?
Nimm den selbst gebauten Globus zur Hilfe und finde heraus, wie sich der Einfallswinkel der Sonne im Laufe eines Jahrs verändert
- an deinem Wohnort,
- am Äquator.

Beschreibe den Einfluss, den der Einfallswinkel auf die Erwärmung der Erdoberfläche hat. ↗ S. 20

4. Alles klar?
Bringe das Puzzle in Ordnung.

5. Schneeschmelze
Begründe mit deinen Ergebnissen aus dem Experiment 1 auf der Seite 53, warum man zur Zeit der Schneeschmelze Folgendes beobachten kann:

Der Schnee schmilzt zuerst an geneigten freien Hangflächen mit Südlage und erst später auf dem ebenen Boden.

6. Jahreszeiten
Erkläre, wie die Jahreszeiten auf der Nordhalbkugel zustande kommen. Gibt es überall auf der Erde vier Jahreszeiten?
↗ S. 138

Rauf und runter mit der Temperatur

Körper und Stoffe

Gib einen Tropfen Tinte in Leitungswasser.
Warte einige Zeit und beschreibe deine Beobachtungen.

Alle Gegenstände, die dich umgeben, heißen in der Physik **Körper.** Nicht nur Tinte und Wasser sind Körper. Auch der menschliche Körper ist für physikalische Untersuchungen ein Körper.
Das Material, aus dem ein Körper besteht, heißt **Stoff.**

> Alle Körper bestehen aus Stoffen, etliche sogar aus mehreren Stoffen.

Naturwissenschaftler bezeichnen diese Teilchen als Atome oder Moleküle.

Wasser und Tinte bestehen aus kleinen **Teilchen,** die du mit bloßem Auge nicht sehen kannst. Die Teilchen befinden sich in ständiger Bewegung. So kommt es, dass sich Tinte und Wasser nach einiger Zeit vermischen.

Du kannst dir die Teilchen, aus denen Stoffe bestehen, vereinfacht als kleine Kugeln vorstellen.

Wie Stoffe aufgebaut sind, wird im **Teilchenmodell** zusammengefasst:

> 1. Alle Stoffe bestehen aus Teilchen.
> 2. Die Teilchen befinden sich in ständiger, unregelmäßiger Bewegung.
> 3. Zwischen den Teilchen wirken Kräfte.

Das Teilchenmodell ist eine vereinfachte Vorstellung von der Wirklichkeit.

Ein Stoff kann sich im festen, flüssigen oder gasförmigen **Aggregatzustand** befinden. Eine Übersicht findest du auf der gegenüberliegenden Seite.

Aufgaben

1 Nenne je zwei feste, flüssige und gasförmige Körper. Aus welchen Stoffen bestehen sie?

2 Erkläre mit dem Teilchenmodell: Warum verteilt sich ein Tropfen Tinte im Wasser?
Was passiert, wenn du Zucker in heißen Tee gibst? ↗ S. 138

Übersicht über die Aggregatzustände

	Feste Körper	Flüssigkeiten	Gase
Beispiel	 Die Schale aus Messing ist ein fester Körper.	 Der Orangensaft ist eine Flüssigkeit.	 Die Luft im Ballon ist ein Gas.
Aufbau	Die Teilchen von festen Körpern liegen sehr eng und regelmäßig beieinander. Sie haben einen festen Platz. 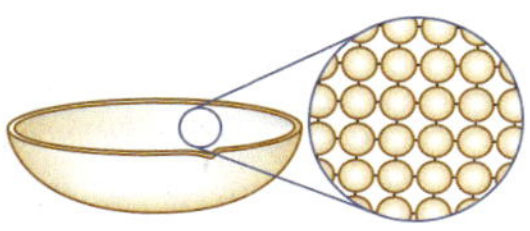 Die Teilchen von festen Körpern schwingen um ihren Platz hin und her. Zwischen ihnen gibt es starke anziehende Kräfte.	Die Teilchen liegen dicht, haben aber keinen festen Platz. Sie lassen sich verschieben. Ihr Abstand bleibt gleich. 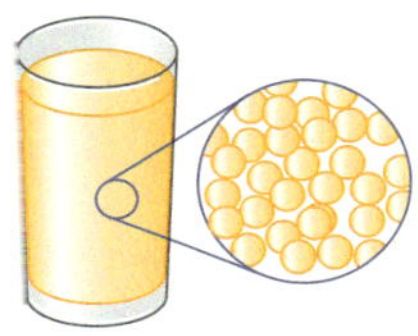 Die Teilchen bewegen sich an dem Platz hin und her, an dem sie sich gerade befinden. Ihre anziehende Kräfte sind kleiner als bei festen Körpern.	Der Abstand der Teilchen von Gasen ist groß. Sie haben keinen festen Platz. 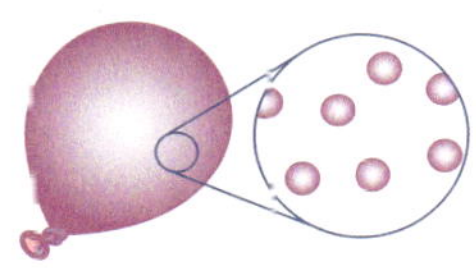 Die Teilchen bewegen sich frei im gesamten Raum, den sie einnehmen. Ihre anziehende Kräfte sind kleiner als bei Flüssigkeiten.
Form	 Feste Körper haben eine bestimmte Form.	 Flüssigkeiten nehmen die Form des Gefäßes an.	 Gase passen sich der Form des Gefäßes an.
Volumen	 Feste Körper haben ein bestimmtes Volumen. Sie lassen sich nicht zusammendrücken.	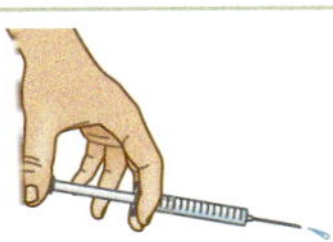 Flüssigkeiten haben ein bestimmtes Volumen. Sie lassen sich nicht zusammendrücken.	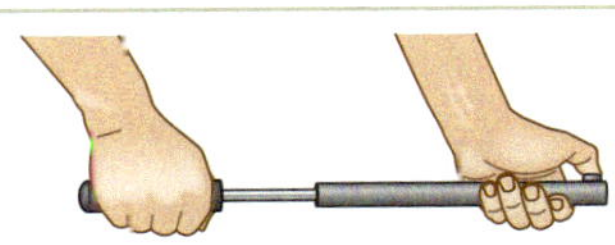 Gase haben kein bestimmtes Volumen. Sie lassen sich zusammendrücken.

So kannst du vorgehen

Beschreiben

Wenn du etwas Spannendes beobachtet hast, möchtest du es sicher auch anderen mitteilen. Dazu musst du deine Beobachtung möglichst genau beschreiben.

Auch beim Experimentieren kommt es darauf an, dass du deine Beobachtungen, dein Vorgehen oder das Ergebnis des Experiments beschreibst.

Stelle beim **Beschreiben** zusammenhängend und geordnet dar, **wie** z. B. ein Vorgang abläuft.
Schreibe gegliedert und in logischer Reihenfolge. Durch Fachbegriffe entfallen umständliche Umschreibungen.

In einem Gefäß werden Fruchtsirup und Wasser vorsichtig übereinandergeschichtet. Dann bleibt das Gefäß bei gleichen äußeren Bedingungen zwölf Stunden lang unberührt stehen.
Beschreibe mithilfe der Abbildung unten das Ergebnis des Versuchs nach zwölf Stunden.

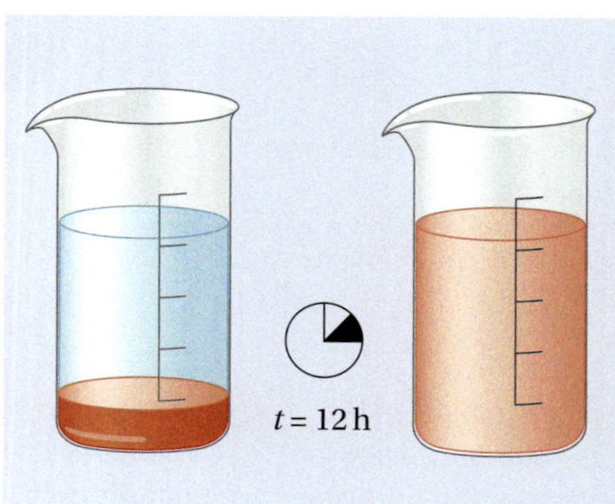

► Schritt 1

Nenne den Gegenstand, die Erscheinung oder den Vorgang.

Die Durchmischung zweier Stoffe soll beschrieben werden.

► Schritt 2

Erfasse wesentliche Merkmale.
Merke bzw. notiere dir die Merkmale.

Beginn des Versuchs: Eine große Menge Wasser befindet sich über einer kleinen Menge Fruchtsirup.

Ende des Versuchs: Wasser und Sirup sind nicht mehr getrennt zu beobachten, sondern nur eine gleichmäßig gefärbte Flüssigkeit.

Die äußeren Bedingungen haben sich während der zwölf Stunden nicht geändert.

► Schritt 3

Ordne die Aussagen sinnvoll an.
Schreibe einfache Sätze. Ordne sie sinnvoll. Vermeide Gedankensprünge.

Wenn Fruchtsirup und Wasser übereinandergeschichtet werden, dann durchmischen sie sich nach einiger Zeit von selbst.

Die Beantwortung der Frage, **warum** sich Sirup und Wasser durchmischen, gehört nicht zur Beschreibung.
Wenn du wissen möchtest, warum etwas geschieht oder so abläuft, ist eine **Erklärung** gefragt. Näheres zum Erklären erfährst du auf der Seite 138.

Erforsche es

Stoffe und Teilchen

1. Lege auf den Boden eines Gefäßes ein Stück Würfelzucker. Fülle so viel Wasser ein, dass der Würfelzucker noch etwas herausragt. Zerbrich Zahnstocher in kleine Stücke und ordne sie wie in der Abbildung an.

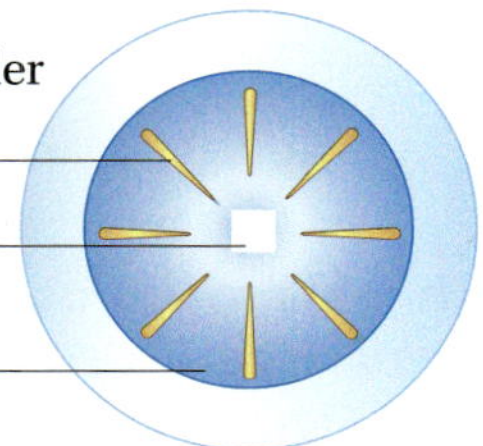

   a) Wiederhole den Versuch, indem du nun in die Mitte ein Stück Seife gibst. Beschreibe deine Beobachtungen. Orientiere dich dabei an „So kannst du vorgehen“ auf der Seite 20.
   b) Erkläre deine Beobachtungen.

2. Reibe eine Platte aus Glas oder Kunststoff an einer Stelle mit etwas Fett ein. Bringe vorsichtig drei Tropfen auf die Platte:
   - einen Tropfen Leitungswasser auf eine Stelle, die du vorher mit Fett eingerieben hast,
   - einen Tropfen Leitungswasser auf eine andere Stelle und
   - einen Tropfen Wasser aus einem Gefäß, in das du etwas Spülmittel hineingegeben hast, auf eine dritte Stelle.

   Beschreibe deine Beobachtungen und erkläre sie. +

3. Fülle Erbsen und eine Murmel in eine Pappschachtel. Schüttle die Schachtel auf einem Tisch hin und her. Beschreibe die Bewegung der Erbsen und der Murmel.

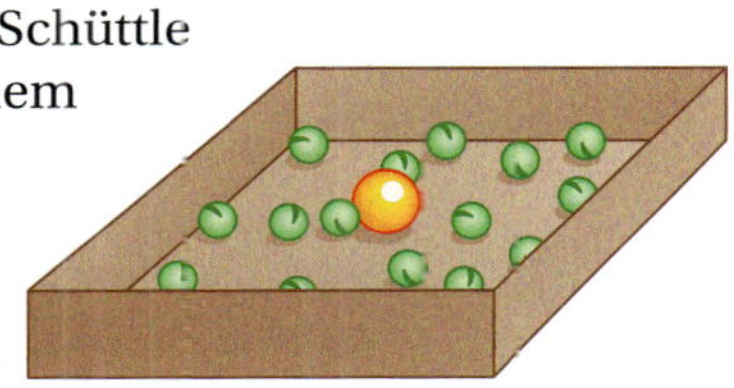

Wusstest du schon ...

Die brownsche Bewegung

Der schottische Mediziner und Biologe Robert Brown (1773–1858) untersuchte 1827 Blütenstaub unter dem Mikroskop. Dabei fiel ihm eine unruhige Bewegung der Staubkörnchen in einem Tropfen Wasser auf.
Brown nahm zunächst an, dass die Körnchen Lebewesen seien. Aber bei weiteren Versuchen beobachtete er, dass sich „tote“ Staub- und Rußteilchen ebenso verhielten.

Sie bewegten sich unaufhaltsam zickzackförmig, wie rechts dargestellt.
Erst 1905 fand der Physiker Albert Einstein (1879–1955) eine Erklärung:
Die winzig kleinen, nicht sichtbaren Teilchen einer Flüssigkeit bewegen sich ständig. Sie stoßen dabei an die viel größeren Körnchen, die im Mikroskop sichtbar sind, und schieben sie hin und her.
Diese **brownsche Bewegung** ist ein Beleg für die Existenz kleinster, aber nicht sichtbarer Teilchen.

Die Punkte zeigen die Stellen, an denen sich ein Staubkörnchen nach jeweils 30 s aufhält.

Rauf und runter mit der Temperatur

Unser Temperatursinn

Führe das Experiment durch. Was stellst du fest? Beschreibe deine Beobachtungen.

Unsere Haut hat Punkte, die empfindlich für Wärme und Kälte sind. Mit diesen Punkten können wir fühlen, ob z. B. Wasser heiß, warm oder kalt ist.

Unser **Temperatursinn** lässt sich aber leicht täuschen. Das beobachtest du, wenn du mit unterschiedlich warmem Wasser experimentierst.

Mit der Hand, die zuvor in kaltes Wasser getaucht war, empfindest du warmes Wasser wärmer als mit der Hand, die zuvor in heißes Wasser tauchte.

Auch andere Körper erscheinen uns wärmer, wenn wir zuvor etwas Kaltes angefasst haben.

In der Nähe von sehr heißen und sehr kalten Körpern reagiert unser Körper mit klaren Signalen. Er warnt uns vor schweren Verbrennungen oder Unterkühlungen.

Dass unser Temperatursinn gut auf unsere Bedürfnisse abgestimmt ist, erfährst du, wenn du das Experiment 2 auf der Seite 23 oben durchführst.

1 Nenne weitere Beispiele für Temperaturtäuschungen.

2 Nenne Beispiele für Warnungen der Haut bei extremer Temperatur.

Ein glühender Stahlblock leuchtet kirschrot bei ca. 800 °C.

Ein Eisberg in der Antarktis hat eine Temperatur von ca. -30 °C.

Erforsche es

Temperaturempfindungen

1. Ermittelt Kälte- und Wärmepunkte auf eurer Haut.
   Vorbereitung:
   Stellt Stricknadeln, Eiswasser, heißes Wasser (60 °C) und zwei dünne Folienstifte bereit.
   Durchführung:
   a) Zeichne auf den Handrücken eines Mitschülers an verschiedenen Stellen mit dem Folienstift eine Fläche von einem Quadratzentimeter.

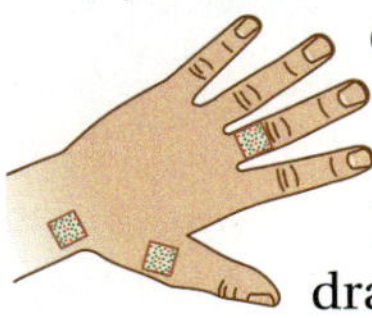

   b) Taste mit der Stricknadel, die im Eiswasser gekühlt wurde, nach Stellen, an denen du Kälte fühlst (Kältepunkte). Markiere sie grün.
   c) Taste mit der heißen Stricknadel nach Wärmepunkten. Markiere sie rot.
   Auswertung:
   Stellt die Anzahl der Wärme- und Kältepunkte fest. Hier liegen Sinneszellen in der Haut.

2. In zwei Bechern befindet sich Wasser von 20 °C bzw. 25 °C. Vertausche die Becher mehrmals.
   Lasse eine Mitschülerin feststellen, welches Wasser wärmer ist.
   Mische nun das Wasser aus den Bechern so, dass der Temperaturunterschied geringer wird.
   Welchen Temperaturunterschied kann deine Mitschülerin gerade noch spüren? ⊕

Wusstest du schon …

„Warm“ oder doch eher „kalt“?

Unser Temperatursinn ist sehr gut auf unsere Bedürfnisse abgestimmt. Im mittleren Temperaturbereich ist unsere Wahrnehmung von warm bzw. kalt sehr leistungsfähig. Schon bei sehr geringen Unterschieden der Temperatur können wir fühlen, welcher Körper wärmer bzw. kälter ist.
Wir können zwar nicht fühlen, ob das Wasser in einem Becher 20 °C, 22 °C oder 25 °C hat, aber wir nehmen geringe Temperaturunterschiede zwischen dem Wasser in beiden Bechern wahr.

Bei sehr heißen oder sehr kalten Körpern ist es für uns nicht wichtig, Temperaturunterschiede wahrzunehmen. Entscheidend ist hier nur ein klares Signal, damit wir keine Verbrennungen oder Erfrierungen erleiden.
Eine heiße Herdplatte reizt die Sinneszellen in unserer Haut. Der Reiz wird an unser Gehirn weitergegeben und dort verarbeitet. Das Gehirn löst Reaktionen in den entsprechenden Muskeln aus.

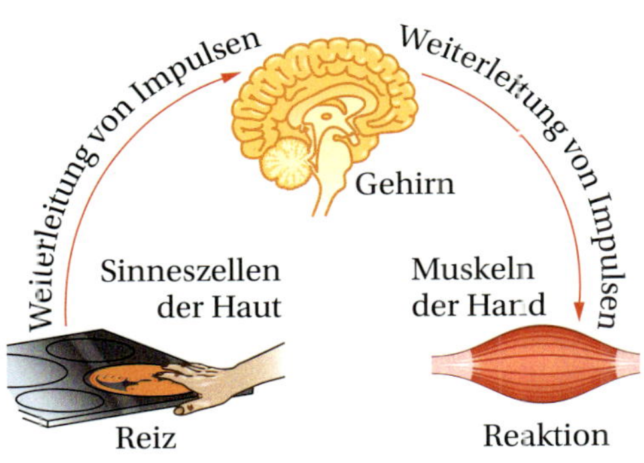

Rauf und runter mit der Temperatur

Temperatur und Teilchenbewegung

Wasser gefriert bei 0 °C. Ein Eisberg in der Antarktis ist etwa –30 °C kalt. Wie tief können Temperaturen sinken?

Um genau zu sagen, wie warm oder kalt ein Körper ist, reicht unser Temperaturempfinden nicht aus. Deshalb nutzen wir die physikalische Größe **Temperatur.**

> Die Temperatur gibt an, wie heiß oder wie kalt ein Körper ist.
> Formelzeichen: ϑ (griechischer Buchstabe, sprich: theta)
> Einheit: 1 Grad Celsius (1 °C)

Um die Temperatur eines Körpers in Grad Celsius anzugeben, wird die **Celsiusskala** genutzt. Sie ist nach dem schwedischen Naturforscher ANDERS CELSIUS (1701–1744) benannt.

Temperaturen werden mit **Thermometern** gemessen. Das Thermometer rechts ist ein **Flüssigkeitsthermometer.** Seine Wirkungsweise beruht darauf, dass sich eine Flüssigkeit bei Temperaturänderung ausdehnt oder zusammenzieht.
Je höher die Temperatur ist, desto höher steht die Flüssigkeitssäule im Anzeigeröhrchen.

- Welche Temperatur zeigt das Flüssigkeitsthermometer rechts an?

Die Skala des Thermometers unten beginnt bei der Temperatur -20 °C und endet bei 110 °C. In diesem **Messbereich** können Temperaturen gemessen werden. Der Abstand zwischen zwei Skalenstrichen beträgt 5 °C. Deshalb kannst du mit dem Thermometer auf 5 °C genau ablesen.

Flüssigkeitsthermometer:
Als Thermometerflüssigkeit eignet sich gefärbter Alkohol.

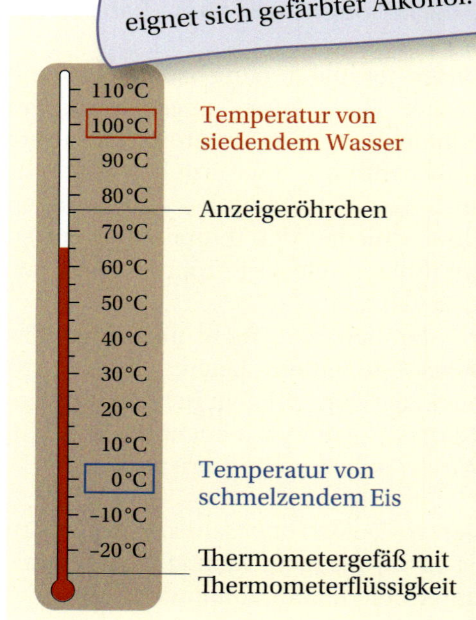

Nach dem **Teilchenmodell** befinden sich die Teilchen eines Stoffs in ständiger Bewegung. Einige bewegen sich etwas schneller, andere etwas langsamer. Ihre Geschwindigkeit schwankt um einen Mittelwert. Wie groß ihre mittlere Geschwindigkeit ist, hängt vor allem von der Temperatur ab.

Je höher die Temperatur eines Körpers ist, desto heftiger bewegen sich die Teilchen des Stoffs, aus dem der Körper besteht.

Die Temperatur eines Körpers ist ein Maß für die mittlere Geschwindigkeit der Teilchen. Diese hängt auch vom Stoff und vom Aggregatzustand ab.

■ Beschreibe die Bewegung von Luftteilchen bei hoher und bei niedriger Temperatur.

Es gibt eine Temperatur, bei der sich die Teilchen überhaupt nicht mehr bewegen. Die tiefstmögliche Temperatur ist der **absolute Nullpunkt** und beträgt -273,15 °C.

Aufgaben

1 Finde auf dem Thermometer auf Seite 24 folgende Temperaturen: 20 °C, -10 °C und -15 °C.

2 Die Temperatur des Badewassers für Säuglinge soll nur genauso hoch sein wie die normale Körpertemperatur des Menschen. Welche Temperatur muss das Badewasser haben? Wie kann man das überprüfen?

3 An einem Wintertag misst Maja früh um 8 Uhr eine Temperatur von –9 °C. Mittags zeigt das Thermometer + 5 °C an. Gib den Temperaturunterschied an.

4 Um Tee zu kochen, wird Leitungswasser von 15 °C zum Sieden gebracht. Um wie viel Grad steigt dabei die Temperatur des Wassers?

5 Bereite einen Vortrag über die Geschichte der Temperaturmessung vor. ↗ S. 114

So kannst du vorgehen

Darstellen und Auswerten von Messwerten in einem Diagramm

Bei vielen Experimenten wird gemessen. Die Messwerte werden in einer Tabelle erfasst und in einem Diagramm dargestellt.

Wie ändert sich die Temperatur von Wasser beim Erwärmen? Zeichne ein Diagramm mit den Messwerten und werte es aus.

Zeit t in min	0	1	2	3	4	5
Temperatur ϑ in °C	14	16	23	27	33	36

► Schritt 1

Zeichne ein Koordinatensystem.

Schreibe an die Achsen des Koordinatensystems die jeweilige physikalische Größe mit ihrer Einheit.

Zeitachse: 1 cm ≙ 1 min
Temperaturachse: 1 cm ≙ 10 °C

► Schritt 2

Trage die Messwerte ein.

Trage Messwerte, die zusammengehören, mit Bleistift in das Diagramm ein.

► Schritt 3

Zeichne die grafische Darstellung.

Lege durch die Wertepaare eine Gerade. Die Gerade kannst du zeichnen, weil sich das Wasser auch zwischen den Zeitmessungen erwärmt hat. Einzelne Messwerte können etwas „aus der Reihe tanzen". Wenn du selber keinen Fehler beim Zeichnen gemacht hast, kann ein Messfehler vorliegen.

► Schritt 4

Werte das Diagramm aus.

Beschreibe den Zusammenhang zwischen beiden physikalischen Größen.

Mit zunehmender Zeit steigt die Temperatur des Wassers gleichmäßig an.

Du kannst aus dem Diagramm auch Werte ablesen, die du gar nicht aufgenommen hast. Das Wasser hat z. B. nach 2,5 min eine Temperatur von 25 °C.

Die Gerade verläuft nicht durch den Koordinatenursprung.

Eintragen der Werte in ein Diagramm

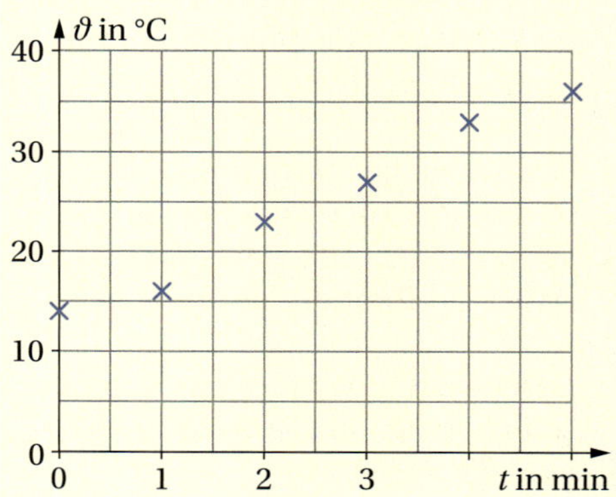

Verbinden der Messwerte

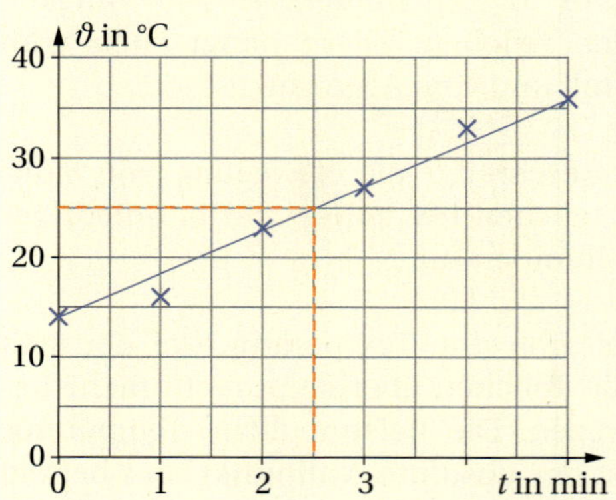

Wusstest du schon …

Thermometer für unterschiedliche Anwendungen

Je nach Verwendungszweck und Bauform gibt es unterschiedliche Thermometer. Sie unterscheiden sich nicht nur in ihrem Aufbau und ihrer Wirkungsweise, sondern vor allem auch in ihren Messbereichen.

Im Haushalt verwenden wir verschiedene Arten von Flüssigkeitsthermometern. Während **Zimmerthermometer** einen Messbereich zwischen −10 und 40 °C haben (↗ Abb. a), liegt er bei **Außenthermometern** zwischen −30 und 50 °C.

Kühlschrankthermometer messen die Temperatur im Innern eines Kühlschranks (↗ Abb. b). Ihr Messbereich geht bis −20 oder −30 °C.

Fieberthermometer sollen möglichst genau die Körpertemperatur messen. Der Messbereich dieser Thermometer liegt deshalb zwischen 35 und 42 °C, also im Bereich der normalen Körpertemperatur von 37 °C (↗ Abb. c). Fieberthermometer haben eine hohe Messgenauigkeit, mit der auf 0,1 °C genau abgelesen werden kann.

Neben Flüssigkeitsthermometern gibt es Thermometer, die völlig anders funktionieren. Weitverbreitet sind **Bimetallthermometer.** Genutzt wird bei solchen Thermometern die Veränderung der Krümmung eines Bimetallstreifens bei Temperaturänderung.

Zunehmend verwendet werden **elektronische Thermometer**.

Besonders interessant ist das **galileische Thermometer**, das GALILEO GALILEI (1564–1642) erfunden hat und dessen Wirkungsweise mit dem Auftrieb in Flüssigkeiten erklärt werden kann.

Thermometerarten

32-35°C	90-95°F
29-32	85-90
27-29	80-85
24-27	75-80
21-24	70-75
18-21	65-70
16-18	60-65
13-16	55-60

Thermometer mit Thermofarben:
Bestimmte Stoffe wechseln mit der Temperatur ihre Farbe.

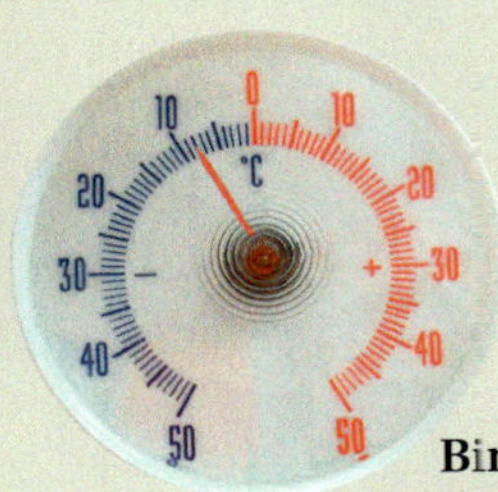

Bimetallthermometer:
Der Bimetallstreifen krümmt sich bei Temperaturveränderungen.

Flüssigkeitsthermometer:
Flüssigkeit verändert das Volumen bei Temperaturveränderung

a) b) c)

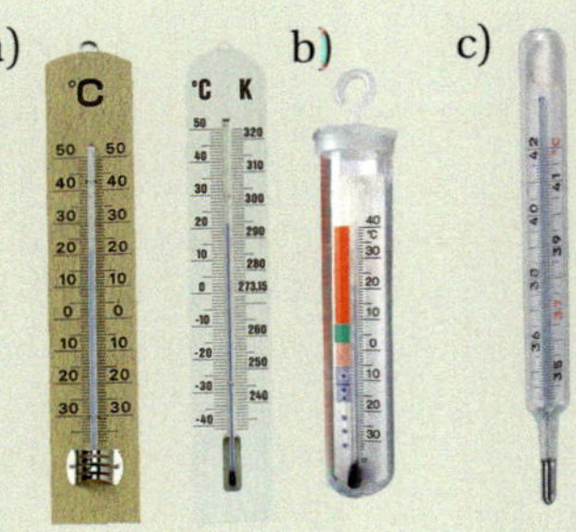

Thermometer nach Galilei
Es nutzt den Auftrieb in Flüssigkeiten.

Erforsche es

Und nun zum Wetter …

Kaum ein Thema findet bei allen Menschen so großes Interesse wie das Wetter. Natürlich interessiert dabei auch die Lufttemperatur.

Um Wettervorhersagen zu erstellen, beobachten die „Wetterfrösche“ das Wetter mit vielen Geräten in Wetterstationen an der Erdoberfläche. Sie nutzen auch Wettersonden und Wettersatelliten für Vorhersagen. Die Auswertung aller Daten geschieht mit Computern.

1. Messt mit verschiedenen Thermometern die Raumtemperatur. Orientiert euch dabei an den Schritten in der Abbildung unten, wie man zweckmäßigerweise beim Messen von Temperaturen vorgeht. Zeigen alle Thermometer dieselbe Temperatur an? Findet Gründe, wodurch Abweichungen entstanden sein können.

2. Erkundet, wie man in einer Wetterstation in der Nähe eures Wohnorts die Temperatur misst.

3. Überlegt euch eine Folge von Experimenten, in denen ihr die Lufttemperatur bei unterschiedlichen Bedingungen messt, z. B. bei Sonne, Schatten, Wind, Regen. Notiert die Messwerte und wertet sie aus. Fertigt ein Protokoll an. Orientiert euch dabei an „So kannst du vorgehen“ auf Seite 155.

Vorgehen beim Messen der Temperatur

1. Schätze die Temperatur des Körpers und wähle ein geeignetes Thermometer aus. Beachte den Messbereich des Thermometers und die Messgenauigkeit.
2. Bringe den Messfühler (z. B. das Thermometergefäß) in guten Kontakt mit dem Körper, dessen Temperatur gemessen werden soll.
3. Warte ab, bis sich die angezeigte Temperatur nicht mehr ändert.
4. Lies die Temperatur ab.

4. Untersucht den Temperaturverlauf der Luft während einer Woche.

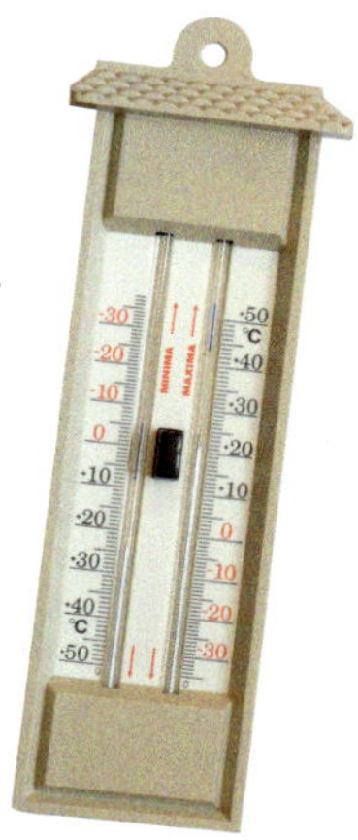

Vorbereitung:
Informiert euch, wie ein Minimum-Maximum-Thermometer funktioniert. Nutzt das Internet.
Durchführung:
a) Lest an jedem Wochentag die tiefste und die höchste Tagestemperatur ab.
b) Messt außerdem während dieser Woche an jedem Tag immer um die gleiche Uhrzeit die Außentemperatur.
Auswertung:
a) Tragt die Messwerte unterschiedlich farbig in ein Temperatur-Zeit-Diagramm ein.
b) Was erkennt ihr aus diesem Diagramm?

5. Baut ein Flüssigkeitsthermometer und nutzt es für Messungen der Temperatur. ⊕
Vorbereitung:
Nutzt Anordnungen, wie sie in der Abbildung rechts unten dargestellt sind.
Durchführung:
a) Taucht das jeweilige Thermometergefäß in ein Gemisch aus Wasser und Eis. Markiert als ersten Fixpunkt 0 °C, den Gefrierpunkt von Wasser.
b) Stellt nun das Thermometergefäß in siedendes Wasser. Durch die heiße Heizplatte und das siedende Wasser besteht Verbrennungs- bzw. Verbrühungsgefahr!
c) Markiert als zweiten Fixpunkt 100 °C, den Siedepunkt.
d) Teilt den Abstand zwischen beiden Fixpunkten in zehn gleiche Teile. Die Temperaturskala, die ihr so erhaltet, hat eine Skaleneinteilung von jeweils 10 °C.
e) Messt mit dem Thermometer die Temperatur von lauwarmem Wasser. Wartet einige Zeit, bis sich die Flüssigkeitssäule im Anzeigeröhrchen nicht mehr ändert.
f) Bestimmt die Temperatur auch mit einem „richtigen“ Thermometer.

Auswertung:
Vergleicht die gemessenen Temperaturen. Bewertet die Genauigkeit des Thermometers.

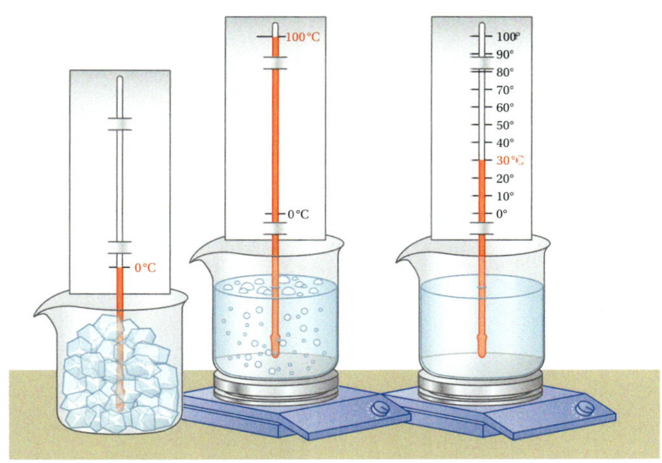

Das hast du gelernt

Rauf und runter mit der Temperatur

Unser **Temperaturempfinden** hilft uns, Temperaturen zwischen ca. 15 und 45 °C zu unterscheiden.

Unser Temperaturempfinden signalisiert uns, ob eine Wohlfühltemperatur herrscht.

Unser Temperaturempfinden lässt sich auch leicht täuschen.

Die **Temperatur** gibt an, wie warm oder wie kalt ein Körper ist.

Um die Temperatur eines Körpers genau zu bestimmen, muss sie gemessen werden.

Formelzeichen: ϑ

Einheit der Temperatur: 1 °C

Das Messgerät für die Temperatur ist das **Thermometer.** Thermometer gibt es in unterschiedlichen Ausführungen.

Wie sich die Temperatur ändert, kannst du in einem **Temperatur-Zeit-Diagramm** darstellen.

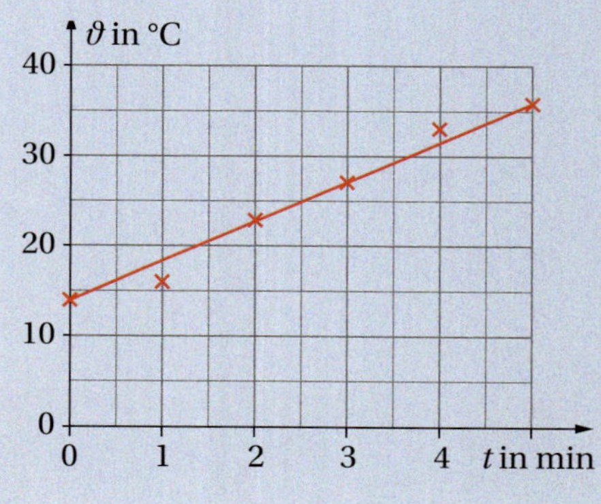

Je höher die Temperatur ist, desto schneller bewegen sich die Teilchen eines Stoffs, aus dem ein Körper besteht.

Löse mit Köpfchen

1. Auf Erkundungstour
Erkunde, was für Thermometer es bei dir zu Hause gibt. Fertige nach dem Muster eine Tabelle an.

Verwendungszweck	Messbereich	Messgenauigkeit
…	…	…

2. Ablesen – aber richtig!
Welche Temperaturen zeigen die Thermometer an? Was musst du beim Ablesen beachten?

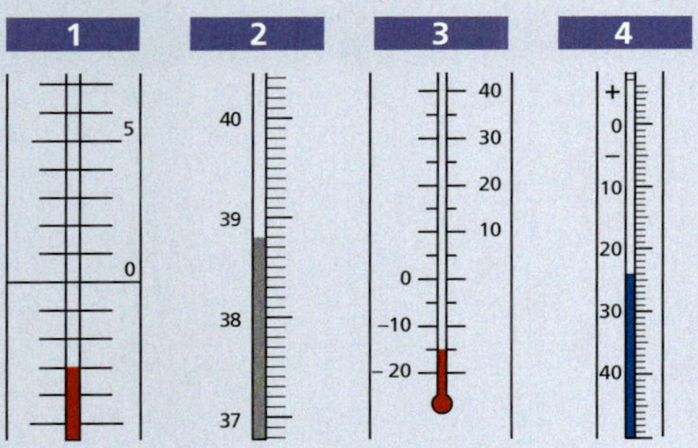

3. Siedendes Wasser für Tee
Wasser aus der Wasserleitung (15 °C) soll für Tee bis zum Sieden erhitzt werden. Berechne, um wie viele Grad die Temperatur erhöht werden muss.

4. Aufgaben selbst erstellen
An einem Wintertag wird um 7 Uhr eine Temperatur von −8 °C gemessen. Mittags zeigt das Thermometer 4 °C an. Wie groß ist der Temperaturunterschied?
Denke dir selbst drei Aufgaben zur Berechnung von Temperaturdifferenzen aus.
Stelle die Aufgaben deinen Mitschülern und wertet sie aus.

5. Mir ist kalt – dir ist warm
Wir empfinden die Temperatur nicht immer gleich. Erläutere an verschiedenen Beispielen, wie diese unterschiedlichen Empfindungen zustande kommen können.

6. Heißer Kopf
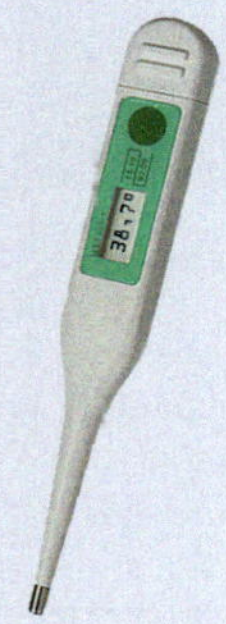

Kilian hat 38,7 °C Fieber.

a) Wie hoch liegt seine Temperatur über der Normaltemperatur?
b) Ab welcher Temperatur wird Fieber lebensbedrohend?
c) Beschreibe, was man bei hohem Fieber tun kann. Lies oder frage nach.

↗ S. 20, 90

7. Abkühlen untersuchen
Fülle ca. 50 °C warmes Wasser in ein Becherglas und lass es abkühlen.
Fertige ein Protokoll an.

a) Miss alle 5 Minuten die Temperatur, bis sie sich nicht mehr ändert. Trage die Werte in eine Tabelle nach folgendem Muster ein:

Zeit t in min	0	5	10	15	…
Temperatur ϑ in °C	52	…			

b) Zeichne ein Temperatur-Zeit-Diagramm und trage die Messwerte in das Diagramm ein.
c) Werte das Diagramm aus.
d) Vergleiche den Temperaturverlauf des Wassers mit den Ergebnissen, die dein Nachbar ermittelt hat. Wodurch können Unterschiede zustande gekommen sein?

Energie von der Sonne

Von Sonnenenergie und mehr

Du nutzt ständig Energie: die Energie der Sonne, die Energie von Brennstoffen, elektrische Energie oder die Energie, die in einem Hamburger „steckt“.

> Energie wird gebraucht, um etwas zu bewegen, zu erwärmen oder zu beleuchten.

Jedes Fahrzeug, jeder Motor einer Maschine und jedes Lebewesen benötigt Energie, um sich bewegen zu können.

Wenn elektrische Geräte arbeiten, wandeln sie die Energie des elektrischen Stroms in andere Energien um. Die Energieumwandlungen kannst du in einem Diagramm darstellen.

Geräte, Maschinen und Lebewesen sind **Energiewandler.**
Auch Solarzellen sind Energiewandler. Sie wandeln Sonnenenergie in elektrische Energie um, mit der ein Motor einen Ventilator in Drehbewegung versetzt.

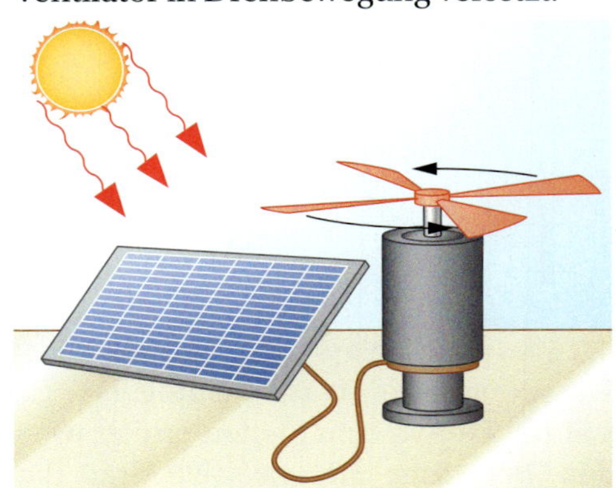

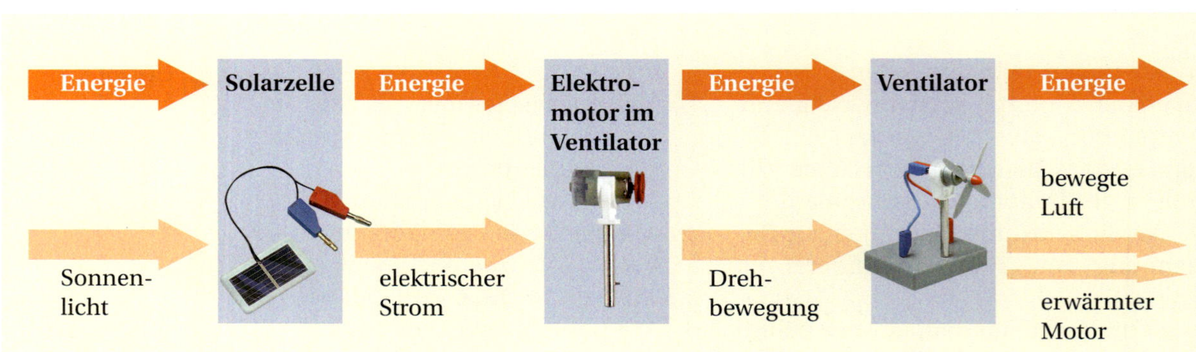

So kannst du vorgehen

Erstellen einer Mindmap

Mindmaps (*mind*, engl. = Gedanken; *map*, engl. = Karte) sind so etwas wie Gedankenkarten. Mit ihnen kannst du Zusammenhänge zwischen Begriffen und Fakten darstellen.

Im Alltag wird der Energiebegriff in ganz unterschiedlichen Zusammenhängen verwendet. Erstelle eine Mindmap für Bereiche, in denen Energie benötigt wird.

▶ Schritt 1

Wähle ein Thema.
Schreibe einen zentralen Begriff des Hauptthemas in die Mitte eines unlinierten Blatts.

▶ Schritt 2

Finde Schlüsselwörter.
Denke über Teilthemen oder Aspekte nach und schreibe diese als eingängige Wörter, auch Schlüsselwörter genannt, auf je einen Ast.

▶ Schritt 3

Erweitere die Gedankenebenen.
Füge weitere Gedankenebenen als Verzweigung der Äste hinzu. So entstehen Zweige.

▶ Schritt 4

Gestalte die Mindmap.
Verwende unterschiedliche Farben für Schlüsselwörter, Äste und ihre Verzweigungen. Passende Skizzen oder Symbole helfen dir beim Behalten der Informationen.
Übertrage die Mindmap in dein Heft und vervollständige sie. Finde weitere Schlüsselwörter.

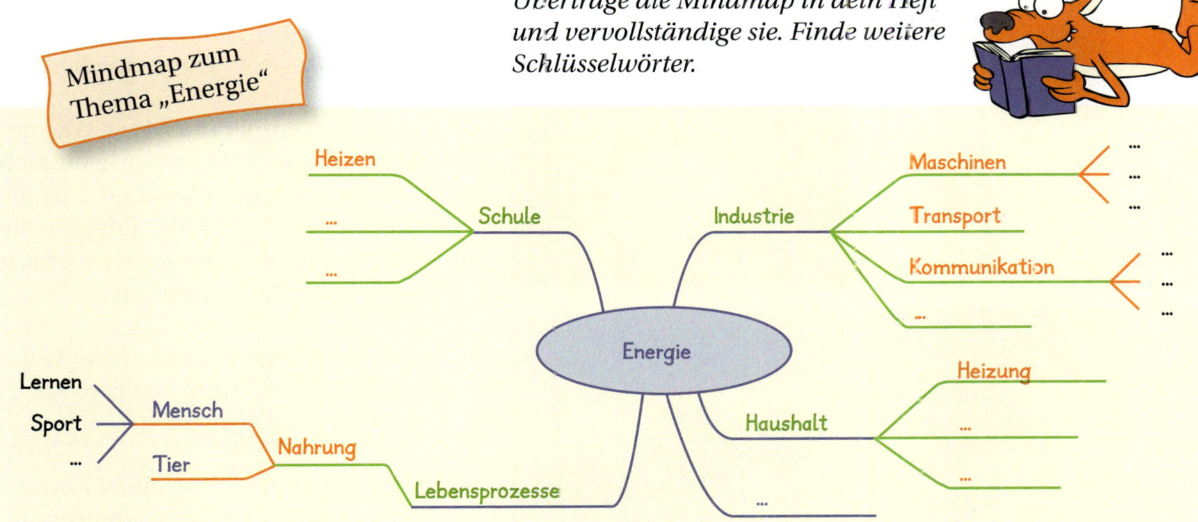

Schule, Industrie, Haushalt und Lebensprozesse sind Schlüsselwörter für Bereiche, in denen Energie benötigt wird. Sie bilden die Hauptäste, die sich in Nebenäste verzweigen können.

Energie von der Sonne

Wärmeübertragung

Wodurch wird Holz zu einer Wärmequelle?
Finde es heraus.

Wenn du an einem kalten Wintertag in einen beheizten Raum kommst, weißt du die wohlige Wärme besonders zu schätzen. Die Heizung gibt ihre **Wärme** an den Raum ab. Sie ist eine Wärmequelle. Weitere Wärmequellen sind in den Abbildungen dargestellt.

Der Raum soll dagegen möglichst wenig Wärme nach außen abgeben, damit er nicht zu einer Wärmequelle für die Umgebung wird. Körper, die Wärme an ihre kältere Umgebung abgeben, heißen **Wärmequellen.**

Wärmequellen können aber auch eine heiß gelaufene Bremse oder Lebewesen sein.

- Nenne drei weitere Wärmequellen.

Je höher die Temperatur einer Wärmequelle ist, desto heftiger bewegen sich ihre Teilchen. Entsprechend groß ist die Energie der Teilchen. Diese Energie, die ein Körper aufgrund seiner Temperatur hat, heißt **thermische Energie.**

Thermische Energie ist die Fähigkeit eines Körpers, Wärme an seine kältere Umgebung abzugeben.

Je höher die Temperatur eines Körpers ist, desto größer ist seine thermische Energie.
Temperatur, Wärme und thermische Energie hängen zusammen, sind aber nicht dasselbe.

Möglichkeiten der Wärmeübertragung		

Wärme gelangt durch Wärmeleitung von der heißen Suppe bis zum Ende des Löffels.	Wärme wird durch die strömende Luft vom Föhn zu den Haaren transportiert.	Wärme gelangt durch Strahlung von der Sonne zur Erde.

Damit die thermische Energie eines Körpers genutzt werden kann, muss ein Temperaturunterschied zur Umgebung bestehen. Dieser Unterschied bestimmt, wie viel Energie in Form von Wärme auf einen anderen Körper übertragen wird.

> Die Wärme gibt an, wie viel thermische Energie von einem Körper auf einen anderen Körper übertragen wird.

Gibt ein Körper Wärme ab, dann verringert sich seine Temperatur. Die Temperatur des Körpers, auf den die Wärme übertragen wird, steigt.

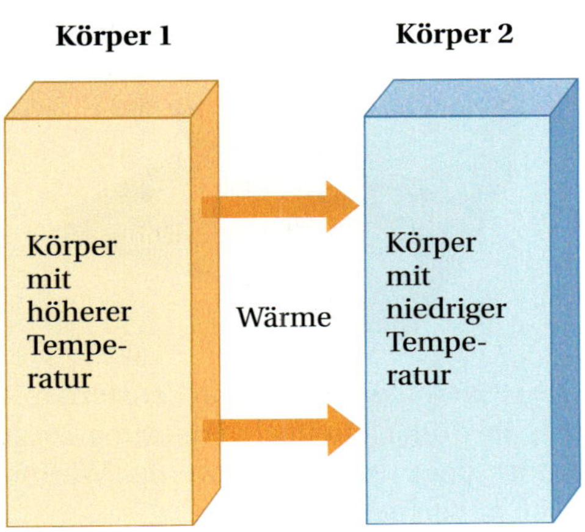

Wärme gelangt auf sehr unterschiedliche Weise von einem warmen zu einem kälteren Körper. Das ist nicht nur bei einem Haus so, sondern auch bei den Beispielen in der Tabelle oben.
Während die Wärmeübertragung durch den Föhn und die Sonne erwünscht ist, stört sie uns, wenn die Suppe zu schnell abkühlt.
Besonders unerwünscht ist die Wärmeübertragung von geheizten Räumen nach außen. Diese Art von Wärmeübertragung muss durch Maßnahmen der **Wärmedämmung** möglichst gering gehalten werden.

Wie das möglich ist, kannst du mit den Untersuchungen auf der Seite 44 herausfinden.

Aufgaben

1 Begründe an Beispielen, warum Lebewesen Wärmequellen sind. ↗ S. 38

2 Beschreibe mithilfe der Abbildung links, warum die thermische Energie des Körpers 2 größer wird.

3 Erläutere je drei Beispiele, wo die Wärmeübertragung erwünscht bzw. unerwünscht ist.

Energie von der Sonne

Wärmeleitung

Würdest du diesen Pfannengriff anfassen? Begründe deine Entscheidung.

Auch Heizkörper, Lötkolben und Bügeleisen leiten die Wärme. Diese Wärmeübertragung ist erwünscht.

Moderne Pfannen und Kochtöpfe leiten über einen besonderen Boden die Wärme der Heizplatte rasch weiter. Die Griffe bleiben jedoch kalt. Sie sind aus einem anderen Material.
Die Wärme wird durch einen Körper von einem Ort höherer Temperatur zu einem Ort niedrigerer Temperatur geleitet. Das geschieht so lange, bis überall die gleiche Temperatur herrscht. Diese Art der Wärmeübertragung heißt **Wärmeleitung.**

Innerhalb eines Körpers wird Wärme durch Wärmeleitung von einer Stelle höherer Temperatur zu einer Stelle niedrigerer Temperatur übertragen.

■ Ein verblüffendes Foto? Leite eine Aussage zur Wärmeleitfähigkeit von Wasser ab.

Wie viel Wärme übertragen wird, hängt von dem Temperaturunterschied innerhalb des Körpers ab, aber auch von dem Stoff, aus dem er besteht.
Eine **Wärmeleitfähigkeit** von 5 (Papier) bedeutet: Papier leitet die Wärme fünfmal besser als Luft (↗ Tabelle rechts).
Gute Wärmeleiter sind Körper aus Metallen, vor allem aus Kupfer, Aluminium, Gold und Silber.
Ruhende Luft ist ein **schlechter Wärmeleiter.** Sie eignet sich deshalb zur **Wärmedämmung**. Dämmstoffe wie Glaswolle oder Styropor enthalten in Poren und Zwischenräumen viel Luft. Sie verringern so die Wärmeleitung durch Häuserwände und Dächer.

Die eingeschlossene Luft in Fenstern mit Doppel- oder Dreifachverglasung sorgt dafür, dass möglichst wenig Wärme nach außen gelangt.

Erforsche es

Metalle als Wärmeleiter

Untersuche, wie Metalldrähte aus verschiedenen Stoffen die Wärme leiten.

Vorbereitung:

a) Stelle Vermutungen auf, welcher Metalldraht die Wärme am schnellsten überträgt.

b) Du benötigst Metalldrähte aus verschiedenen Stoffen, z. B. Eisen, Aluminium, Kupfer; Halterungen, Teelicht, Paraffinkugel, Uhr.

Durchführung:

a) Baue den Versuch auf.

b) Miss die Zeit, die jeweils bis zum Abschmelzen der Paraffinkugel benötigt wird.

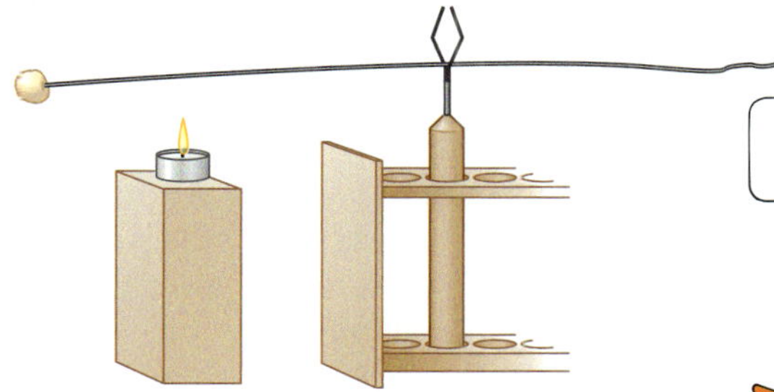

Auswertung:

a) Beschreibe deine Beobachtungen.

b) Konntest du deine Vermutungen bestätigen?

c) Vergleiche die Versuchsergebnisse mit den Werten in der Tabelle auf dieser Seite.

Wärmeleitfähigkeit von Stoffen im Vergleich zur Wärmeleitfähigkeit von Luft

Stoff	Wärmeleitfähigkeit
Luft	1
Glaswolle	1,2
Styropor	1,8
Papier	5
Holz (Eiche)	8
Wasser	24
Ziegelstein	24
Glas	32
Beton	44
Stahl	2 000
Zinn	2 500
Messing	4 000
Aluminium	9 400
Gold	12 000
Kupfer	16 000
Silber	18 000

Aufgaben

1 Nenne drei gute und drei schlechte Wärmeleiter. Nutze die Tabelle.

2 Was bedeutet die Angabe: Kupfer hat eine Wärmeleitfähigkeit von 16 000.

3 Begründe, warum sich ein metallischer Löffel in heißer Suppe in kürzerer Zeit erwärmt als ein Holzlöffel. ↗ S. 38

4 Luft ist ein schlechter Wärmeleiter. Erkläre, warum es Sinn macht, im Winter mehrere Kleidungsstücke übereinanderzuziehen.

5 Wickle drei Eiswürfel in einen Wollschal, drei in Aluminiumfolie. Lass drei offen liegen. Was stellst du nach einiger Zeit fest? Erkläre deine Beobachtung. ↗ S. 138

So kannst du vorgehen

Begründen

Beim Begründen werden **Argumente** angeführt, die zeigen, dass eine Aussage richtig bzw. falsch oder zweckmäßig bzw. unzweckmäßig ist.
Solche Argumente können sein:
Beobachtungen, Fakten, Zusammenhänge, Gesetze, Beispiele bzw. Gegenbeispiele, aber auch Eigenschaften von Körpern, Stoffen oder Lebewesen.
Stützt sich eine Begründung auf Meinungen oder Ansichten von Personen, dann wird sie subjektiv.

Die Aufforderung zum Begründen ist oft mit den Fragewörtern **Warum? Weshalb? Weswegen?** verknüpft.

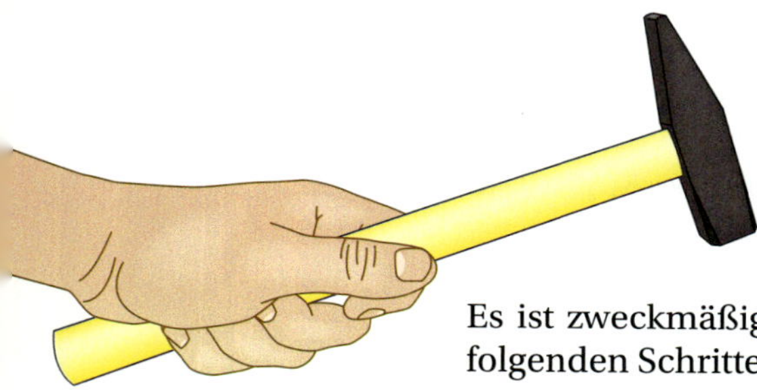

Begründe, warum sich der Stahlkopf eines Hammers kälter anfühlt als sein Holzstiel.

Es ist zweckmäßig, beim Begründen in folgenden Schritten vorzugehen:

► Schritt 1

Nenne die Aussage, die begründet werden soll.

Stahl fühlt sich kälter an als Holz.

► Schritt 2

Sammle naturwissenschaftliche Argumente.

Diese Argumente können sowohl für eine Aussage sprechen als auch gegen eine Aussage.

Aus der Tabelle auf Seite 37 kannst du die Wärmeleitfähigkeit von Stahl und Holz im Vergleich zur Wärmeleitfähigkeit von Luft entnehmen.
Stahl: 2 000
Holz: 8
Das Verhältnis der Wärmeleitfähigkeit beider Stoffe beträgt:
2 000 : 8 = 250
Das bedeutet: Stahl leitet die Wärme 250-mal so gut wie Holz.
Wenn unsere Körperwärme schnell abgeführt wird, dann spüren wir eine Verringerung der Hauttemperatur.

► Schritt 3

Formuliere die Begründung.

Stelle die Begründung zusammenhängend und geordnet dar.

Beim Berühren von Stahl fühlen wir eine größere Verringerung der Hauttemperatur als bei Holz, weil Stahl unsere Körperwärme besser ableitet. Unser Körper kann nicht schnell genug Wärme nachliefern.

Die Begründung der Beispiele auf der Seite 38 hilft dir auch bei der Beantwortung anderer Probleme aus dem Alltag.

Bewerte die Argumente der beiden Personen in der folgenden Geschichte. Denke dir selber eine Geschichte aus.

Energie von der Sonne

Wärmeströmung

Pyramiden gehören zum Weihnachtsfest. Wodurch geraten sie in Bewegung?

Erforsche es

Strömende Luft

Wenn die Kerzen einer Weihnachtspyramide angezündet werden, dreht sich die Pyramide wie von selbst. Untersuche diese Bewegung mithilfe einer Papierspirale.

Vorbereitung:

Du benötigst festes Papier, Schere, Faden und Teelicht.

Durchführung:

a) Schneide aus Papier einen Kreis mit ca. 15 cm Durchmesser aus.
b) Schneide den Kreis von außen schräg ca. 1 cm tief ein und schneide immer etwa 1 cm am Rand entlang, bis du in der Mitte angekommen bist.
c) Hänge die Spirale auf und entzünde darunter ein Teelicht. **Vorsicht:** Brandgefahr!

Auswertung:

a) Beschreibe deine Beobachtung.
b) Kannst du erreichen, dass sich die Spirale in eine andere Richtung dreht?
c) Vergleiche die Spirale mit einer Weihnachtspyramide.

Warme Luft steigt nach oben. Das lässt sich mit der Papierspirale zeigen. Die strömende Luft überträgt Wärme. Diese Art der Wärmeübertragung, bei der Wärme mit dem Stoff transportiert wird, heißt **Wärmeströmung**.

In einem Raum wird die Luft durch einen Heizkörper erwärmt. Sie steigt nach oben. Kalte Luft strömt nach, wird erwärmt usw. Es entsteht ein Kreislauf.
Da die Luft über dem Heizkörper nach oben steigt, hängt die Richtung der Wärmeströmung von der Lage des Heizkörpers im Raum ab.

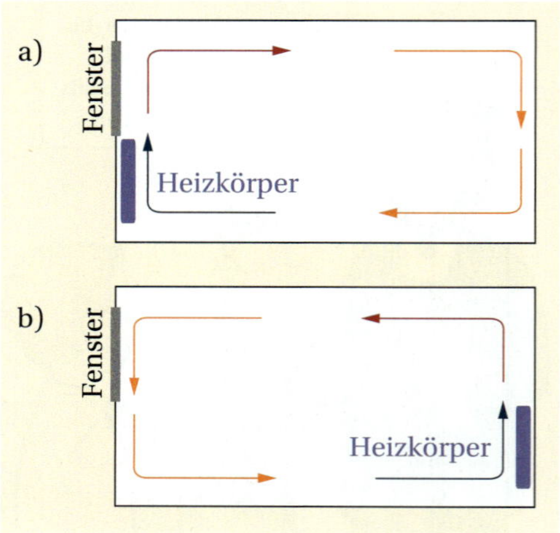

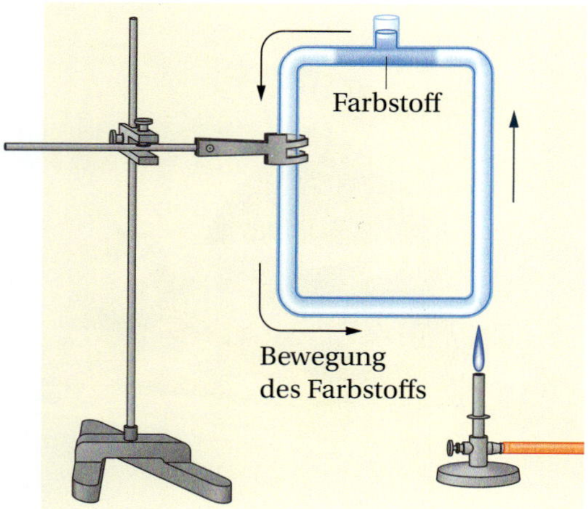

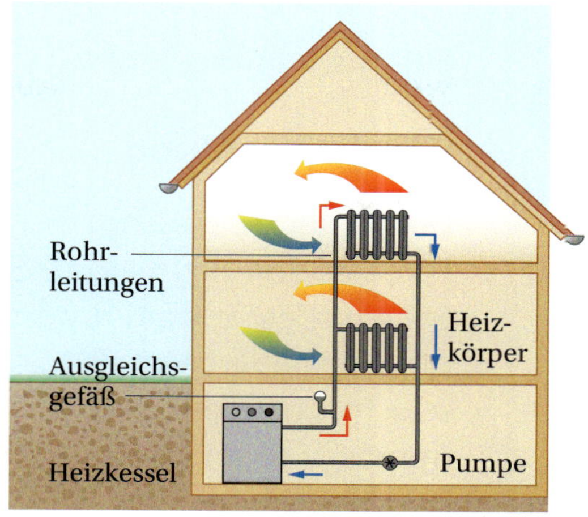

In der Heizung eines Hauses wird Wärme durch strömendes Wasser übertragen.

Das Experiment oben zeigt: Wasser beginnt aufwärtszuströmen, wenn es an einer Stelle erwärmt wird. Das macht der Farbstoff sichtbar. Kaltes Wasser strömt nach, wird erwärmt usw. Dieser Kreislauf ist vergleichbar mit dem der strömenden Luft in einem Zimmer.

Im Unterschied zur Wärmeleitung wird die Wärme mit dem Wasser bzw. der Luft transportiert.
Bei der Wärmeleitung dagegen wird die Wärme nur innerhalb eines Körpers transportiert.

In der **Warmwasserheizung** eines Hauses strömt erhitztes Wasser durch Rohre bis in die einzelnen Heizkörper. Durch das strömende Wasser wird Wärme übertragen.

Durch Wärmeleitung innerhalb der Metallwände der Rohre und der Heizkörper gelangt die Wärme bis an die Oberfläche. Die Rohre und Heizkörper geben die Wärme an die Raumluft ab.
Die erwärmte Luft beginnt ebenfalls zu strömen und verteilt die Wärme, wie bereits in der Abbildung links beschrieben, im gesamten Raum.

Aufgaben

1 Begründe, warum die Rohrleitungen bei einer Warmwasserheizung gut gedämmt werden müssen.

2 Im Fall a) in der Abbildung auf der Seite 80 ist die Luft, die zum Heizkörper zurückströmt, wärmer als im Fall b). Finde eine Erklärung. Welcher Raum ist „fußwärmer“?

3 Untersuche mit einem Luftpendel die Luftströmungen in einem Zimmer. ↗ S. 126, 20

a) Stelle ein Luftpendel aus einem Nähfaden und einer kleinen Vogelfeder her.
b) Halte das Luftpendel an verschiedene Stellen des Raums und protokolliere deine Beobachtungen.
c) Beschreibe die Unterschiede innerhalb des Raums. Versuche, sie zu erklären.

4 Wie könnte man erreichen, dass sich eine Weihnachtspyramide in eine andere Richtung dreht?

Energie von der Sonne

Wärmestrahlung

Um Verletzte zu schützen, werden sie in eine Folie mit einer gold- und silberfarbenen Metallschicht gewickelt. Finde heraus, warum.

Erforsche es

Unser Körper – ein Wärmestrahler?

Unser Körper strahlt Wärme ab. Bestätige diese Aussage in einem Experiment. Kannst du die Wärme spüren, die deine Hand und dein Gesicht abstrahlen?
Vorbereitung:
Du benötigst ein Stück Pappe und Aluminiumfolie.
Durchführung:
a) Beklebe ein Stück Pappe mit Aluminiumfolie.
b) Lege die Pappe auf den Tisch und halte deine Hand kurze Zeit dicht darüber. Halte dann die Pappe dicht vor die Wange.
Auswertung:
a) Beschreibe deine Beobachtungen.
b) Welche Schlüsse kannst du aus den Beobachtungen ziehen? Wende sie auf die Nutzung von Rettungsdecken an.

Du kennst die angenehme Wärme der Sonnenstrahlung. Sie gelangt durch den leeren Weltraum, also ohne Stoff, zur Erde. Diese Art der Wärmeübertragung heißt **Wärmestrahlung**.

Die Wärmestrahlung selbst ist weder warm noch kalt. Erst wenn sie von Körpern absorbiert wird, werden diese erwärmt.
Etwa 38 % der Sonnenstrahlung ist Wärmestrahlung. Sie wird auch **infrarotes Licht** oder kurz **IR-Licht** genannt. Das infrarote Licht ist für uns unsichtbar.

Die Sonne strahlt Wärme ab. Finde weitere Beispiele für Wärmestrahlung.

Wusstest du schon …

Reflexion und Absorption von Wärmestrahlung

Wenn Wärmestrahlung auf einen Körper trifft, so wird sie zum Teil **hindurchgelassen,** zum Teil **absorbiert** (verschluckt) und zum Teil **reflektiert** (zurückgeworfen). Die absorbierte Strahlung erwärmt den Körper.
Körper mit dunklen, rauen oder matten Oberflächen absorbieren viel Wärmestrahlung, reflektieren aber wenig.

Körper mit hellen, glatten oder glänzenden Oberflächen nehmen wenig Wärmestrahlung auf. Den größten Teil reflektieren sie.
Bei einem Tankwagen sorgt die weiße Lackierung für eine gute Reflexion.

Nur sehr heiße Körper wie die Sonne oder ein glühender Metalldraht senden zusätzlich zur Wärmestrahlung auch sichtbares Licht aus.

> Heiße Körper senden Wärmestrahlung aus. Dabei wird Wärme übertragen, ohne Stoff zu transportieren.

Auch Rotlichtlampen, Öfen und heiße Speisen strahlen Wärme ab. Jeder Körper sendet aber nicht nur Wärmestrahlung aus, sondern nimmt sie auch auf.
Ein gekühltes Getränk nimmt mehr Strahlung auf, als es aussendet.

Die Sonne strahlt nicht nur infrarotes und sichtbares Licht ab, sondern auch **ultraviolettes Licht,** kurz **UV-Licht.**

Ultraviolettes Licht steigert unsere Abwehrkräfte und bräunt unsere Haut.
Aber **Vorsicht vor Sonnenbränden!** Sie vergrößern die Wahrscheinlichkeit, später Hautkrebs zu bekommen.
Bleibe deshalb nie unnötig lange in der Sonne! Trage Sonnenschutzmittel mit hohem Lichtschutzfaktor auf!

Aufgaben

1 Begründe, warum der Tankwagen im Bild oben weiß lackiert ist.

2 Dunkle Kleidung nimmt wesentlich mehr Wärmestrahlung auf als helle Kleidung. Begründe, warum im Sommer und in warmen Regionen helle Kleidung bevorzugt wird.
↗ S. 38

3 Begründe, warum Rotlichtlampen bei Erkältungen helfen.

Erforsche es

Gut gedämmt hilft sparen

Wie bleibt es im Haus „schön warm“? Die Wärme aus gut geheizten Räumen soll natürlich nicht nach außen gelangen. Das lässt sich aber nicht völlig vermeiden. Vor allem durch Wände, Fenster und das Dach gelangt Wärme aus dem Innern des Hauses in die Umgebung.

1. Untersucht an einem Modellhaus, welche Materialien die Wärme besonders gut dämmen. ⊕
   a) Baut dieses Modellhaus aus Pappe. Das Dach soll abzunehmen sein.

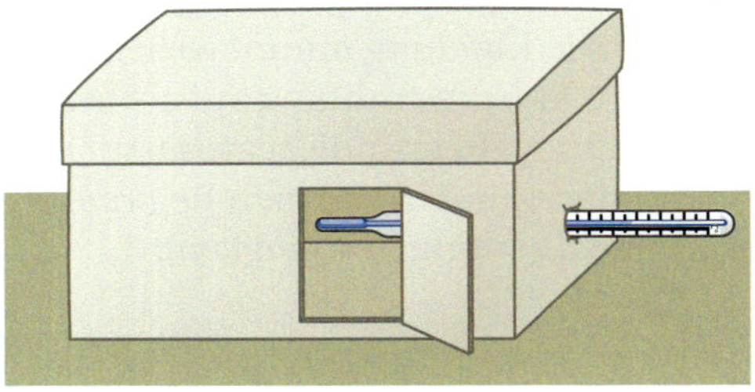

   b) Stellt ein Becherglas mit heißem Wasser in das Modellhaus und messt in Abständen von fünf Minuten die Lufttemperatur im Haus.
   c) Kleidet das Modellhaus mit unterschiedlichen Dämmstoffen aus. Ihr könnt auch Fenster und Türen in unterschiedlicher Weise abschirmen. Wiederholt jeweils die Messungen.
   d) Welche Folgerungen ergeben sich aus diesen Untersuchungen für die Verwendung von Materialien beim Hausbau?

2. Diskutiert, welche Arten der Wärmeübertragung bei einem Haus eine Rolle spielen. Nutzt dazu die Abbildung. Tragt Argumente zusammen, wie durch Wärmedämmung Kosten bei der Heizung gespart werden können.
   Die prozentualen Angaben der Wärmeverluste in der Abbildung sind Durchschnittswerte.

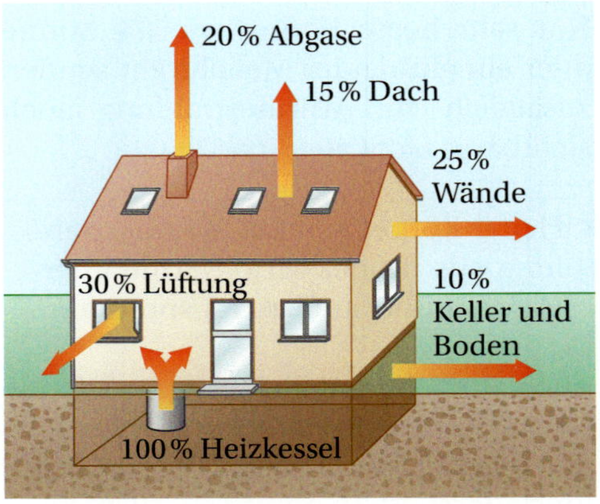

3. Es gibt aber noch andere Maßnahmen, durch die ihr jeden Tag verhindern könnt, dass zu viel Wärme nach außen abgegeben wird. Formuliert Energiespartipps für den Umgang mit der Heizung. Stellt sie auf einem Lernplakat (↗ S. 115) dar. Bewertet, wie diese Tipps bei euch zu Hause umgesetzt werden.

4. Welche Temperaturen werden für die jeweiligen Räume in einem Haus empfohlen und warum? Vergleicht diese Temperaturen mit der Temperatur, bei der ihr euch wohlfühlt.

Wusstest du schon …

Spatzen plustern sich auf – und wir?

Lebewesen brauchen zur Aufrechterhaltung aller Lebensfunktionen eine bestimmte Körpertemperatur. Beim Menschen beträgt sie 37 °C.
Ein Teil unserer Nahrung wird in Körperwärme umgewandelt. Diese wird ständig über die Haut nach außen abgegeben, da die Umgebungsluft normalerweise kälter als unser Körper ist. Die Wärmeabgabe an die Umgebung geschieht vorrangig in Form von Wärmestrahlung, aber auch Wärmeströmung spielt eine Rolle, vor allem bei Wind.

Wir Menschen schützen uns daher bei niedrigen Temperaturen und Wind durch Kleidung, die dem Wetter angemessen ist. Besonders gut wärmt Kleidung, die viel Luft enthält, z. B. Thermokleidung. Einen guten Wärmeschutz erreichen wir, wenn wir mehrere Kleidungsstücke übereinanderziehen. Diese Art des Kleidens heißt „Zwiebelschalenprinzip“.

Die eingeschlossene Luft zwischen den Kleidungsstücken sorgt für eine gute Wärmedämmung.

Ebenso wichtig wie der Schutz vor Kälte ist der Schutz vor Wärme. Bei hohen Temperaturen wählen wir leichte und luftige Kleidung. Trotzdem bildet sich Schweiß. Wenn Schweiß verdunstet, wird dem Körper zusätzlich Wärme entzogen, er wird gekühlt.

Kann unser Körper nicht genügend Wärme abgeben, so kommt es zu einem Wärmestau. Wir leiden unter Schwindel und Kopfschmerzen. Dann kommt es auf schnelles Handeln an: Betroffene sind schnell ins Kühle zu bringen. Ihre Körpertemperatur muss durch kaltes Wasser oder Eiswürfel vorsichtig wieder abgesenkt werden.
Ohne schnelle Gegenmaßnahmen kann Wärmestau zu einem lebensgefährlichen Hitzschlag führen.

- Erkläre, was „dem Wetter angemessene Kleidung“ ist.

Energie von der Sonne

Wärmeausdehnung

Befeuchte eine Münze und verschließe damit eine Flasche. Lass die Münze auf der Flasche tanzen.

Jeder Körper nimmt bei einer bestimmten Temperatur einen bestimmten Raum ein. Er hat ein bestimmtes Volumen. Erwärmungen oder Abkühlungen führen zu **Änderungen des Volumens** eines Körpers.

> Wenn sich die Temperatur eines Körpers ändert, dann ändert sich auch sein Volumen.

Das lässt sich mit einer Eisenkugel nachweisen. Bei Zimmertemperatur passt sie gerade noch durch die Öffnung. Wird sie erhitzt, passt sie nicht mehr hindurch.

- Beschreibe, was passiert ist.

Die Teilchen der Eisenkugel bewegen sich mit steigender Temperatur heftiger um ihren Platz. Ihr Abstand wird größer. Die Eisenkugel nimmt ein größeres Volumen ein.
Auch lange feste Körper wie Brücken, Eisenbahnschienen oder Hochspannungsleitungen vergrößern bei Erwärmung ihr Volumen. Bei diesen Körpern ist aber besonders die **Längenänderung** von praktischer Bedeutung.
Wie sich die Länge eines Körpers ändert, wenn sich seine Temperatur ändert, kannst du aus der Tabelle ablesen.

Längenänderung eines Körpers von 10 m Länge, wenn sich die Temperatur um 10 °C ändert.	
Aluminium	2,4 mm
Beton	1,2 mm
Eisen	1,2 mm
Glas	1,0 mm
Gold	1,4 mm
Kupfer	1,6 mm
Messing	1,8 mm
Stahl	1,2 mm
Zink	2,7 mm

Erforsche es

Ein Modell gibt Auskunft

Baue das Modell einer Brücke auf Rollen.

a) Befestige das eine Ende einer Stricknadel fest auf einem Holzklotz. Das andere Ende der Nadel liegt beweglich auf einer Stopfnadel mit Zeiger.

b) Erwärme die Stricknadel vorsichtig mit einer Kerzenflamme.

c) Beschreibe deine Beobachtungen.

d) Erkläre deine Beobachtungen mithilfe des Teilchenmodells.

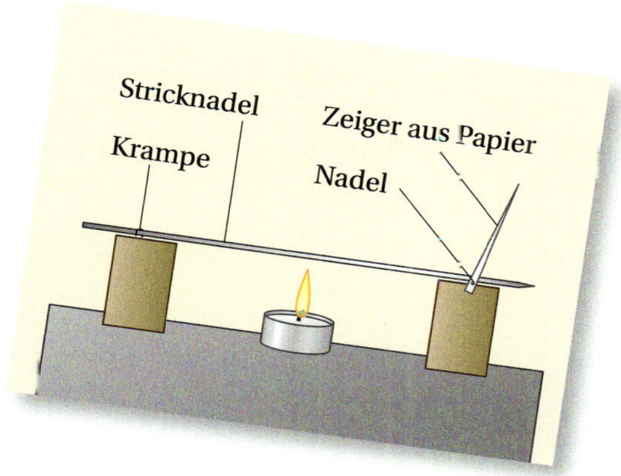

Ebenso wie feste Körper und die meisten Flüssigkeiten dehnen sich auch Gase beim Erwärmen aus. Beim Abkühlen ziehen sie sich zusammen.
Aber es gibt einen Unterschied: Bei Gasen hängt die Volumenänderung nicht vom Stoff ab. Gase wie Luft, Butan oder Helium dehnen sich fast gleich stark aus. Das gilt bei gleicher Temperaturerhöhung und gleichem Ausgangsvolumen.
Wenn die Luft in einem Gefäß wie in der Abbildung unten erwärmt wird, so dehnt sie sich aus. Sie entweicht teilweise aus dem Gefäß und bläst den Luftballon auf.

Die Luftteilchen bewegen sich bei steigenden Temperaturen immer heftiger. Sie nehmen den ganzen Raum ein, der ihnen zur Verfügung steht.
Wenn das Gefäß offen ist, dann entweichen die Teilchen in die Umgebungsluft.
Das Volumen eines Gases von 10 l vergrößert sich bei einer Erwärmung um 10 °C um 366 ml.
Zum Vergleich: Das Volumen von 10 l Wasser vergrößert sich bei gleicher Temperaturänderung nur um 20 ml.
Gase dehnen sich stärker aus als Flüssigkeiten.

▮ Erkläre die Beobachtung.

Aufgaben

1 Ein 10 m langer Kupferdraht wird um 1,6 mm länger, wenn sich die Temperatur um 10 °C erhöht. Um wie viel Millimeter wird dann ein 20 m langer Kupferdraht länger?

2 Warum passt die Eisenkugel im Experiment auf Seite 46 nicht mehr durch die Öffnung?
Warum „tanzt" die Münze auf der Flasche (S. 46 oben)? ↗ S. 138

Energie von der Sonne

Die Anomalie des Wassers

Das Foto zeigt: Wasser verhält sich „nicht normal“. Formuliere, was verblüffend erscheint.

Warmes Wasser ist leichter als kaltes, vorausgesetzt, die Volumen sind gleich.

Bei Temperaturen über 4 °C verhält sich Wasser wie andere Flüssigkeiten. Es dehnt sich aus. Beim Abkühlen bis 4 °C wird sein Volumen kleiner.
Wenn das Wasser aber unter 4 °C abkühlt, so wird sein Volumen bis 0 °C wieder größer. Es nimmt um etwa 10 % zu. Wasser hat also bei 4 °C sein kleinstes Volumen.

Dieses „nicht normale“ Verhalten nennen Physiker **Anomalie des Wassers.**

Im Sommer wird das Wasser von der Sonne erwärmt. Das wärmere Wasser ist leichter, es bleibt an der Oberfläche. Tiefer liegende Schichten sind kühler.

Das kannst du auch beim Baden feststellen: Tiefer liegendes Wasser ist kälter als das Wasser an der Oberfläche.

Im Herbst und Winter kühlt sich das Wasser an der Oberfläche ab. Wasser von 4 °C sinkt immer nach unten. Das kältere Wasser befindet sich in der Schicht darüber.

Bei weiterer Abkühlung bildet sich dort Eis. Eis ist leichter als Wasser und bleibt an der Oberfläche. Tiefer liegende Schichten behalten eine Temperatur von 4 °C. Durch diese Schichtung können Tiere und Pflanzen im Winter im Wasser überleben.

Beim Gefrieren von Wasser vergrößert sich das Volumen. Eis von 0 °C hat ein größeres Volumen als Wasser von 0 °C und ist leichter.

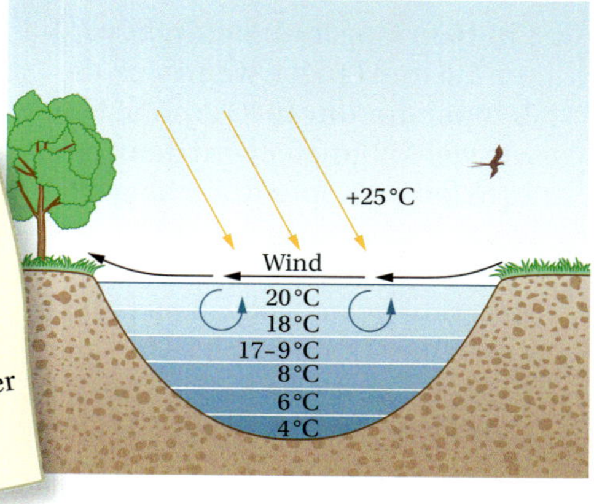

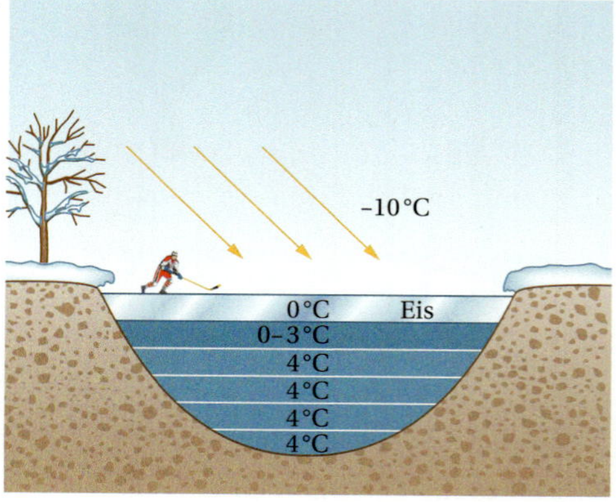

Erforsche es

Wasser und seine Eigenschaften

1. Seen und Teiche verändern sich im Laufe eines Jahres.
   a) Beschreibt die Veränderungen, die im Winter zu beobachten sind.
   b) Erklärt, warum die Tiere im Winter in einem Gewässer überleben können. Führt dazu folgendes Experiment durch:
      - Füllt ein hohes Becherglas drei viertel mit Wasser, das eine Temperatur von 10 °C hat.
      - Gebt Eiswürfel hinzu.
      - Messt die Temperatur am Boden und an der Oberfläche.
      - Erklärt die gemessene Temperaturschichtung.

2. Wasser kann Steine sprengen.
   a) Erläutert, wie das möglich ist. Überlegt, wie ihr diese Aussage mit einem Experiment verdeutlichen könnt.
   b) Findet Beispiele, wo die gesuchte Eigenschaft des Wassers im Alltag Bedeutung hat.

Flüssigkeiten unterscheiden sich darin, wie stark sich ihr Volumen bei Temperaturerhöhung oder -erniedrigung ändert. Das kannst du zeigen, wenn du verschiedene Flüssigkeiten wie in der Abbildung rechts in ein Gefäß mit warmem Wasser stellst.

Die Volumenänderung hängt außer vom Stoff auch vom ursprünglichen Volumen der Flüssigkeit ab.
Das Volumen wird größer, je größer die Änderung der Temperatur ist.

Aufgaben

1 Wasser verhält sich anders als andere Flüssigkeiten. Begründe.

2 Bei Zimmertemperatur standen die Flüssigkeiten in den Steigrohren gleich hoch. Werte das Experiment aus.

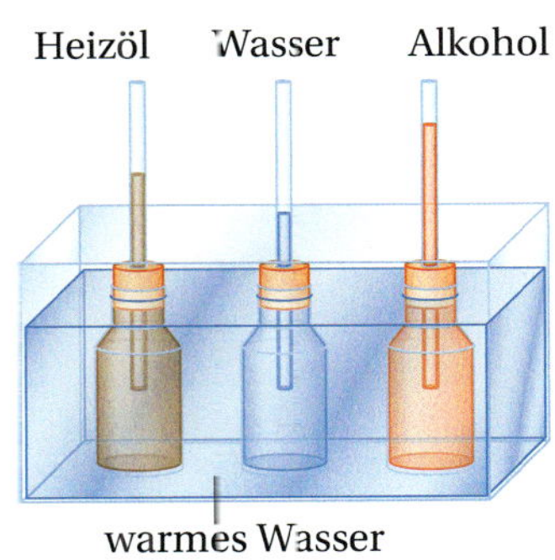

Das hast du gelernt

Energie von der Sonne

Wärmequellen sind Körper, die Wärme an ihre kältere Umgebung abgeben.

Wenn ein Körper Wärme abgibt, verringert sich seine thermische Energie. Wenn er Wärme aufnimmt, vergrößert sich seine thermische Energie.

Wir Menschen passen uns durch entsprechende Kleidung den jeweiligen Temperaturen an.

Wärmeübertragung		
Wärmeleitung	Wärmestrahlung	Wärmeströmung

Wärmeausdehnung		
Die meisten Körper dehnen sich aus, wenn sie erwärmt werden. Sie ziehen sich zusammen, wenn sie abgekühlt werden.		
Bei **langen festen Körpern** wie Brücken, Eisenbahnschienen oder Hochspannungsleitungen ist die Änderung ihrer **Länge** von praktischer Bedeutung	Die meisten **Flüssigkeiten** ändern bei Temperaturänderung ihr Volumen. Wasser macht eine Ausnahme (**Anomalie des Wassers**). Es hat bei 4 °C sein kleinstes Volumen. Beim Gefrieren dehnt es sich aus.	

Löse mit Köpfchen

1. Zieh deine warme Jacke an!
Beurteile diesen gut gemeinten Ratschlag aus physikalischer Sicht.

2. Tief gekühlt
Erkläre, warum du Tiefkühlkost ohne Probleme in Isoliertaschen vom Einkauf nach Hause transportieren kannst. ↗ S. 138

3. Ein süßes Experiment
Lege fünf Stücke Schokolade auf den Tisch. Wickle eines in Alufolie, eines in schwarzes Papier und eines in weißes Papier. Stülpe über das vierte ein Becherglas. Das fünfte Stück bleibt wie es ist. Welches Schokoladenstück wird am weichsten, wenn du alle Stücke gleichmäßig etwa fünf Minuten lang mit einer Glühlampe beleuchtest? Stelle eine Vermutung auf und prüfe sie. ↗ S. 126

4. Kühl bleiben
Die Wände eines Kühlschranks sind oft mit Styropor ausgefüllt. Erkläre, warum hier eine Wärmedämmung notwendig ist. Fertige dazu eine Skizze an.

5. Und was meinst du?
Arzu und Baran diskutieren verschiedene Bodenbeläge für den neuen Flur ihrer Wohnung. „Ich mag Fliesen, die glänzen so schön“, sagt Baran.
„Dafür sind sie aber kalt. Ich möchte lieber Teppichboden“, entgegnet Arzu.
„Unsinn“, sagt Baran, „der Teppich ist genauso kalt wie die Fliesen.“
Wer hat recht? Begründe deine Meinung. ↗ S. 38

6. Tiere sind Überlebenskünstler
Eichhörnchen und Fledermäuse schützen sich im Winter vor Wärmeverlust. Beschreibe, wie es ihnen gelingt, sich zu schützen. ↗ S. 20
Recherchiere, ob deine Lösung richtig ist.
Sammle andere Überwinterungstricks von Tieren. ↗ S. 90

7. Gefühlte Wärme
Wickle eine Hand in Aluminiumfolie und beschreibe, was du fühlst. Findest du eine Erklärung? Diskutiert eure Ergebnisse. ↗ S. 126

8. Baustoffe kombinieren
Auf Baustellen sieht man, dass in Betonmauern oder -bögen Stahlmatten gelegt werden. Sie stabilisieren den Beton. Dies ist nur möglich, weil sich Beton und Stahl gleich ausdehnen. Sage voraus, was sonst geschehen könnte.

9. Niemals voll
Getränkeflaschen werden nie bis zum Deckel gefüllt. Finde eine Erklärung, warum das so ist. ↗ S. 138

10. Wasser ist anders
Fülle zwei Aluminiumbecher von Teelichtern randvoll mit Wasser bzw. flüssigem Wachs. Stelle die Becher ins Gefrierfach.
Vergleiche das Verhalten von Wasser und Kerzenwachs beim Gefrieren und begründe Unterschiede. ↗ S. 173

Sonne und Wetter

Aggregatzustandsänderungen

Unter welchen Bedingungen ändert ein Körper seinen Aggregatzustand?

Bei Zimmertemperatur haben alle Körper unserer Umgebung einen bestimmten **Aggregatzustand:** fest, flüssig oder gasförmig. Wasser ist flüssig, kann jedoch zu Eis erstarren oder gasförmig werden.

Schmelzen: fest → flüssig
Erstarren: flüssig → fest
Sieden: flüssig → gasförmig
Kondensieren: gasförmig → flüssig

Schmelzen: Ein fester Körper, z. B. Eis, muss so lange erwärmt werden, bis die **Schmelztemperatur** ϑ_S erreicht wird. Bei dieser Temperatur bleibt Eis fest. Bei weiterer Erwärmung schmilzt es.
Während des Schmelzens ändert sich die Temperatur nicht. Die zugeführte Wärme ist nötig, um das Eis vom festen in den flüssigen Aggregatzustand umzuwandeln. Die Temperatur steigt wieder an, wenn das gesamte Eis geschmolzen ist.

Eis schmilzt bei 0 °C. Bei ebenfalls 0 °C erstarrt Wasser.

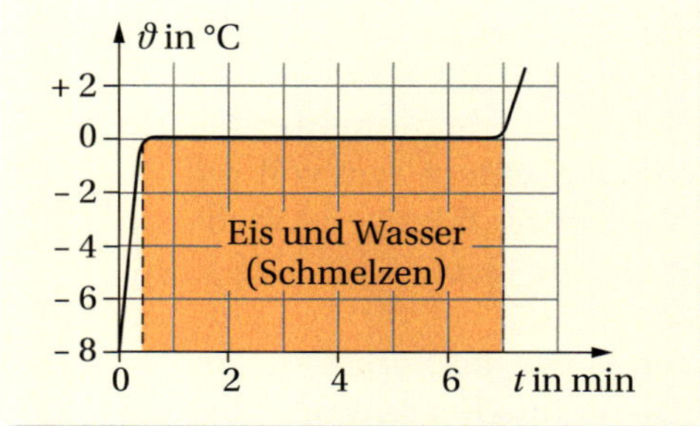

■ Deute das Temperatur-Zeit-Diagramm für das Schmelzen von Eis.

Erstarren: Wenn einem flüssigen Körper Wärme entzogen wird, so geht er bei seiner **Erstarrungstemperatur** in den festen Aggregatzustand über.

Deutung im Teilchenmodell: Bei Zufuhr von Wärme bewegen sich die Teilchen des festen Körpers heftiger. Ihr mittlerer Abstand vergrößert sich. Sie können ihren festen Platz verlassen. Umgekehrtes gilt bei Wärmeabgabe.

Die Wärme, die beim Erstarren der einer Flüssigkeit wieder frei wird, ist genauso groß wie die Wärme, die zum Schmelzen des festen Körpers benötigt wurde.
Die Schmelztemperatur und die Erstarrungstemperatur sind gleich.

Schmelztemperatur ϑ_S einiger Stoffe in °C	
Aluminium	660
Blei	327
Eis	0
Eisen	1 540
Platin	1 739
Quecksilber	–39
Zinn	232

Erforsche es

Untersuche den Temperaturverlauf beim Schmelzen von Eis. Nimm ein Temperatur-Zeit-Diagramm auf.

Vorbereitung:
Geräte und Materialien: Becherglas, Heizplatte, Thermometer, Rührer, Eis, Uhr, kaltes Wasser

Durchführung:
a) Stelle aus zerstoßenem Eis und abgekühltem Wasser ein Wasser-Eis-Gemisch her.
b) Erwärme das Gemisch gleichmäßig. Schalte die Heizplatte deshalb vorher schon einige Minuten an.
c) Rühre immer gut um und miss alle 30 s die Temperatur.
d) Führe die Messungen so lange durch, bis sämtliches Eis geschmolzen ist und die Temperatur des Wassers 20 °C erreicht hat.

Auswertung:
Zeichne das ϑ-t-Diagramm und werte es aus. Wie groß ist ϑ_S?

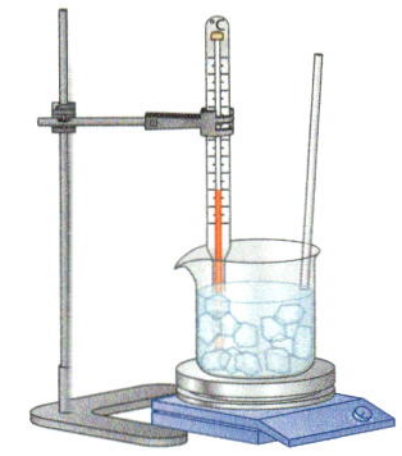

***Vorsicht!** Achte darauf, dass außer dem Gefäß keine Gegenstände auf die heiße Platte gelangen.*

Sieden: Wenn einem flüssigen Körper, z. B. Wasser, Wärme zugeführt wird, so steigt die Temperatur bis zur **Siedetemperatur** ϑ_S an.
Während des Siedens bleibt die Temperatur gleich. Erst wenn das gesamte Wasser verdampft ist, steigt die Temperatur des Dampfs wieder an.

Kondensieren: Wenn einem gasförmigen Körper Wärme entzogen wird, so geht er bei seiner **Kondensationstemperatur** vom gasförmigen in den flüssigen Aggregatzustand über.

Siedetemperatur und Kondensationstemperatur sind gleich groß.

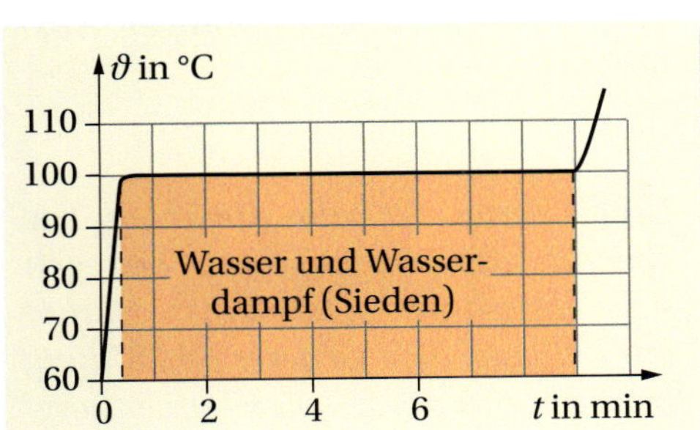

■ Deute das Temperatur-Zeit-Diagramm für das Sieden von Wasser.

Aufgaben

1 Ordne die Stoffe in der Tabelle auf der Seite 52 nach steigender Schmelztemperatur.
Bei welcher Temperatur erstarrt flüssiges Zinn?

2 Bei welcher Temperatur siedet Wasser, bei welcher kondensiert es?

3 Beantworte mithilfe des Temperatur-Zeit-Diagramms für das Sieden von Wasser folgende Fragen:
a) Was passiert in den ersten 30 s?
b) Was passiert nach 9 min?
c) Warum bleibt die Temperatur während des Siedens gleich? Benutze zur Erklärung das Teilchenmodell. ↗ S. 54

4 Felix behauptet: „Wenn einem Körper Wärme zugeführt wird, so erhöht sich dessen Temperatur immer.“ Julia widerspricht: „Die Temperatur erhöht sich nicht immer.“ Wer hat recht? Begründe deine Entscheidung.

So kannst du vorgehen

Arbeiten mit Modellen

Mit Modellen kannst du Sachverhalte veranschaulichen, erklären oder voraussagen. Das wird am Beispiel des Teilchenmodells erläutert.

► Schritt 1

Lies die Aufgabenstellung gründlich.

Erkläre mithilfe des Teilchenmodells, warum Wasser bei Wärmezufuhr und bei Wärmeabgabe seinen Aggregatzustand ändert.

► Schritt 2

Stelle den Sachverhalt dar.

Was willst du mithilfe des Modells veranschaulichen, erklären bzw. voraussagen?

*Bei **Wärmezufuhr** wird Eis bei 0 °C flüssig. Bei 100 °C wird Wasser gasförmig. Bei **Wärmeabgabe** wird Wasserdampf bei 100 °C flüssig. Wasser erstarrt bei 0 °C.*

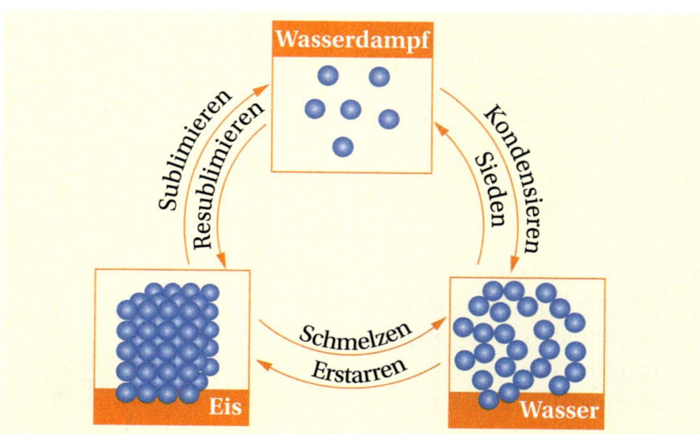

Wasser kann in Abhängigkeit von den Bedingungen fest (Eis), flüssig oder gasförmig (Wasserdampf) sein.

► Schritt 3

Wähle das Modell aus und wende es auf den Sachverhalt an.

Konkretisiere die Aussagen des Modells. Beziehe sie auf den Sachverhalt.

Nach dem Teilchenmodell sind die Teilchen eines festen Körpers regelmäßig angeordnet. Sie schwingen um ihren Platz, verlassen ihn aber nicht.
Bei Flüssigkeiten haben die Teilchen keinen festen Platz. Sie bewegen sich an dem Platz hin und her, an dem sie sich gerade befinden.
Gasteilchen haben einen großen Abstand. Sie bewegen sich ungeordnet.

► Schritt 4

Wende das Modell an.

Beim Erwärmen schwingen die Teilchen ab 0 °C so stark, dass sie ihre Plätze verlassen. Eis wird flüssig. Bei weiterer Wärmezufuhr bewegen sich die Teilchen noch schneller. Ihre Abstände vergrößern sich. Schließlich bewegen sie sich so heftig, dass einige die Wasseroberfläche verlassen. Diese Teilchen bilden den gasförmigen Wasserdampf.

Umgekehrtes gilt beim Abkühlen: Die Teilchen des Wasserdampfs bewegen sich langsamer. Der Wasserdampf wird flüssig. Bei weiterer Abkühlung bewegen sich die Teilchen immer langsamer und nehmen schließlich feste Plätze ein. Das Wasser erstarrt.

Verdunsten von Flüssigkeiten

An heißen Sommertagen gerätst du leicht ins Schwitzen. Dann hilft nur noch ein kühles Bad. Wenn du jedoch aus dem Wasser kommst, ist dir kalt, obwohl die Lufttemperatur höher als die Wassertemperatur ist. Wie kommt das?

Bei hoher Lufttemperatur **verdunstet** das Wasser auf deiner Haut sehr schnell. Es wird weit unterhalb der Siedetemperatur gasförmig. Zum Verdunsten ist Wärme erforderlich. Sie wird deiner Haut entzogen. Weil dein Körper die Wärme nicht so schnell „nachliefern" kann, ist dir kalt.
Bei hohen Temperaturen regelt die „Verdunstungskälte" unsere Körpertemperatur. Schweiß, der beim Schwitzen aus unseren Poren tritt, verdunstet.
Das Verdunsten entzieht unserem Körper Wärme und kühlt ihn.

Die kühlende Wirkung beim Verdunsten mildert Sportverletzungen. Auf die schmerzende Stelle wird eine Flüssigkeit gesprüht, die sehr schnell verdunstet. Die Haut kühlt dadurch stark ab. Ihre Durchblutung und Schmerzempfindlichkeit sinken.

> Beim Verdunsten sinkt die Temperatur der Flüssigkeit und ihrer Umgebung.

Wie schnell eine Flüssigkeit verdunstet, hängt ab
- von der Größe ihrer Oberfläche,
- von der Temperatur und
- davon, wie schnell der verdunstete Anteil abgeführt wird.

Das deckt sich mit deinen Erfahrungen: Kleine Pfützen trocknen schneller als große und bei höheren Temperaturen und Wind geht das Verdunsten noch schneller vor sich.

Erforsche es

Abkühlen durch Verdunsten

1. Verreibe je einen Tropfen Wasser und Parfüm auf deiner Hand. Vergleiche deine Beobachtungen. Finde Erklärungen.

2. Lass eine flache Schale mit Wasser längere Zeit stehen. Miss die Temperatur des Wassers und der Raumluft. Vergleiche beide Temperaturen. Was stellst du fest?

3. Schon im Altertum nutzten die Menschen poröse Tongefäße, die mit Wasser gefüllt waren, als „Kühlgeräte". Wodurch wird das Kühlen erreicht?

4. Erkläre mithilfe des Teilchenmodells, warum Flüssigkeiten weit unter der Siedetemperatur in den gasförmigen Zustand übergehen können.
   Wende die Schritte unter „So kannst du vorgehen" auf der gegenüberliegenden Seite an. ⊕

5. Untersuche, wie Spiritus verdunstet. Wickle Watte um das Thermometergefäß eines Flüssigkeitsthermometers. Feuchte die Watte mit Spiritus an.
   Wiederhole den Versuch und blase ständig gegen die feuchte Watte. Vergleiche und deute deine Beobachtungen.

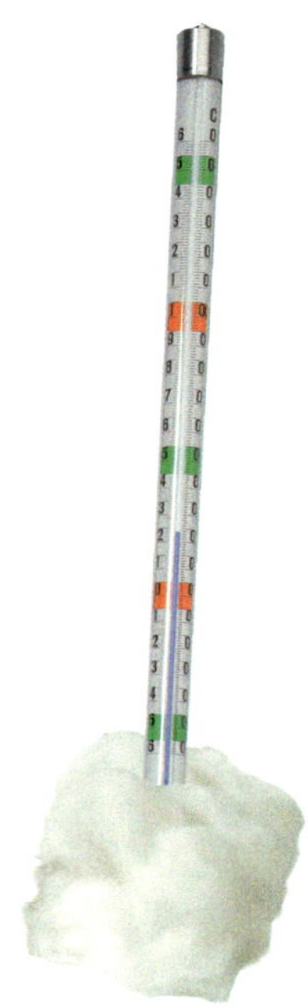

Sonne und Wetter

Wärme- und Wasserkreislauf

Ein Blick auf „das Wetter von morgen“ und du entscheidest dich für Regenkleidung. Was kannst du aus Wetterkarten ablesen? Stelle Vergleiche an.

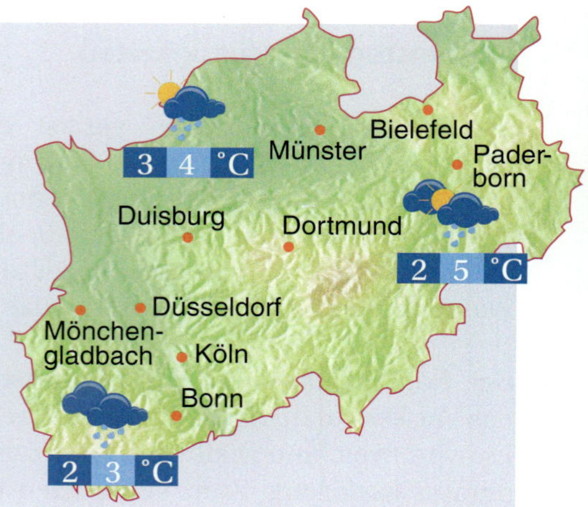

Wettererscheinungen wie Wind oder Sturm, Regen oder Nebel beeinflussen nicht nur unser Wohlbefinden. Sie wirken sich auch auf Natur, Landwirtschaft und Tourismus aus.

Wolken und Niederschläge entstehen durch den Wasserdampf in der Luft. Wir können ihn aber nicht sehen.
Wenn Wasser verdunstet, gelangt Wasserdampf in die Atmosphäre. Das Verdunsten geschieht vor allem über Wasserflächen und großen Waldgebieten.
Der Anteil an Wasserdampf, der sich in der Atmosphäre befindet, heißt **Luftfeuchtigkeit** und wird in Gramm pro Kubikmeter Luft $\left(\frac{g}{m^3}\right)$ angegeben.

Wenn ein Kubikmeter Luft bei einer bestimmten Temperatur 4,7 Gramm Wasserdampf aufgenommen hat, beträgt die Luftfeuchtigkeit 4,7 $\frac{g}{cm^3}$.

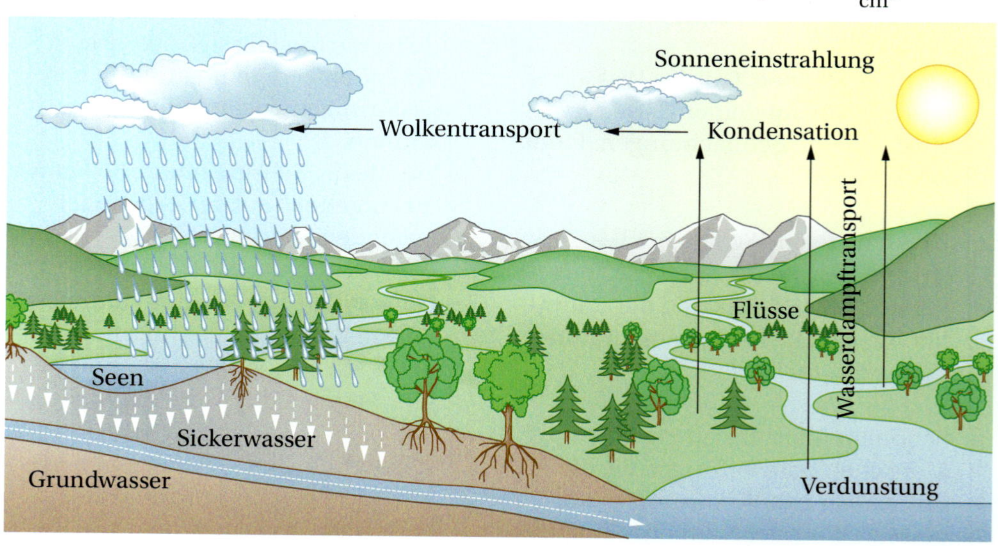

Die Sonne ist der Motor des Wasserkreislaufs auf der Erde. In diesem natürlichen Kreislauf ändert das Wasser seinen Aggregatzustand. Erläutere den natürlichen Wasserkreislauf.

Erforsche es

1. Die relative Luftfeuchtigkeit wird mit einem Hygrometer gemessen. Bestimme mit einem Hygrometer die Luftfeuchtigkeit
   a) an verschiedenen Tagen zu einer bestimmten Zeit,
   b) in verschiedenen Räumen der Wohnung.

2. Enthält Luft Wasserdampf?
   a) Fülle ein Glas etwa zur Hälfte mit Wasser, das Zimmertemperatur hat. Beachte, dass die Außenseite des Glases völlig trocken bleibt.
   b) Rühre mit dem Thermometer vorsichtig um und kontrolliere die Temperatur.
   c) Gib Eisstücke in das Wasser und beobachte die Außenwand.
   d) Beschreibe deine Beobachtung und erkläre sie.

Mit zunehmender Temperatur kann die Luft mehr Wasserdampf aufnehmen. Die Tabelle rechts gibt an, wie viel Wasserdampf ein Kubikmeter Luft maximal aufnehmen kann. Der Dampf ist dann **gesättigt.**

Der Wasserdampfgehalt in der Luft wird in Prozent angegeben. Dieser Prozentsatz heißt **relative Luftfeuchtigkeit.**
100 % Luftfeuchtigkeit entsprechen dem gesättigten Dampf bei einer bestimmten Temperatur.
50 % bedeuten: In der Luft ist nur halb so viel Wasserdampf, wie maximal möglich wäre. Oder: Wenn Luft von 10 °C 4,7 Gramm Wasserdampf pro Kubikzentimeter aufgenommen hat, beträgt ihre relative Luftfeuchtigkeit 50 %.

Die relative Luftfeuchtigkeit ist stark von den Wetterbedingungen abhängig. Bei uns liegt sie meist zwischen 30 und 70 %.

Wird Luft mit einem bestimmten Wasserdampfgehalt abgekühlt, so steigt die relative Luftfeuchtigkeit. Sie kann 100 % überschreiten. Der überschüssige Wasserdampf kondensiert an winzigen Staubteilchen, die sich in der Luft befinden. Es entstehen Wassertröpfchen. Vor allem in klaren Nächten strahlt die Erde viel Wärme in den Weltraum ab. Der Boden und die darüberliegende Luftschicht kühlen sich stark ab. Es bildet sich Nebel.

Temperatur ϑ in °C	Wassermenge m in g
−10	2,2
−5	3,3
0	4,8
5	6,8
10	9,4
15	12,8
20	17,3

m ist die größtmögliche Wassermenge, die 1 m^3 Luft aufnehmen kann.

Sonne und Wetter

Wolken und Niederschläge

Wodurch entstehen Wolken?
Wann beginnt es zu regnen?
Wieso fällt Niederschlag als Schnee?
Wettererscheinungen hängen unter anderem von der Temperatur ab.

Alle Wettererscheinungen gehen in der Troposphäre vor sich. So heißt der Teil der Atmosphäre, der bis in eine Höhe von etwa 10 km reicht.
In dieser Höhe beträgt die Temperatur etwa −50 °C. In kleineren Höhen ist die Temperatur größer. Unter normalen Verhältnissen nimmt sie mit zunehmender Entfernung von der Erdoberfläche ab.

- Wie groß ist die Temperatur in 5 km Höhe? Lies aus dem Diagramm ab.

Abweichungen in der Temperaturschichtung kommen durch Unterschiede in der Sonneneinstrahlung und in der Bodenbeschaffenheit der Erdoberfläche zustande.
Dadurch erwärmt sich die Luft nicht überall gleichmäßig. Wenn sie aufsteigt, kühlt sie ab. Der Wasserdampf in der Luft kondensiert an winzigen Staubkörnchen und es bilden sich Wolken.
Aus den unterschiedlichen Wolkenformen lässt sich das Wettergeschehen vorhersagen.

Unter normalen Verhältnissen nimmt die Temperatur mit der Höhe um ca. 1 °C je 100 m ab.

Temperaturschichtung in der Troposphäre

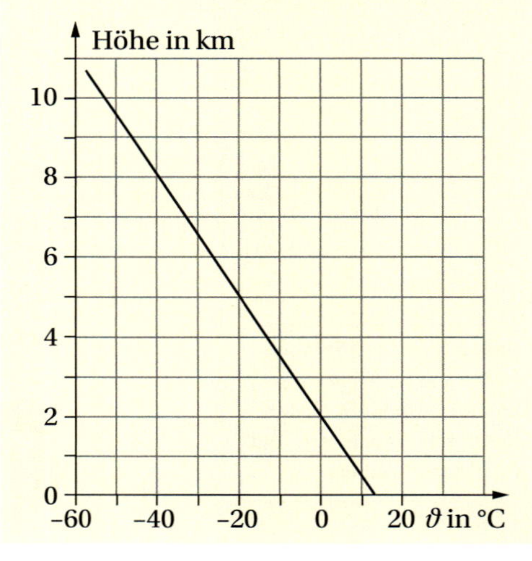

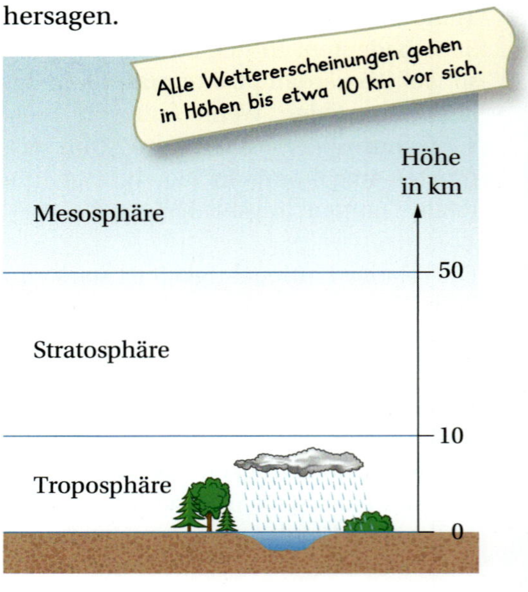

Kleine Regentropfen: Sie entstehen, wenn Wassertröpfchen zusammenstoßen und sich zu immer größeren Tropfen vereinigen. Das passiert in tief liegenden Wolken und dauert relativ lange. Ab einer bestimmten Größe kann der Luftstrom die Tropfen nicht mehr tragen, sie fallen nach unten. Niesel- oder Sprühregen sind die Folge.

Große Regentropfen: Sie entstehen sehr schnell in hoch reichenden Wolken. In den oberen Schichten solcher Wolken bilden sich zunächst Eiskristalle. Größere Eiskristalle fallen herab und wachsen durch anfrierende Wassertröpfchen immer weiter an.

Ob der Niederschlag die Erde als Regen, Schnee oder Hagel erreicht, hängt von der Temperatur unterhalb der Wolke ab. Ist die Luft warm und trocken, so schmelzen die Eiskristalle schnell oder verdunsten sogar. Du erkennst das an den sogenannten **Fallstreifen** unterhalb der Wolke in der Abbildung oben rechts.

Schmelzen die Eiskristalle, ohne zu verdunsten, so kommen am Boden **Regentropfen** an. Ihr Durchmesser ist etwa 30-mal so groß wie der von Wassertröpfchen. Bei durchgehend kalter Frostluft bis zum Boden fallen die Eiskristalle als **Schnee.** Große Regentropfen und Schnee haben also denselben Ursprung.

Im Sommer können mächtige Quellwolken entstehen. Sie reichen bis in 12 km Höhe. Orkanartige Aufwinde reißen Eiskristalle mit nach oben, die zu Eisklumpen von mehr als 10 cm Durchmesser anwachsen können.

Diese Eisklumpen fallen dann als **Hagel** mit einer solch großen Geschwindigkeit auf die Erdoberfläche, dass die Zeit in der warmen Luft nicht zum völligen Schmelzen ausreicht.

Aufgaben

1 „Bauernregeln“ beruhen auf Beobachtungen des Wettergeschehens und sind oft schon jahrhundertealt. Suche Beispiele für solche „Bauernregeln“. Wie sicher sind derartige Wettervorhersagen?

„Der Januar muss krachen, soll der Frühling lachen.“

2 Erkläre einem Mitschüler, wie Hagelkörner dieser Größe zustande kommen. ↗ S. 138

Sonne und Wetter

Wind und Wetter

Wann wird Wind zum Orkan?

Orkan Kyrill fällt 25 Millionen Bäume in NRW
Größter Waldschaden, der jemals im Land verzeichnet wurde

Luft, die du normalerweise kaum spürst, wird bei einem Orkan so mächtig, dass sie Bäume entwurzeln kann.

Was treibt die Luft an? Wind kommt durch Druckunterschiede in der Luft zustande. Die Luftsäule über der Erdoberfläche ist viele Kilometer hoch. Sie erzeugt den **Luftdruck.**

Direkt über der Meeresoberfläche ist der Luftdruck am größten.

Auf einem hohen Berg ist der Luftdruck wesentlich kleiner als im Tal, weil die Luftsäule kürzer ist.

Der Druck, den die Luftsäule auf eine Fläche erzeugt, heißt Luftdruck. Er nimmt mit der Höhe über der Erdoberfläche ab.

Da die Luft nach oben immer dünner wird, nimmt der Luftdruck immer langsamer ab.
Der eigentliche **Antrieb für den Wind** ist die Sonne. Dort, wo die Luft stärker erwärmt wird, steigt sie auf. Der Luftdruck über dem Boden nimmt ab. Es entsteht ein **Tiefdruckgebiet.** Dort, wo die Luft weniger erwärmt wird, sinkt sie herab. Der Luftdruck über dem Boden nimmt zu. Es entsteht ein **Hochdruckgebiet.**

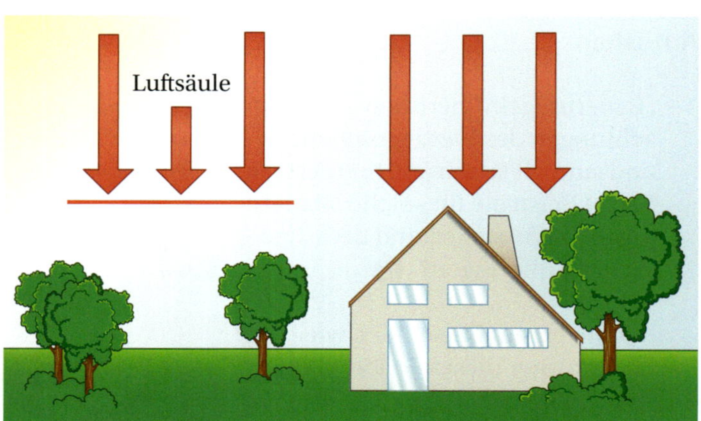

Erforsche es

Windmesser selbst gebaut

Baue einen Windmesser, mit dem du die Windgeschwindigkeiten selbst abschätzen kannst.

Vorbereitung:

a) Woran erkennst du ohne Hilfsmittel, ob ein schwacher oder starker Wind weht?

b) Materielien: 2 m langer Stab, Gewindebolzen mit Mutter, Leder oder Blech, Sperrholz, wasserfester Stift

Durchführung:

a) Befestige den Gewindebolzen am Stab und hänge ein Stück Leder an.

b) Zeichne auf das Sperrholz eine Skala und bringe es im rechten Winkel zum Bolzen an.

c) Lies täglich zur selben Zeit ab, um wie viele Teilstriche auf der Skala das Leder nach oben schwingt.

Auswertung:

Trage die Messergebnisse in eine Tabelle nach folgendem Muster ein:

Datum	Anzahl der Teilstriche	Windstärke nach Wettervorhersage
...	...	...

Werte die Tabelle aus.

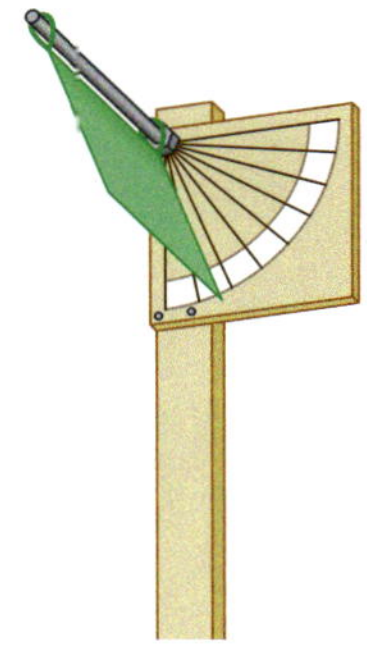

Seewind entsteht, wenn die Luft über dem Land stärker erwärmt wird als über dem Wasser. Sie steigt auf. Über dem Land bildet sich am Boden ein Tiefdruckgebiet, in der Höhe ein Hochdruckgebiet. Über dem Wasser ist es umgekehrt. Luftströmungen verringern den Druckunterschied zwischen beiden Gebieten. Du spürst sie als **Wind**.

- Beschreibe mithilfe der Abbildung wie Seewind entsteht.

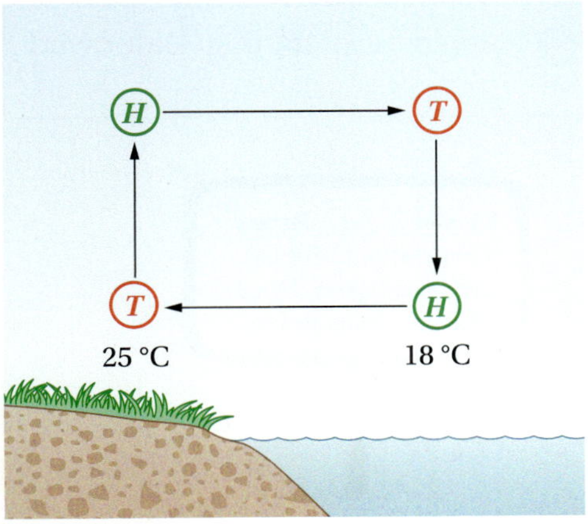

In Wetterkarten sind Orte mit gleichem Luftdruck durch Linien miteinander verbunden und umschließen ein Hochdruckgebiet bzw. ein Tiefdruckgebiet.

Vögel und Segelflieger nutzen **Aufwinde,** die an Berghängen entstehen. Wird die Luft an einem Berghang von der Sonne erwärmt, steigt sie nach oben.

- Fertige eine Skizze an, wie Aufwind entsteht.

Windstärken nach BEAUFORT		
Windstärke	Geschwindigkeit in $\frac{m}{s}$	Bezeichnung und Auswirkungen
0	0,0 ... 0,2	still, Rauch steigt gerade empor
2	1,6 ... 3,3	leichte Brise, im Gesicht zu spüren
4	5,5 ... 7,9	mäßige Brise bewegt Zweige
6	10,8 ... 13,8	starker Wind bewegt starke Äste
8	17,2 ... 20,7	stürmischer Wind
10	24,4 ... 28,4	schwerer Sturm entwurzelt Bäume, Schäden an Häusern
12	> 32,6	Verwüstungen durch Orkan

Das hast du gelernt

Sonne und Wetter

Körper aus einem Stoff können in verschiedenen Aggregatzuständen vorkommen.

Bei Aufnahme bzw. Abgabe von Wärme können Körper ihren Aggregatzustand ändern.

Wolken und Niederschläge entstehen durch den Wasserdampf in der Luft.

Wind entsteht durch den Luftdruckausgleich zwischen Hochdruckgebieten und Tiefdruckgebieten.

Zum **Schmelzen** und zum **Verdampfen** ist Wärme erforderlich. Beim **Erstarren** und beim **Kondensieren** wird Wärme frei.

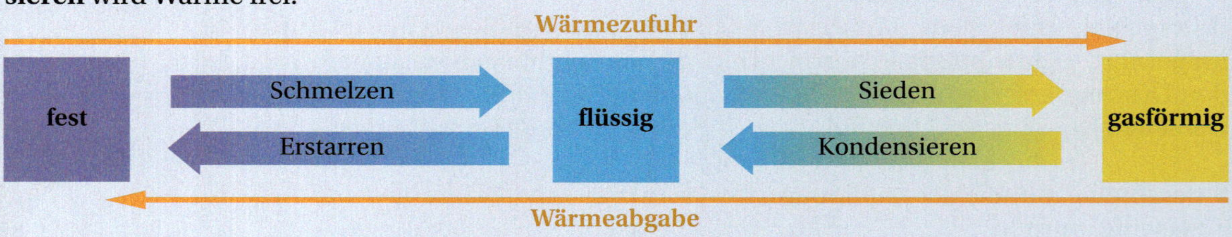

Beim **Verdunsten** wird eine Flüssigkeit unterhalb der Siedetemperatur gasförmig. Dafür wird der Umgebung Wärme entzogen. Die Temperatur sinkt.

Löse mit Köpfchen

1. Dreimal Wasser?

Lara zweifelt an, dass Regentropfen, Eiszapfen und Wasserdampf alle etwas gemeinsam haben.
Mit welchen Erläuterungen kannst du ihr helfen?

2. Heiß oder kühl?

Solange deine Haare feucht sind, spürst du beim Föhnen kaum den heißen Luftstrom. Mitunter erscheint er sogar kühl. Erst bei trockenen Haaren merkst du, dass der Luftstrom tatsächlich heiß ist.
Wie sind diese Unterschiede zu erklären? ↗ S. 138

3. Frostige Schönheit

Um die Blüten von Obstbäumen vor Nachtfrösten zu schützen, werden sie mit Wasser besprengt. Begründe, dass dadurch die Blüten geschützt werden.

4. Übersicht bewahren

Erfasse in einer Tabelle, mit welchen Messgeräten wichtige Größen für das Wetter wie Temperatur, Luftdruck, Luftfeuchtigkeit, Niederschlagsmenge und Windgeschwindigkeit gemessen werden können. ↗ S. 90

5. Nachts wechselt die Windrichtung

An Berghängen unterscheiden sich die Luftströmungen, die am Tag und in der Nacht zustande kommen.

Ähnliche Erscheinungen kannst du im Sommer beobachten. Am Tag weht der Wind meist aus Richtung Meer, nach Sonnenuntergang in entgegengesetzter Richtung.
Begründe die Unterschiede.

6. Kochen mit Köpfchen

Beim Kochen von Kartoffeln wurde folgendes Diagramm aufgenommen:

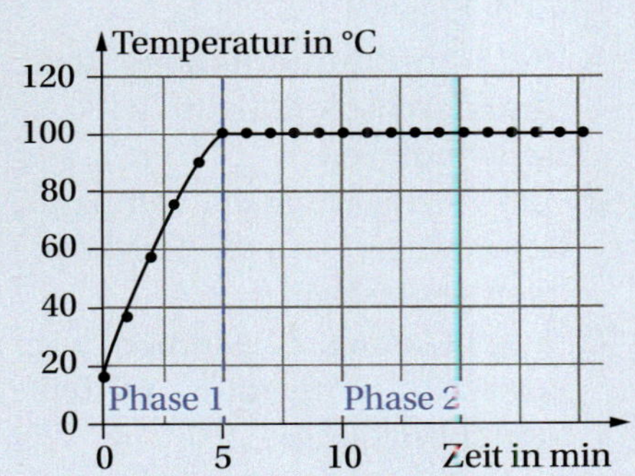

Werte das Diagramm aus. Begründe, wozu die zugeführte Energie in den Phasen 1 und 2 benötigt wird.

Teste dich selbst

Bei manchen Wahlantworten gibt es mehrere richtige Antworten. Die Lösungen findest du auf S. 198.

Wähle aus.

1 Im Laufe eines Tags beobachtest du:
- A Die Sonne geht im Westen auf und im Süden unter.
- B Die Sonne geht im Osten auf und im Westen unter.
- C Die Sonne steht mittags im Süden.
- D Die Sonne geht im Westen auf und im Osten unter.

2 Das abgebildete Thermometer zeigt eine negative Temperatur an. Sie beträgt
- A – 24 °C,
- B – 16 °C,
- C – 15 °C,
- D – 25 °C,
- E – 26 °C.

3 Mit dem Teilchenmodell kannst du die Temperatur eines Körpers anschaulich deuten. Dabei gilt für Luftteilchen:
- A Bei Temperaturerhöhung steigt ihre durchschnittliche Geschwindigkeit.
- B Bei Verringerung der Temperatur bewegen sich die Teilchen weniger heftig.
- C Es gibt keinen Zusammenhang zwischen Temperatur und Teilchenbewegung.

4 Wärme wird wie in der Abbildung rechts oben von einem Körper auf einen anderen Körper übertragen.

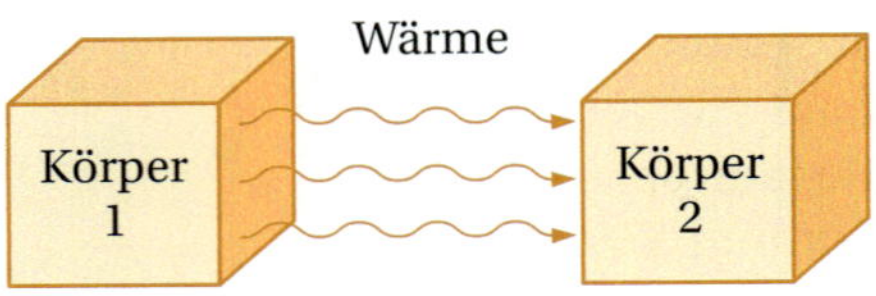

Dabei gilt:
- A Die Temperatur von Körper 2 wird größer und die von Körper 1 wird kleiner.
- B Die Temperatur von Körper 1 wird größer und die von Körper 2 wird kleiner.
- C Die Temperatur der beiden Körper bleibt gleich.
- D Die Temperatur von Körper 2 wird größer und die von Körper 1 bleibt gleich.

5 Hartschaumplatten aus Styropor verwendet man zur Wärmedämmung, weil

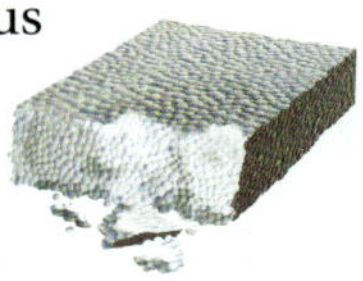

- A Styropor ein guter Wärmeleiter ist,
- B Styropor sich gut verarbeiten lässt,
- C Styropor in Poren und Zwischenräumen viel Luft enthält und Luft ein schlechter Wärmeleiter ist.

6 Als Verdunsten versteht man
- A den Übergang einer Flüssigkeit aus dem flüssigen in den gasförmigen Zustand,
- B den Übergang einer Flüssigkeit aus dem flüssigen in den festen Zustand,
- C den Übergang einer Flüssigkeit aus dem flüssigen in den gasförmigen Zustand weit unter ihrer Siedetemperatur.

Beantworte ausführlich.

1 Begründe, warum sich ein Getränk in sehr kalter Umgebung schnell abkühlt.

2 Im Dortmunder Abendblatt vom 30. 08. 2010 stand folgende Notiz:

> „Heute erlitten wieder Kinder einen Hitzschlag und mussten wegen Schwindel und Kopfschmerzen behandelt werden.
> Zu einem Hitzschlag kommt es, wenn der Körper die überschüssige Wärme nicht mehr durch Schwitzen ausgleichen kann."

Erklärt und bewertet diese Aussage aus physikalischer Sicht. Diskutiert Maßnahmen zur Rettung.

3 Erkunde, wie sich Elefanten vor Überhitzung schützen.

4 Schreibe eine Geschichte darüber, was mit der Wärmestrahlung von der Sonne alles passieren kann. Tragt euch eure Geschichten anschließend vor. Bewertet sie nach selbst gewählten Kriterien.

5 Wetten, dass du eine 1-€-Münze loslässt, bevor das Streichholz abgebrannt ist?

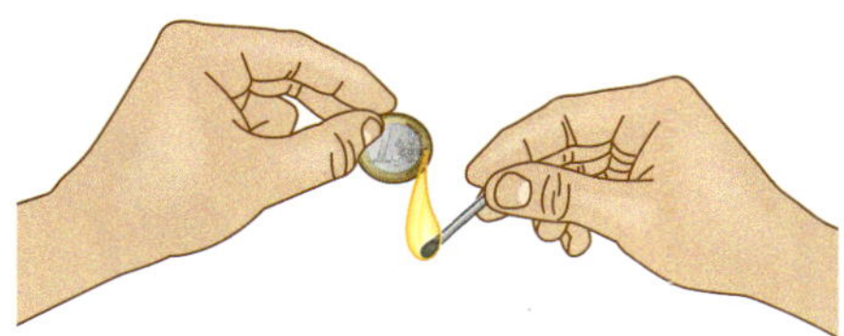

Achtung! Verbrennt euch nicht!

Diskutiert die Ursache des Ergebnisses dieses Experiments.

6 Wie kann es sein, dass du unmittelbar nach dem Baden leicht frierst, obwohl die Lufttemperatur wesentlich höher als die Wassertemperatur ist?

7 Was solltest du beachten, wenn Wäsche schnell trocknen soll?

2 Sinneswahrnehmungen mit Licht und Schall

1 **Macht Lärm krank?**
Musik, Straßenverkehr, Schulhof – überall ist Lärm um uns. Wann wird Musik zum Lärm? Wie kannst du dich vor Lärm schützen?

2 **Der Mond „verfinstert“ sich**
Erkunde, wann an deinem Heimatort die nächste Mondfinsternis zu beobachten sein wird.
Nutze dazu z. B. das Internet.
Wie kommt eine Mondfinsternis zustande?

3 **Illusion oder Wirklichkeit?**
Wenn du das Haus einer Muschelschnecke so wie in der Abbildung ans Ohr hältst, hörst du ein Rauschen.
Wurde das Meeresrauschen etwa in der Muschel gespeichert?

4 **Experte gesucht**
Sehfehler lassen sich beheben.
Interviewt einen Optiker.
Wozu braucht er Physik?

Licht und Schatten

Lichtquellen und beleuchtete Körper

Nur Passanten, die euch im Dunkeln entgegenkommen, sehen das Licht einer Taschenlampe. Diejenigen hinter euch sehen es nicht. Zieht Schlüsse für euer Verhalten im Straßenverkehr.

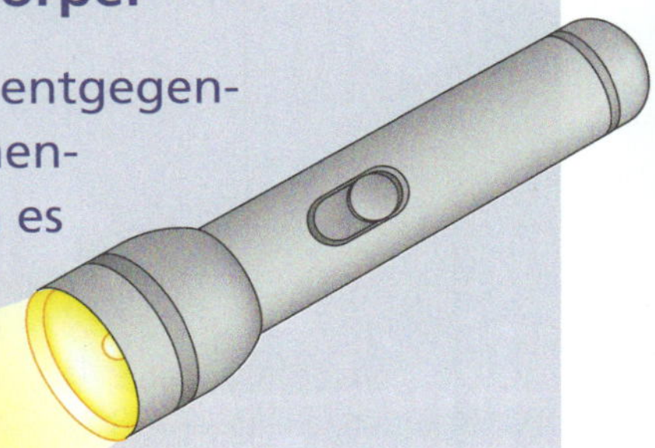

Verkehrsteilnehmer kannst du nur sehen, wenn von ihnen Licht in deine Augen fällt. Scheinwerfer senden selbst Licht aus, Rückstrahler nicht. Körper, die selbst Licht aussenden, heißen **Lichtquellen.**

Die meisten Lichtquellen wie die Sonne oder eine Kerzenflamme sind glühende Körper. Sie haben eine hohe Temperatur. Es gibt aber auch Körper, die bei normaler Temperatur Licht aussenden, z. B. einige Tiefseefische oder der Bildschirm eines Computers.

Die meisten Körper, die du siehst, senden selbst kein Licht aus. Sie werfen nur das Licht zurück, das auf sie auftrifft. Physiker sagen: Sie reflektieren bzw. streuen Licht.

Körper, die auftreffendes Licht zurückwerfen, heißen **beleuchtete Körper.**

Das Licht breitet sich nach allen Seiten **geradlinig** aus. Den Lichtweg kannst du durch **Lichtstrahlen** veranschaulichen. Lichtstrahlen sind ein **Modell,** eine Vereinfachung der Wirklichkeit.

Erforsche es

Welchen Weg nimmt das Licht?

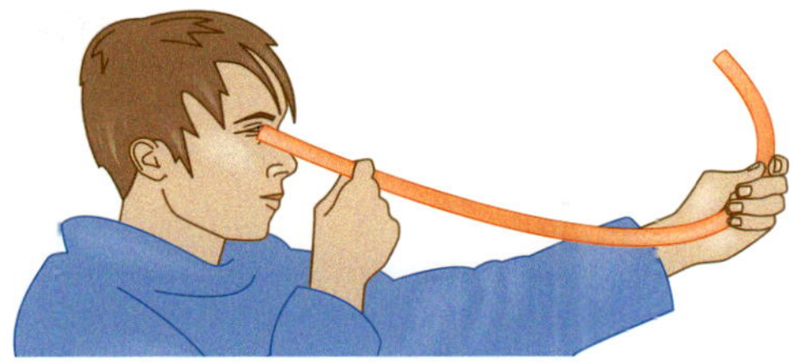

Beobachte das Licht einer Taschenlampe in einem verdunkelten Raum durch einen Schlauch, den du unterschiedlich biegst.

a) Was beobachtest du?
b) Deute deine Beobachtungen. Bei welcher Schlauchform siehst du das Licht der Taschenlampe?
c) Finde eine Erklärung.
d) Nun kannst du erklären, warum Passanten, die hinter dir gehen, das Taschenlampenlicht nicht sehen können.

Licht breitet sich geradlinig aus. Der Weg des Lichts kann mit Lichtstrahlen veranschaulicht werden. Lichtstrahlen sind ein Modell.

Das Licht breitet sich mit sehr großer **Geschwindigkeit** aus. Es legt in einer Sekunde einen Weg von etwa 300 000 Kilometern zurück. Von der Sonne bis zur Erde benötigt es acht Minuten.
Wie kommt aber das Sonnenlicht auf der Erde an?
Viele Kinder zeichnen Sonnenstrahlen so wie in der Abbildung oder ähnlich: Die Sonnenstrahlen gehen nach allen Seiten weg.

Obwohl die Sonne Licht in alle Richtungen abstrahlt, trifft es näherungsweise aus einer Richtung auf die Erde.

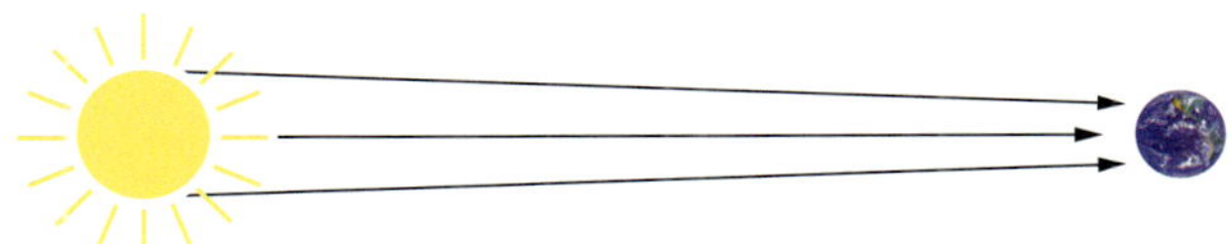

Maßstabsgerecht wäre die Erde viel weiter rechts und viel kleiner zu zeichnen.

Das liegt an der großen Entfernung zwischen Sonne und Erde. Sie beträgt etwa 149 600 000 km.
Der Abstand der Sonne von der Erde ist sehr viel größer als die Durchmesser von Sonne und Erde.

Das bedeutet: Das Sonnenlicht, das auf die Erde fällt, kannst du für viele Zwecke durch Lichtstrahlen darstellen, die **parallel** verlaufen.

Aufgaben

1 In einem Zimmer ist es am Tag auch dann hell, wenn keine Lampe angeschaltet ist und die Sonne nicht direkt in das Zimmer scheint. Wie ist das zu erklären? ↗ S. 138

2 Schüttle in einem abgedunkelten Raum einen staubigen Lappen vor einer eingeschalteten Lampe. Beschreibe deine Beobachtung.

So kannst du vorgehen

Lesen und Auswerten von Texten

Wenn du ein spannendes Buch liest, im Internet surfst oder die Gebrauchsanleitung für dein Handy verstehen willst, musst du Texte lesen und verstehen.
Bei Texten in Lehrbüchern oder in Nachschlagewerken geht es ebenfalls darum, wichtige Inhalte zu erfassen.

Damit du diese Inhalte besser verstehst und längere Zeit im Gedächtnis behältst, gehe beim Lesen und Auswerten von Texten schrittweise vor.

► Schritt 1

Erfasse die Aufgabe.
Lies die Aufgabe genau durch. Wenn du sie nicht richtig verstanden hast, frage noch einmal nach.

Erarbeite mithilfe des Textes einen historischen Überblick über Lichtquellen in Natur und Technik.

► Schritt 2

Erfasse den Hauptinhalt des Textes.
Lies den ganzen Text durch, damit du einen Überblick erhältst. Unterstreiche alle Wörter, die du nicht kennst.
Kläre die unbekannten Wörter mithilfe des Registers im Lehrbuch oder mithilfe anderer Quellen.
Hinweis: Gehört das Lehrbuch nicht dir, arbeite mit einer Kopie.

► Schritt 3

Arbeite den Text gründlich durch.
Lies den Text jetzt gründlich durch. Kennzeichne Wörter, die dir wichtig erscheinen, mit einem Marker.

Vom Holzfeuer zur Leuchtdiode

In Natur und Technik gibt es sehr unterschiedliche **Lichtquellen.** Die wichtigste Lichtquelle ist unsere Sonne. Sie ist nicht nur Lichtquelle, sondern auch eine Wärmequelle. Ohne Sonnenstrahlung hätte kein Leben auf der Erde entstehen können. Die Entwicklung von Pflanzen, Tieren und Menschen ist untrennbar mit dem Vorhandensein von Sonnenstrahlung verbunden.

Auch die Sterne, die wir nachts am Himmel sehen, sind Lichtquellen. Der Mond und alle Planeten dagegen sind beleuchtete Körper. Sie reflektieren das Licht, das von der Sonne kommt.
Schon von alters her nutzen Menschen verschiedene Lichtquellen. Holzfeuer (Abb. 1a) sind wahrscheinlich die ersten Lichtquellen, die von Menschen verwendet wurden.

Bereits in der Steinzeit wurden auch Fackeln und Kienspäne genutzt. Kienspäne sind Holzscheite aus harzdurchtränktem Kiefernholz.
Schon im Altertum waren Öllampen (Abb. 1b) bekannt. Viele Jahrhunderte lang waren Wachskerzen eine wichtige Lichtquelle.

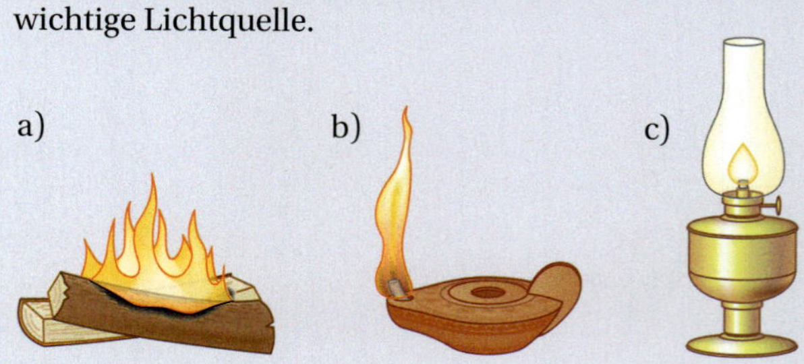

1 Historische Lichtquellen, die die Menschen im Verlauf der Geschichte nutzten

► Schritt 4

Erkenne die inhaltliche Gliederung.

Formuliere für jeden Abschnitt des Textes eine inhaltliche Überschrift und schreibe sie auf.
Schau dir die Abbildungen zum Text an. Welche Beziehungen zwischen Text und Abbildung gibt es? Stelle Fragen an den Text und versuche, sie zu beantworten.

► Schritt 5

Fasse Wesentliches zusammen.

Lies den Text erneut gründlich durch. Formuliere wichtige Inhalte des Textes in einer Zusammenfassung, besonders wenn es ein längerer Text ist.
Bearbeite die Aufgabe. Vergleiche deine Zusammenfassung mit der Aufgabe. Hast du alles berücksichtigt? Präge dir das Wichtigste ein.

Fragen, die mithilfe des Textes beantwortet werden können

- Welche Lichtquellen werden genannt?
- Mit welcher Erfindung begann der Siegeszug der elektrischen Beleuchtung?
- Warum entwickeln Techniker immer neue Lichtquellen?

Fragen, die noch offen sind und nachgeschlagen werden müssen

- Welche geschichtliche Etappe heißt Steinzeit, welche Altertum?
- Wichtige Lebensdaten und Erfindungen von EDISON
- Welche Eigenschaften haben Energiesparlampen, Leuchtstofflampen, Leuchtdioden und Halogenlampen?

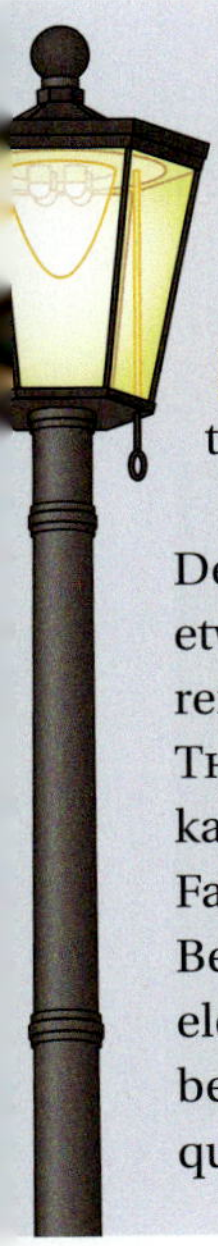

Ein entscheidender Fortschritt war im 19. Jahrhundert die Entwicklung von Gaslampen, die vor allem der Straßenbeleuchtung dienten.
In vielen Haushalten war bis zu Beginn des 20. Jahrhunderts die Petroleumlampe (Abb. 1c) die wichtigste Lichtquelle.

Der Siegeszug der elektrischen Beleuchtung begann etwa 1880 mit der Entwicklung der ersten brauchbaren **Glühlampen** durch den amerikanischen Erfinder THOMAS ALVA EDISON (1847–1931). Die Glühlampen kamen zunächst in Hotels und bei wohlhabenden Familien zur Anwendung.
Bei einer Glühlampe wird aber nur ein kleiner Teil der elektrischen Energie in Licht umgewandelt. Deshalb bemühten und bemühen sich viele Techniker, Lichtquellen zu entwickeln, die bei gleicher Lichtausbeute weniger Energie benötigen. Ergebnis dieser Entwicklung sind Energiesparlampen, Leuchtstofflampen, Leuchtdioden (Abb. 2) und Halogenlampen. Weitere Hinweise zu Lichtquellen sind im Internet unter Suchwörtern wie Lichtquelle, Glühlampe, Energiesparlampe oder LED zu finden.

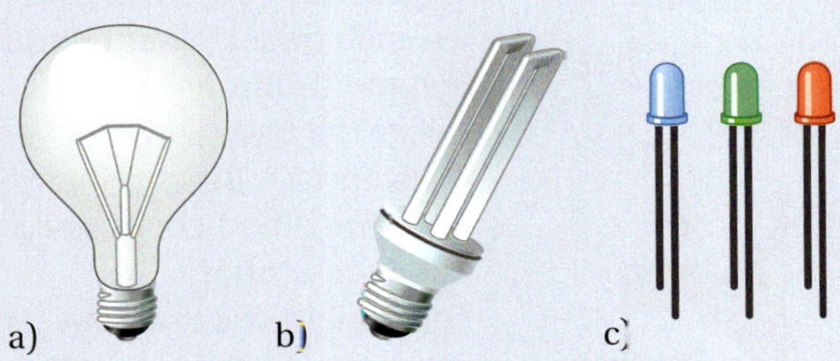

2 Energiesparlampen (b) und Leuchtdioden (c) benötigen weniger Energie als Glühlampen (a).

Licht und Schatten

Schattenbilder

Zeichnet Schattenbilder von euch, nummeriert sie und hängt sie aus. Wer wird von den meisten erkannt?

Erforsche es

Untersuchungen zum Schatten

Wie ändert sich der Schatten eines kleinen Gegenstands, wenn du die Versuchsbedingungen änderst?

a) Ordne eine Lichtquelle, einen undurchsichtigen Körper, z. B. einen Holzbauklotz, und einen Schirm wie in der Abbildung an.

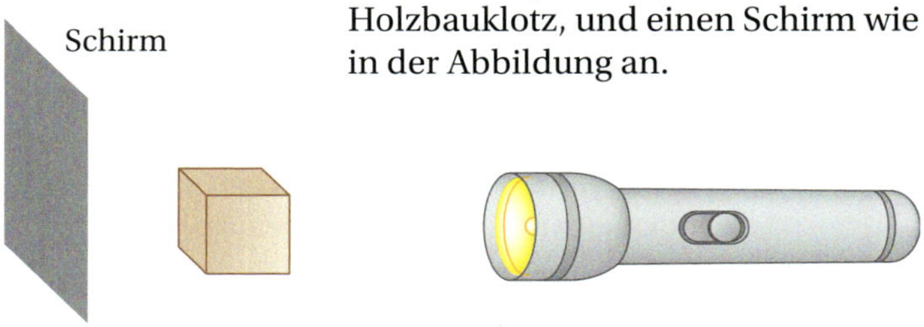

b) Rücke die Lampe näher an den Gegenstand heran. Beschreibe, wie sich dabei Schattenbreite und Schattenhöhe verändern.

c) Rücke die Lampe weiter vom Gegenstand ab. Beschreibe wieder die Änderung der Schattenbreite und der Schattenhöhe.
Formuliere das Ergebnis des Versuchs so: „Je kleiner (größer) der Abstand zwischen der Lampe und dem Gegenstand ist, desto …“

Wenn Licht auf undurchsichtige Körper trifft, dann gibt es hinter diesen Körpern Bereiche, in die kein Licht gelangt. Diese dunklen Bereiche heißen **Schatten.**

Bei einer fast punktförmigen Lichtquelle wie in der Abbildung unten ist dieser Schatten scharf begrenzt.

Hinter undurchsichtigen Körpern, die beleuchtet werden, bilden sich Schatten.

Um die Begrenzung von Schatten zu zeichnen, reichen die Lichtstrahlen, die gerade noch am Hindernis vorbeigehen. Sie heißen **Randstrahlen.**

Bei einer fast punktförmigen Lichtquelle entsteht ein scharfer Schatten.

Darstellung optischer Erscheinungen

	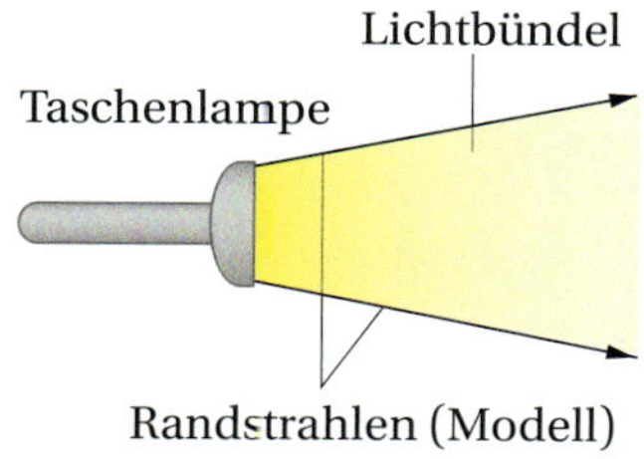	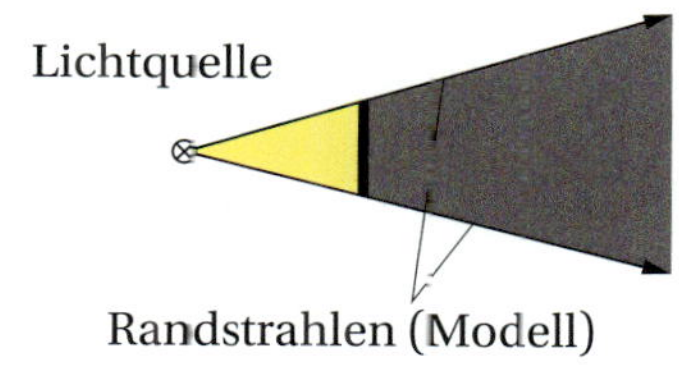
Zum Verstehen von Sehvorgängen sind nur die Strahlen wichtig, die vom Körper in unsere Augen fallen.	Zum Verstehen der Ausbreitung von Licht sind nur die Strahlen wichtig, die ein Lichtbündel begrenzen.	Zum Verstehen der Schattenbildung sind nur die Strahlen wichtig, die direkt am Hindernis vorbeigehen.

Um Schatten oder andere optische Erscheinungen darzustellen, reichen also einige Lichtstrahlen aus (Übersicht oben).

Bereits zwei Lichtquellen erzeugen Schatten mit unterschiedlichen Helligkeiten. Sie werden **Kernschatten** und **Halbschatten** genannt.

Bei mehr als zwei Lichtquellen oder bei ausgedehnten Lichtquellen entstehen unterschiedliche Halbschatten.

Meistens sind Schatten aber nicht scharf begrenzt, weil die Lichtquellen nicht punktförmig sind.

Aufgaben

1 Erkläre die Schattenbildung hinter einem undurchsichtigen Körper mit der geradlinigen Ausbreitung des Lichts. Wiederhole, was geradlinige Lichtausbreitung bedeutet.

2 Vergleiche die Schatten der Blumenvase in den beiden Abbildungen auf dieser Doppelseite. Wodurch kommen Unterschiede zustande?

3 Worin unterscheiden sich Kernschatten und Halbschatten? Nutze die Abbildung unten.

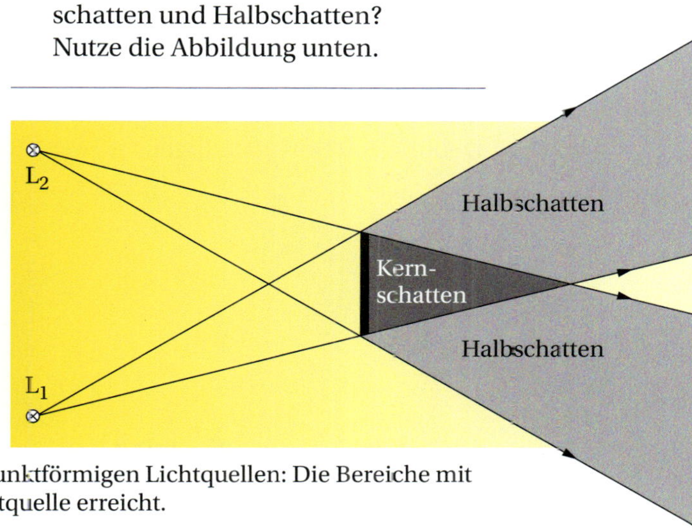

Kernschatten und Halbschatten bei zwei fast punktförmigen Lichtquellen: Die Bereiche mit Halbschatten werden nur vom Licht einer Lichtquelle erreicht.

Licht und Schatten

Mondphasen

Vollmond ist nur alle 29,5 Tage. Wie kommt es, dass du an den anderen Tagen den Mond in wechselnden Gestalten siehst?

Erforsche es

Der Mond ändert seine Gestalt

Beobachte die Bewegung des Monds um die Erde. Fertige ein Beobachtungsprotokoll an.

Vorbereitung:
Skizziere den Horizont wie in der Abbildung unten in Mondrichtung.

Gib markante Objekte wie hohe Bäume oder Gebäude an.

Durchführung:
a) Beobachte und skizziere Form und Ort des Monds zu einer bestimmten Zeit. Mache das Gleiche etwa eine Stunde später.
b) Wiederhole das an sieben aufeinanderfolgenden Tagen.

Beobachtung und Auswertung:
Deute deine Beobachtungen.

Anregungen, wie du die Mondformen darstellen kannst, findest du auf der Seite 75.

Manchmal siehst du den Mond als Sichel, manchmal als Halbmond oder als Vollmond. Die unterschiedlichen Gestalten des Monds heißen **Mondphasen.**

Auch die Lage des Monds am Himmel ändert sich. Das bemerkst du, wenn du ihn im Abstand von einer Stunde betrachtest.

Der Mond bewegt sich in 29,5 Tagen einmal um die Erde und zusammen mit der Erde um die Sonne. Erde, Mond und Sonne ändern dabei ständig ihre Stellung zueinander. Da die Ebenen der Erdbahn und der Mondbahn gegeneinander geneigt sind, befinden sich Sonne, Erde und Mond nur selten auf einer Linie.

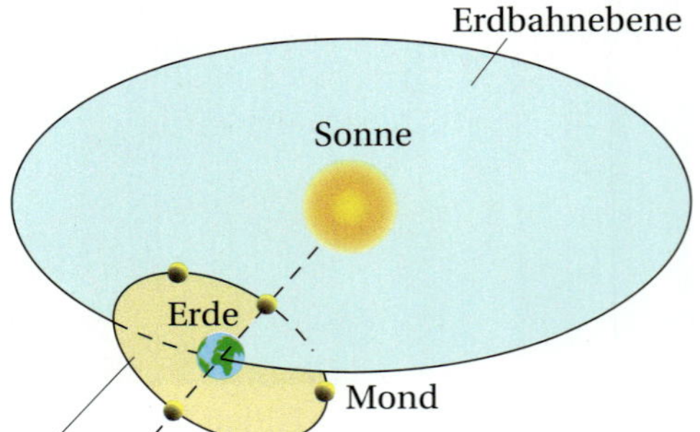

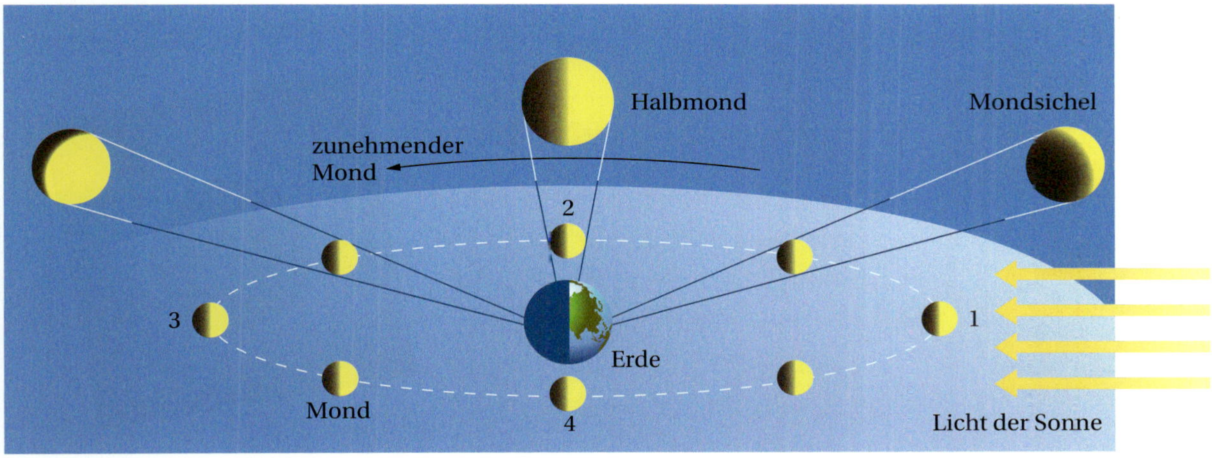

Der Mond wird wie die Erde von der Sonne beleuchtet und reflektiert einen Teil des Lichts. Ein Raumfahrer sieht Erde und Mond aus großer Entfernung: Eine Hälfte des Monds ist immer hell, die andere dunkel.
Die Stellungen 1 bis 4 zeigen, wie du den Mond von der Erde aus siehst.

Stellung 1: Bei **Neumond** siehst du den Mond nicht. Er geht in etwa zusammen mit der Sonne am Morgen auf und am Abend unter.

Stellung 2: Es ist zunehmender Halbmond. Er geht gegen Mittag auf und gegen Mitternacht unter.

Stellung 3: Du siehst die beleuchtete Halbkugel. Es ist **Vollmond**. Die Erde steht auf einer Linie zwischen Sonne und Mond. Der Mond geht in der Abenddämmerung auf und in der Morgendämmerung unter.

Stellung 4: Es ist abnehmender Halbmond, der gegen Mitternacht aufgeht und gegen Mittag untergeht.

> Die Mondphasen kommen durch die unterschiedliche Stellung von Sonne, Erde und Mond zustande. Die Zeit zwischen zwei gleichen Mondphasen beträgt 29,5 Tage.

Neumond und zunehmender Mond

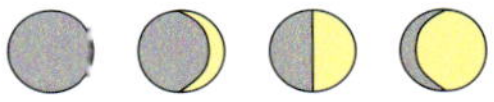

Vollmond und abnehmender Mond

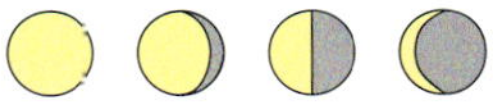

Aufgaben

1 Oft ist der Mond wie auf dem Foto rechts auch tagsüber zu sehen. Bei welchen Mondphasen kann das sein? ↗ S. 70

2 Tobias erzählt in der 5. Unterrichtsstunde, dass er in der letzten Pause einen wunderschönen Vollmond gesehen hätte. Ist das möglich?

Licht und Schatten

Sonnen- und Mondfinsternis

Bei einer Sonnenfinsternis ist anstelle der Sonne nur die unbeleuchtete Seite des Monds als dunkler Kreis zu sehen. Wie kann die Sonne am Tag „verschwinden"?

Zu den Himmelskörpern gehören Planeten, Monde, Planetoiden, Kometen und Meteoride.

Das Licht der Sonne trifft auf alle Himmelskörper in unserem Sonnensystem. Eine **Finsternis** tritt ein, wenn der Schatten eines Himmelskörpers auf die Oberfläche eines anderen Himmelskörpers trifft.
Weil die Sonne sehr groß ist, erzeugt sie hinter der Erde und hinter dem Mond Kernschatten und Halbschatten.

Bei einer **Sonnenfinsternis** gelangt der Mond durch seine Bewegung um die Erde manchmal zwischen Sonne und Erde.

Für einen Beobachter auf der Erde, der sich im Kernschatten des Monds befindet, wird damit die Sonne völlig verdeckt. Es tritt eine Sonnenfinsternis auf. Sie ist nur bei Neumond zu beobachten.

- Was bedeutet Neumond?

Bei einer Sonnenfinsternis berührt der Schatten des Monds Teile der Erdoberfläche. Der Mond hält sich dabei zwischen Erde und Sonne auf. Es ist Neumond.

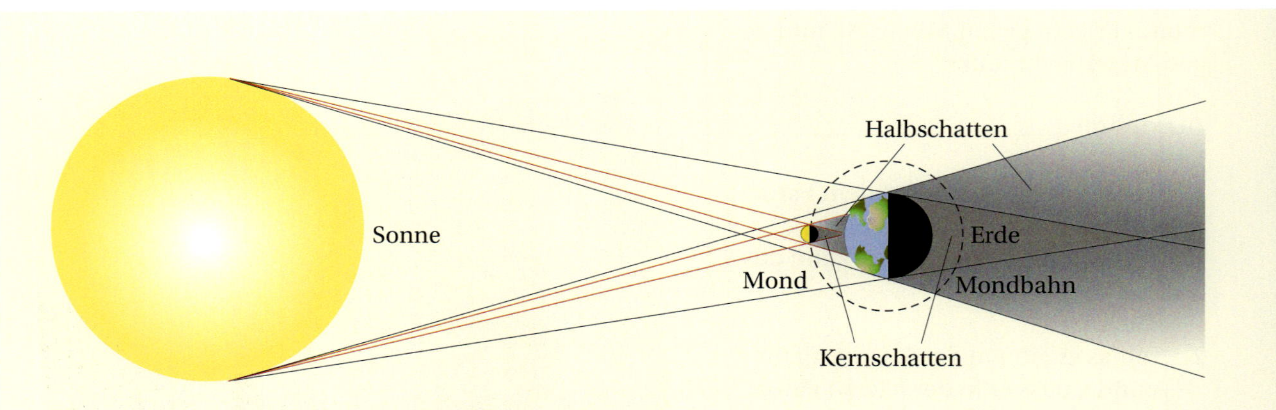

- Totale Sonnenfinsternis: Der Schatten des Monds fällt auf die Erde. Wo müssen sich die Beobachter befinden?

Die Leuchterscheinung um den dunklen Kreis links sind glühende Gase der Sonne, die nicht im Mondschatten liegen. Die Ursache für eine **Mondfinsternis** ist die Bewegung des Monds um die Erde. Auf der Seite der Erde, die der Sonne abgewandt ist, entstehen Kern- und Halbschatten. Sie reichen weit in den Weltraum. Für einen Beobachter auf dieser Seite der Erde ist Nacht.
Meist verläuft die Mondbahn oberhalb oder unterhalb von Kern- und Halbschatten der Erde. Nur wenn der Mond in den Kernschatten der Erde gerät, ist eine Finsternis zu beobachten. Sie ist nur bei Vollmond möglich.

▮ Was bedeutet Vollmond?

Solange sich der Mond im Kernschatten der Erde befindet, herrscht eine totale Mondfinsternis.

> Bei einer Mondfinsternis befindet sich der Mond im Erdschatten. Die Erde hält sich dann genau zwischen Sonne und Mond auf. Es ist Vollmond.

Aufgaben

1 Ein Globus ist ein Modell für unsere Erde. Zeige mit einem Partner in einem verdunkelten Raum, was Tag- und Nachtseite der Erde bedeuten. Ihr könnt auch einen Ball als Globus benutzen oder aus Styropor einen Globus basteln. ⊕

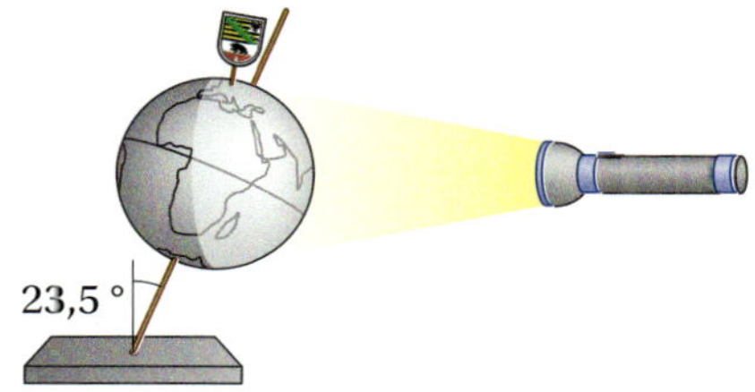

2 Lies den Text auf dieser Doppelseite und beantworte folgende Fragen:
a) Warum ist nicht bei jedem Umlauf des Monds um die Erde eine Mondfinsternis zu sehen?
b) Gib an, zu welchen Tageszeiten man eine Sonnenfinsternis bzw. eine Mondfinsternis beobachten kann.
Diskutiert eure Antworten.

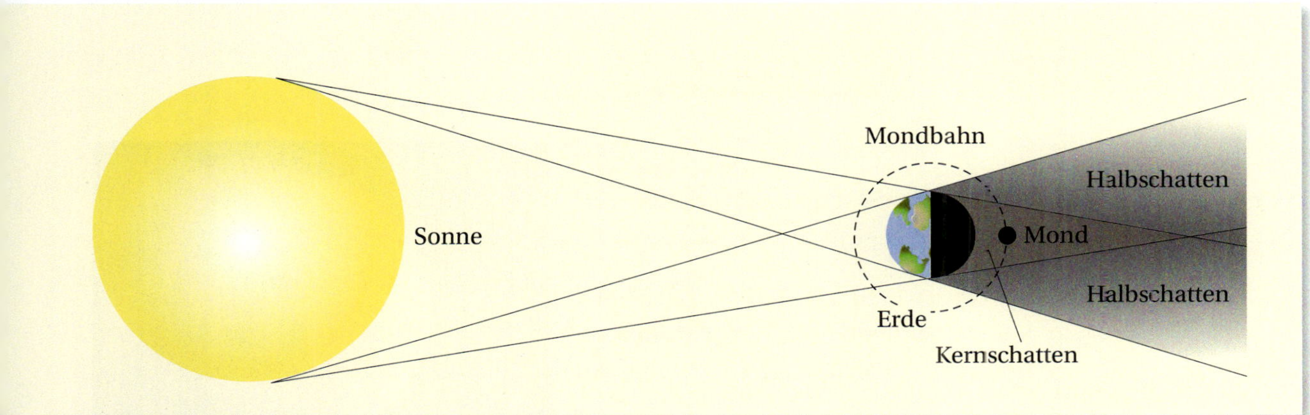

▮ Totale Mondfinsternis: Der Mond befindet sich im Kernschatten der Erde.
Wo müssen sich Beobachter aufhalten?

Das hast du gelernt

Licht und Schatten

Das Licht einer Lichtquelle breitet sich **geradlinig nach allen Seiten** aus.

Der Weg des Lichts kann mit dem **Modell Lichtstrahl** dargestellt werden.

Hinter beleuchteten undurchsichtigen Körpern bilden sich **Schatten.** Schatten entstehen auch im Weltraum.

Nur wenn Licht in unsere Augen fällt, können wir sehen. Das Auge ist ein Lichtempfänger. Lichtquellen und beleuchtete Körper sind sichtbar.

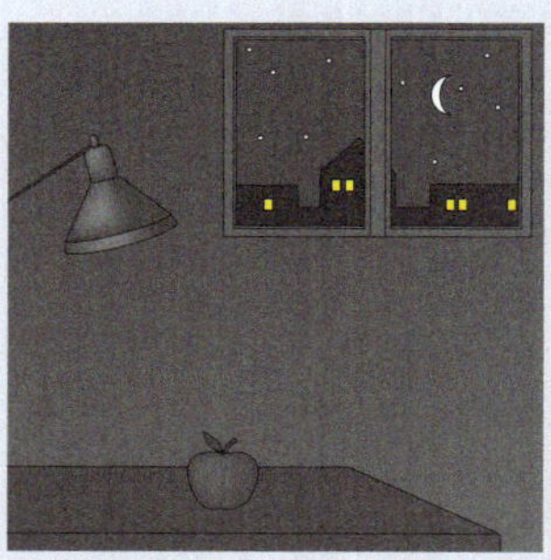

Mondphasen: Sie kommen dadurch zustande, dass wir immer nur den Teil des Monds sehen, der jeweils von der Sonne beleuchtet wird.

Mondfinsternis: Der Mond befindet sich im Erdschatten. Die Erde steht dann zwischen Sonne und Mond.

Sonnenfinsternis: Der Mondschatten fällt auf die Erdoberfläche. Der Mond steht dann zwischen Erde und Sonne.

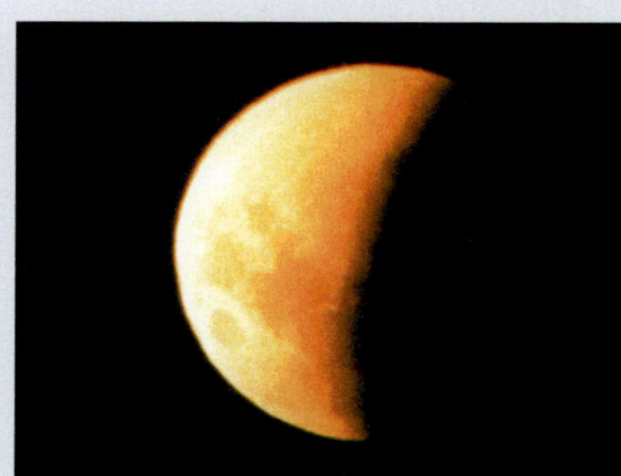

Löse mit Köpfchen

1. Auftrag korrekt ausgeführt?
Ein Fotograf hatte die Aufgabe, Lichtquellen zu fotografieren. Er hat einige Fotos vorgelegt.

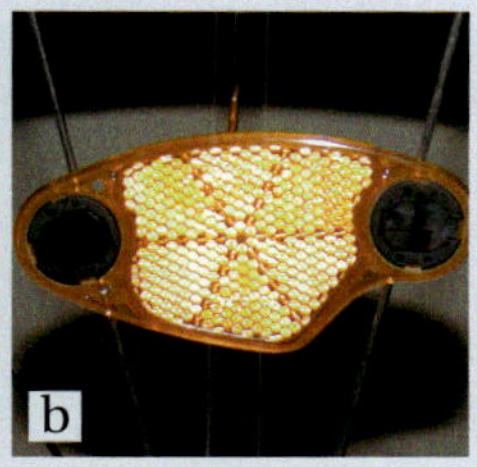

Entscheide, ob er in allen Fällen wirklich Lichtquellen fotografiert hat. Begründe deine Entscheidungen. ↗ S. 38

2. Licht in Sprichwörtern
Was ist mit folgenden Sprichwörtern gemeint?
„Nachts sind alle Katzen grau."
„Mir geht ein Licht auf."
Suche nach weiteren Sprichwörtern, bei denen es um Licht geht. Diskutiere sie mit deinen Mitschülern.

3. Randstrahlen
Beschreibe, wie sich der Verlauf der Randstrahlen ändert, wenn die Lichtquelle näher als in der Abbildung an die Blende gerückt wird. +

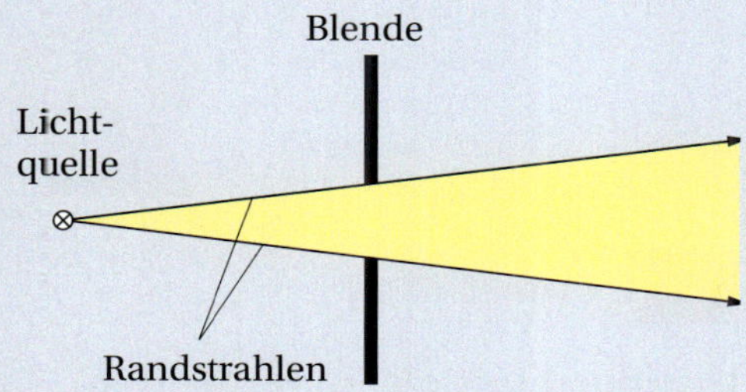

4. Lange und kurze Schatten
Untersuche, wie sich der Schatten eines Gegenstands, z. B. eines Holzbausteins, ändert, wenn er an einer brennenden Kerze vorbeigeführt wird. ↗ S. 126
Baue den Versuch wie in der Abbildung auf.

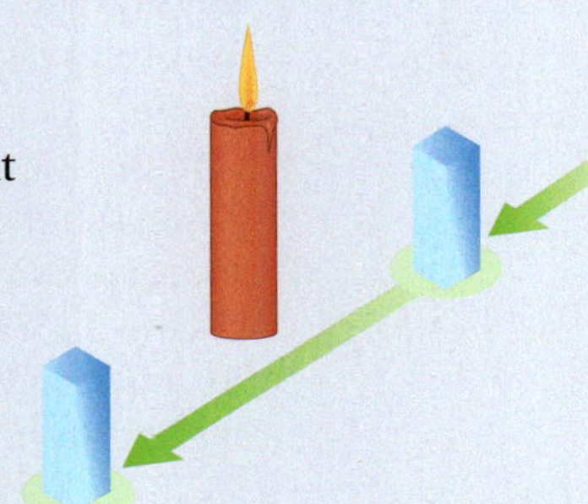

a) Schiebe den Gegenstand langsam in Richtung Kerze, dicht an dieser vorbei und immer weiter weg.
b) Beschreibe deine Beobachtungen.
c) Vergleiche deine Beobachtungen mit deinen Erfahrungen, wenn du dich im Dunkeln einer Straßenlampe näherst und dich wieder von ihr entfernst.

5. Finsternisse im Vergleich
Vergleiche Mond- und Sonnenfinsternis. Finde Gemeinsamkeiten und Unterschiede. ↗ S. 173

Sicherheit im Straßenverkehr

Vom Sehen

Und welche Meinung hast du?

Erforsche es

Lichtdurchlässigkeit von Stoffen

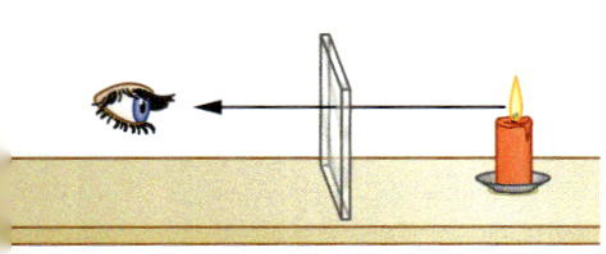

Untersuche die Lichtdurchlässigkeit von verschiedenen Stoffen, z. B. Luft, Glas, Papier, Plastikfolie, Wasser.

a) Baue die Anordnung wie in der Abbildung links auf.
b) Halte verschiedene Stoffe zwischen Lichtquelle und Auge.
Verändere auch die Schichtdicke der Stoffe.
c) Erfasse deine Beobachtungen in einer Tabelle.
d) Werte deine Beobachtungen aus. Ordne die Stoffe nach ihrer Lichtdurchlässigkeit von sehr gut bis nicht durchlässig.

Stoff	Sichtbarkeit der Lichtquelle
Luft	sehr gut
Papier (1 Blatt)	...
Glas (5 mm)	
...	

Schon lange haben sich Menschen darüber Gedanken gemacht, warum wir ohne Licht nichts sehen. In einem sehr dunklen Raum erkennen wir nur Grautöne. Und bei Licht sehen wir verschiedenfarbige Gegenstände.

Heute wissen wir, dass wir einen Gegenstand nur dann sehen, wenn Licht von ihm in unsere Augen gelangt. Sie nehmen die Lichtreize auf.

Die meisten Materialien werfen das Licht, das auf sie fällt, in verschiedene Richtungen zurück. Sie **streuen** das Licht. Glatt polierte Oberflächen werfen das Licht in eine bestimmte Richtung zurück, sie **reflektieren** es.
Einige Materialien werfen einen Teil des Lichts zurück, den Rest nehmen sie auf. Sie **absorbieren** das Licht.
Auch die **Lichtdurchlässigkeit** hängt vom Material ab, besonders aber von der Schichtdicke. Nur wenige Körper lassen Licht durch, z. B. Fensterglas.

- Licht kann von Körpern absorbiert, gestreut, reflektiert oder durchgelassen werden.

Lichtausbreitung	
Licht wird absorbiert.	
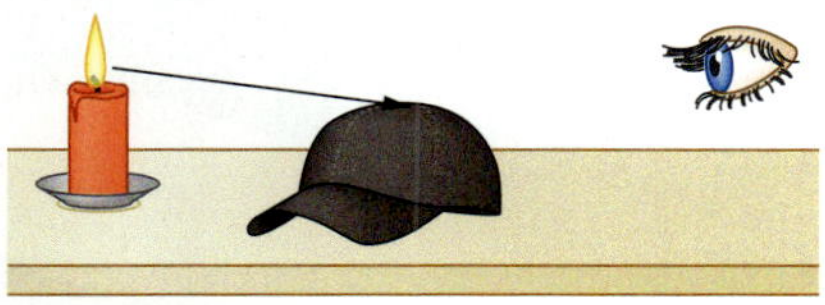	Dunkle und raue Körper absorbieren besonders viel Licht. Deshalb erwärmen sie sich im Sonnenlicht schneller als helle Körper. Das absorbierte Licht kann nicht mehr in deine Augen gelangen. Sehr dunkle Körper siehst du nur, weil sie sich von der helleren Umgebung abheben.
Licht wird gestreut.	
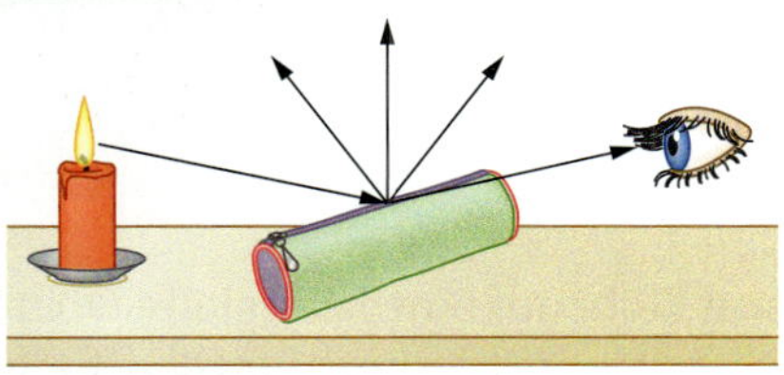	Die meisten Körper siehst du, weil sie das Licht in verschiedene Richtungen streuen. Die Körper haben meist raue Oberflächen, auch wenn sie glatt aussehen. Deshalb siehst du die meisten Körper aus verschiedenen Richtungen. Beispiele sind das Etui, Wände oder die Blätter eines Baums.
Licht wird reflektiert.	
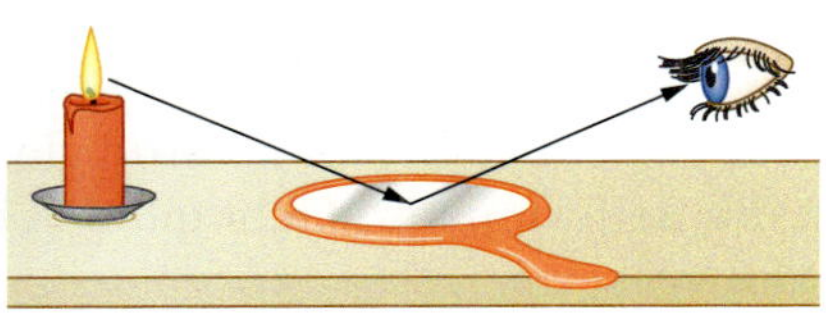	Wenn die Oberfläche eines Körpers genügend glatt ist, dann wirft er das Licht in eine bestimmte Richtung zurück. Eine Glasscheibe ist so glatt, dass durch Aufdampfen von Metall ein ebener Spiegel entsteht. Wenn die spiegelnde Fläche nicht zu groß ist, kannst du die Lichtquelle nur aus einer bestimmten Richtung sehen.
Licht wird durchgelassen.	
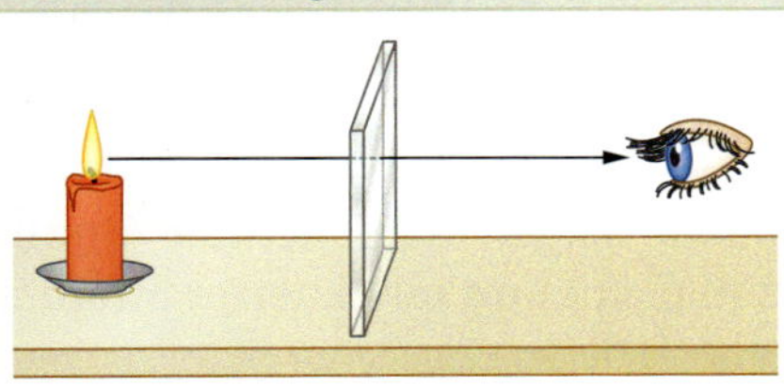	Wie viel Licht von einem Körper durchgelassen wird, hängt von seinem Material und seiner Schichtdicke ab: So kannst du eine Lichtquelle durch ein Blatt Papier sehen, aber nicht durch ein ganzes Buch. Selbst Metalle kann man so dünn auswalzen, dass Licht durchgelassen wird. Sehr dicke Wasserschichten lassen dagegen kaum Licht durch.

Aufgaben

1 Welchen Weg müsste das Sonnenlicht nehmen, damit die Kinder das Kätzchen sehen könnten?

2 Unsere Augen sind unsere Lichtsinnesorgane. Welche Bedeutung hat das für die Sicherheit im Straßenverkehr?

3 Ordne Gegenstände (Körper, Flächen) aus deiner Umgebung folgenden Gruppen zu:
- Sie streuen das Licht.
- Sie reflektieren das Licht.
- Sie lassen das Licht durch.
- Sie absorbieren das Licht.

Diskutiert eure Ergebnisse.

Sicherheit im Straßenverkehr

Reflexion von Licht

Wie musst du einen Spiegel halten, um Sonnenlicht in eine bestimmte Richtung zu lenken?

Erforsche es

Untersucht in Partnerarbeit, welchen Weg das Licht nimmt, wenn es auf einen Taschenspiegel trifft.

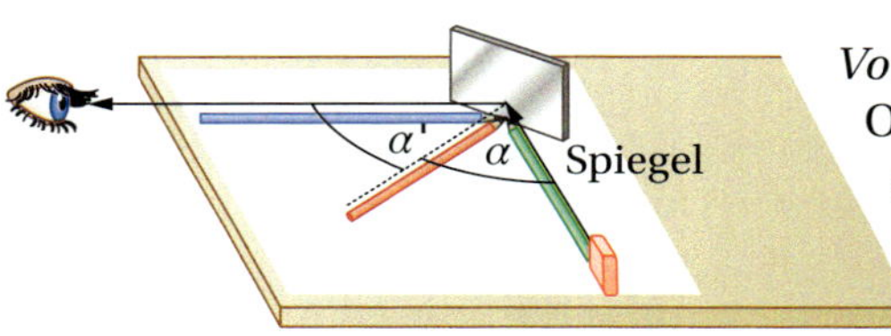

Vorbereitung:
Ordnet einen Radiergummi und einen Spiegel wie in der Abbildung auf einem Blatt Papier an.

Durchführung:

a) Einer von euch schließt ein Auge und bewegt den Kopf, bis er den Radiergummi im Taschenspiegel sehen kann. Während er stillhält, legt sein Partner einen Bleistift vom Radiergummi zum Spiegel und einen zweiten vom Spiegel zum Auge.
b) Messt beide Winkel. Wiederholt das Experiment für verschiedene Positionen des Radiergummis.
c) Fertigt eine Messwertetabelle mit den Winkeln α und α' an.

Auswertung:
Wie hängen die beiden Winkel α und α' zusammen?

Wenn Licht auf eine sehr glatte Oberfläche wie einen Taschenspiegel trifft, wird es reflektiert.
Der Einfallswinkel α und der Reflexionswinkel α', die der einfallende Strahl und der reflektierte Strahl mit dem Einfallslot bilden, sind dabei annähernd gleich.
Für die Reflexion von Licht gilt das **Reflexionsgesetz.**

Wird Licht an einer Fläche reflektiert, so ist der Einfallswinkel α gleich dem Reflexionswinkel α'.

$$\alpha = \alpha'$$

Dabei liegen einfallender Strahl, Einfallslot und reflektierter Strahl in einer Ebene.

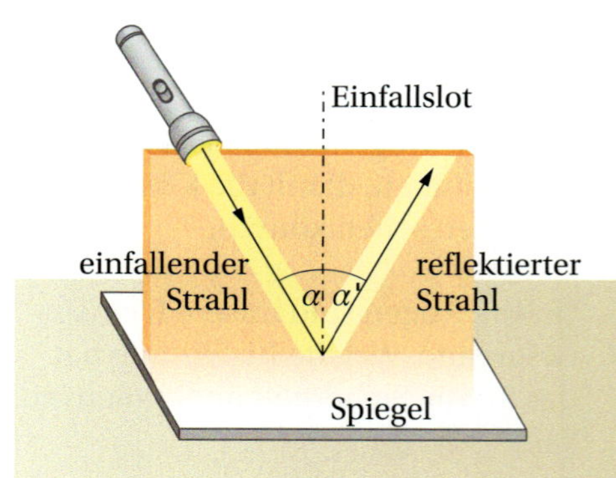

So kannst du vorgehen

Bewerten

Oftmals wirst du aufgefordert, einen Gegenstand oder Sachverhalt zu bewerten. Entweder sollst du den Wahrheitsgehalt einschätzen oder dir einen eigenen Standpunkt erarbeiten bzw. gegenteilige Argumente gegenüberstellen und abwägen. Immer ist deine persönliche Meinung gefordert. Begründe sie sachlich.

Eine Schultasche soll gekauft werden. Wovon würdest du eine Kaufentscheidung abhängig machen? Bewerte verschiedene Taschen.

► Schritt 1

Präzisiere die Anforderung.
Überlege dir, welcher Sachverhalt bewertet werden soll. Welches Fachwissen wird davon berührt?

► Schritt 2

Stelle Fachwissen bereit.
Unterscheide zwischen Fachwissen, das du bereits erworben hast (z. B. Reflexion), und Fakten, die du recherchieren musst (z. B. Gesundheitsvorschriften).

► Schritt 3

Sammle Material.
Sammle Fakten und Argumente, die für die Bewertung des Sachverhalts wichtig sind (z. B. positive und negative Aspekte; Argumente, die für oder gegen den Wahrheitsgehalt sprechen bzw. Pro und Kontra verdeutlichen).

In Deutschland wird z. B. in der DIN 58124 gefordert, dass 20 % der Oberfläche der Schultasche in einer Signalfarbe (orange-rot oder gelb) zu gestalten sind. 10 % der Oberfläche müssen aus reflektierendem Material bestehen.

Schultaschen, die diese Kriterien nicht erfüllen, werden als mangelhaft eingestuft.

► Schritt 4

Finde Bewertungskriterien.
Geeignete Kriterien sind z. B.:
- *gute Sichtbarkeit, Schonung des Rückens (geringe Masse, guter Sitz),*
- *verwendetes Material (enthaltene Chemikalien, Stabilität),*
- *Design, praktische Aufteilung der Taschen, Marke,*
- *Kosten.*

► Schritt 5

Leite eine Bewertung ab.
Wende deine Kriterien an und gib eine Bewertung ab.

Vergleicht eure Kriterien und bewertet verschiedene Schultaschen.

Erforsche es

Sehen und gesehen werden

Sehen und gesehen werden ist das A und O im Straßenverkehr. Das gilt für alle Teilnehmer am Straßenverkehr.

1. Untersucht, welche Kleidung bei Dunkelheit am besten sichtbar ist.
   a) Vergleicht in der Gruppe eure Kleidung.
   b) Stellt Vermutungen auf, welche Kleidungsstücke im Dunkeln am besten wahrgenommen werden können.
   c) Überprüft eure Vermutungen in einem abgedunkelten Raum mithilfe einer Taschenlampe.

Kleidung, Fahrräder und Schultaschen sorgen für mehr Sicherheit, wenn sie mit **Reflektoren** ausgestattet sind. Die Reflektoren an den Gegenständen sind im Dunkeln für Autofahrer bereits von Weitem zu sehen.

Reflektoren werfen den größten Teil des Lichts genau in die Richtung zurück, aus der es gekommen ist. In der Abbildung links unten kommt das Licht vom Blitzlicht eines Fotoapparats.

2. Erklärt, warum ihr die Reflektoren in der Abbildung unten links im Scheinwerferlicht von Autos gut sehen könnt, aber die Personen und das Fahrrad kaum.
   Leitet daraus Schlussfolgerungen für die Bekleidung von Verkehrsteilnehmern ab.

Bereits mit zwei Spiegeln, die wie in der Abbildung a senkrecht aufeinanderstehen, könnt ihr zeigen: Sie reflektieren das Licht in die Richtung, aus der es gekommen ist.

Reflektoren bestehen aus vielen kleinen Spiegelflächen. Im einfachsten Fall stehen drei ebene Spiegel wie in der Abbildung b genau senkrecht aufeinander.

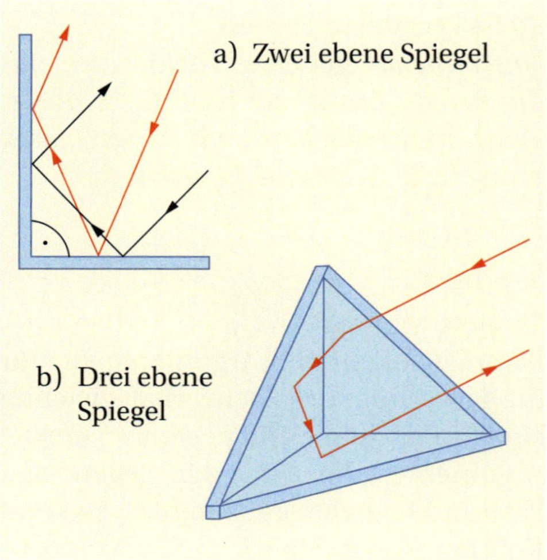

3. Erklärt anhand der Abbildung rechts auf der Seite 134, warum Reflektoren das Licht, das auf sie fällt, genau in die Richtung zurückwerfen, aus der das Licht gekommen ist. +

4. Auch Auto- und Motorradfahrer müssen dafür sorgen, dass sie gut gesehen werden.
   a) Ermittelt etwa 30 Minuten lang, wie viele Verkehrsteilnehmer bei Dunkelheit
      - ohne Licht,
      - mit defekten Lampen,
      - vorschriftsmäßig beleuchtet

      an euch vorbeifahren. Unterscheidet zwischen Pkw, Lkw, Motorradfahrern und Radfahrern.
      Vorsicht: Haltet genügend Abstand zur Fahrbahn!
   b) Bereitet eine Tabelle vor.
   c) Wertet die Untersuchungsergebnisse aus und stellt sie grafisch dar. Zieht Schlüsse.

5. Gestaltet ein Lernplakat mit dem Thema „Sehen und gesehen werden". Hängt es im Herbst gut sichtbar in eurer Schule auf. Bezieht in das Plakat auch gesetzliche Bestimmungen der Straßenverkehrsordnung mit ein.

Orientiert euch bei der Gestaltung des Plakats an „So kannst du vorgehen" auf der Seite 115.

Mobilität und Verkehr nehmen immer mehr zu. Die Länge der zurückgelegten Strecken hat sich deutlich erhöht. Pro Jahr legt jeder im Durchschnitt über 11 000 km zurück. Der Bestand an Fahrzeugen ist enorm gewachsen.

6. Die Gefahr, in einen Unfall verwickelt zu werden, ist groß.
   a) Recherchiert Ursachen für Unfälle mit Kindern im Straßenverkehr. Stellt eine Rangliste auf.
   b) Entwickelt Ideen, wie ihr einen „Kindersicherheitstag" gestalten könntet. Wählt kompetente Gesprächspartner aus und ladet sie ein.

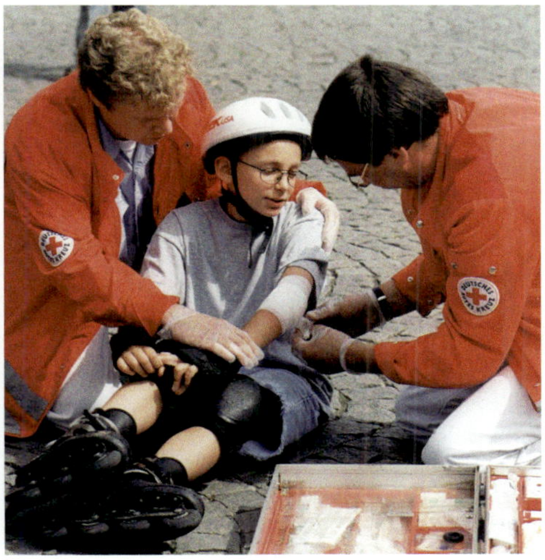

Sicherheit im Straßenverkehr

Bilder durch Öffnungen

Mit einem Fotohandy kannst du ein witziges Motiv schnell deinen Freunden zeigen. Die einfachste Kamera – eine Lochkamera – kannst du selbst bauen.

Dass Licht sich geradlinig ausbreitet, wird bei einer Lochkamera genutzt.

Eine **Lochkamera** ist ein dunkler Raum, z. B. eine Dose. In diese fällt durch ein kleines Loch Licht ein.
Auf der anderen Seite befindet sich ein Schirm, z. B. ein lichtdurchlässiger Plastikdeckel. Auf diesem wird das Bild eines Gegenstands, z. B. einer Kerzenflamme, wie in der Abbildung rechts aufgefangen.

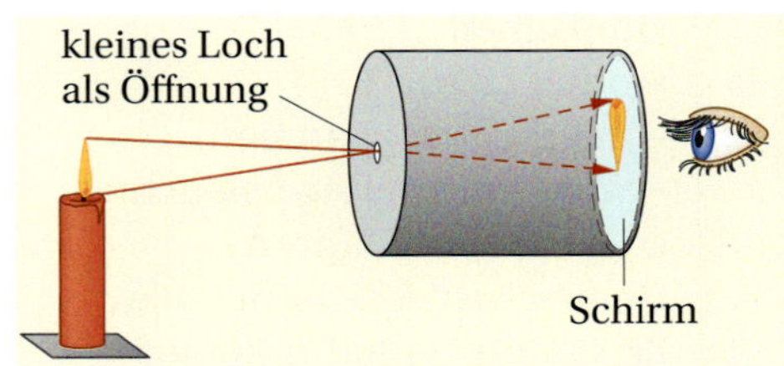

■ Beschreibe das Bild der Kerzenflamme auf dem Schirm.

Erforsche es

Untersuchungen mit einer Lochkamera

1. Baue eine Lochkamera und nutze sie bei Untersuchungen.
   Vorbereitung:
   Du benötigst eine Dose mit lichtdurchlässigem Plastikdeckel, Nagel und Kerze.
   Durchführung:
   a) Schlage mit einem Nagel in die Mitte des Bodens der Dose ein möglichst kleines Loch. Verschließe die Dose mit dem Plastikdeckel.
   b) Richte die Dose mit dem kleinen Loch auf eine Kerzenflamme. Blicke auf den Schirm.
   c) Verändere den Abstand Kerze–Lochkamera.
   d) Richte die Dose auf bewegte Gegenstände, z. B. Fußgänger.
   Auswertung:
   Beschreibe deine Beobachtungen.

2. Vergrößere nun die Öffnung im Boden der Lochkamera. Beobachte erneut die Kerzenflamme.
   a) Wie verändert sich die Helligkeit des Bilds mit der Vergrößerung des Lochs?
   b) Wie verändert sich die Schärfe des Bilds?

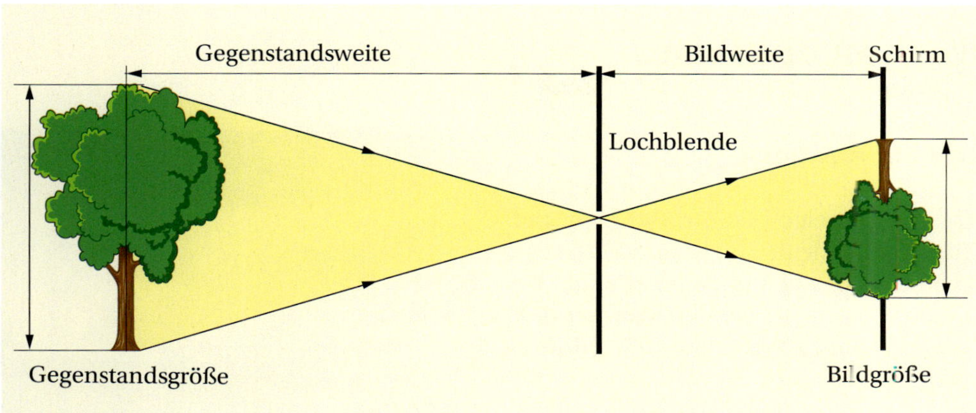

Mit einer Lochkamera entsteht ein lichtschwaches, umgekehrtes und seitenvertauschtes Bild.

▌Beschreibe, wie das Bild eines Gegenstands mit Randstrahlen konstruiert werden kann.

Wie groß das Bild ist, hängt ab
- von der Größe des abgebildeten Gegenstands **(Gegenstandsgröße)**,
- vom Abstand Gegenstand-Lochblende **(Gegenstandsweite)** und vom Abstand Schirm-Lochblende **(Bildweite)**.

Wie kommt das Bild zustande?
Das Licht breitet sich von jedem Punkt der Kerze geradlinig in alle Richtungen aus. Aber nur ein kleiner Teil gelangt durch das Loch und erzeugt einen kleinen Lichtfleck auf dem Schirm.

Alle Lichtflecke zusammen erzeugen das Bild der Kerzenflamme. Je nach der Größe des Lochs ist das Bild heller oder dunkler, unschärfer oder schärfer.

Das Licht von unteren Punkten eines Gegenstands wird auf dem Schirm oben abgebildet, das Licht von oberen Punkten auf dem Schirm unten. So entsteht ein **umgekehrtes** Bild.
Das Bild ist außerdem **seitenvertauscht,** denn Licht von linken Punkten wird auf dem Schirm rechts abgebildet und umgekehrt.

Aufgaben

1 _ Begründe, warum mit einem größeren Loch ein helleres Bild entsteht.

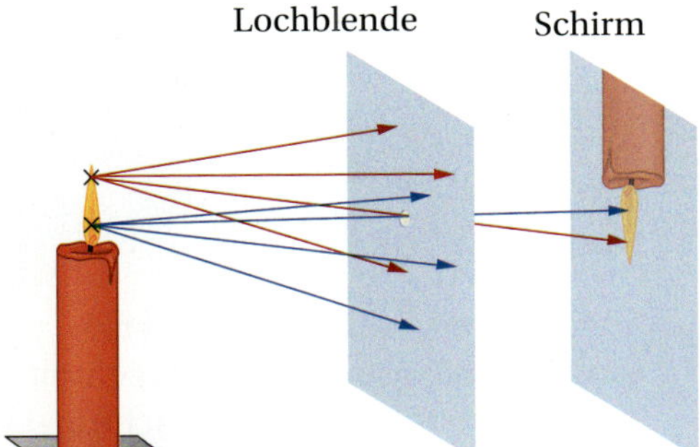

2 _ Sage anhand von Zeichnungen voraus, wie sich die Größe des Bilds in der Abbildung links ändern wird, wenn du dich mit der Lochkamera von der Kerze entfernst.

3 _ Pascal ist enttäuscht. Er kann auf dem Schirm seiner Lochkamera kein Bild sehen. Woran könnte das liegen?
Unterbreitet Vorschläge und prüft sie im Experiment.

Wusstest du schon …

Licht auf Abwegen

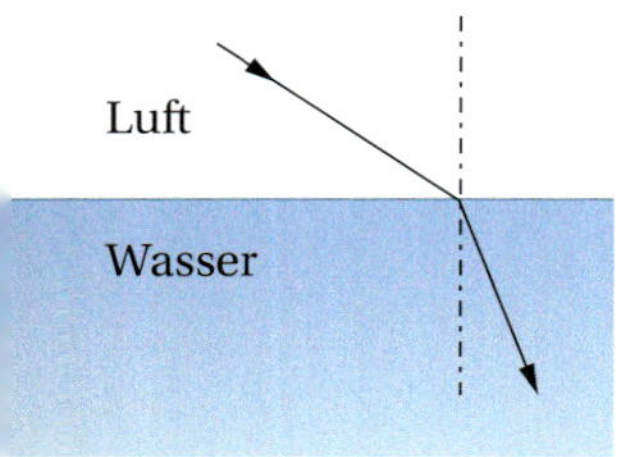

Was passiert eigentlich, wenn Licht auf Körper trifft, die das Licht durchlassen? Da gibt es ganz erstaunliche Effekte, wie du am Foto von der schwimmenden Ente erkennen kannst. Du wirst „hinters Licht geführt“.
Das Licht wird beim Übergang von einem lichtdurchlässigen Stoff in den anderen abgelenkt. Physiker sagen, Licht wird gebrochen. Wie stark das Licht an solchen Grenzflächen zwischen zwei Stoffen gebrochen wird, hängt von den Stoffen und vom Einfallswinkel der Lichtstrahlen ab.

Auch an Linsen wird das Licht gebrochen. Linsen bestehen meist aus Glas oder Kunststoff. Ihre Form ist verantwortlich dafür, wie das Licht gebrochen wird. Der Name der Linsen beschreibt ihre Eigenschaften.

So „sammeln“ Sammellinsen paralleles Licht in einem Punkt, im Brennpunkt (lat. focus). Die Bezeichnung ist gut gewählt. Bei intensivem Licht kann sich im Brennpunkt ein Gegenstand entzünden.

Linsen werden z. B. in Lupen und in Brillen genutzt. Ein wesentliches „Bauteil“ unseres Auges ist ebenfalls eine Linse.

Auch Wassertropfen, mit Wasser gefüllte Gläser und Scherben von Glasflaschen können wie Linsen wirken.

Das findest du heraus, wenn du folgende Experimente durchführst:

1. Stelle eine Wasserlinse her. Probiere aus, wie du mit dieser kleinen Schrift besonders gut lesen kannst. Nutze den kreisrunden Ausschnitt der Lasche eines Schnellhefterstegs. Tauche die Lasche ins Wasser und ziehe sie vorsichtig heraus, damit ein kleiner Wassertropfen hängen bleibt.
   Beschreibe deine Beobachtungen.

2. Suche dir einen Partner. Er soll ein möglichst kugelförmiges Gefäß zwischen eine Kerze und einen Schirm halten.

   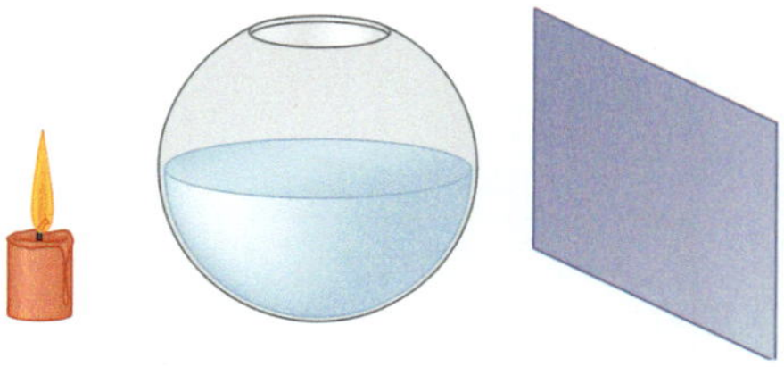

   Was passiert, wenn du das Gefäß langsam mit Wasser füllst? Wechselt euch ab. Tauscht eure Beobachtungen aus.

So kannst du vorgehen

Recherchieren im Internet

Immer wieder benötigst du Informationen, die im Lehrbuch nicht enthalten sind. Um an die gewünschten Informationen zu kommen, nutze verschiedene Suchmaschinen für das Internet oder die Homepage eines Internetlexikons.

► Schritt 1

Wähle die Suchmaschine aus.
Gib über den Webbrowser die entsprechende Internetadresse ein.

► Schritt 2

Gestalte die Suchabfrage.
Informiere dich, wie die Suchabfrage gestaltet werden sollte.

► Schritt 3

Finde Suchbegriffe.
Überlege dir treffende Suchbegriffe. Bei einer Kombination von zwei Suchbegriffen durch ein Leerzeichen erhältst du nur Webseiten, die beide Begriffe enthalten. Wortfolgen setze in Anführungszeichen. Das schränkt die Suche ein.

Suchbegriffe: Bilder an Sammellinsen, Linsen, Sammellinsen

► Schritt 4

Frage Informationen ab.
Frage die Information durch die Eingabe der Suchbegriffe in dem dafür vorgesehenen Suchfenster ab. Du erhältst mehrere Links als Resultate.

Tipp: Beachte, dass jede Person Informationen ins Internet stellen kann. Gehe daher kritisch mit den Informationen um. Sicherer sind Seiten von Universitäten oder Fachleuten.

► Schritt 5

Gib die Quellen an.
Gib bei den Informationen, die du ausgewählt und verwendet hast, die Quellen an.

www.wikipedia.org

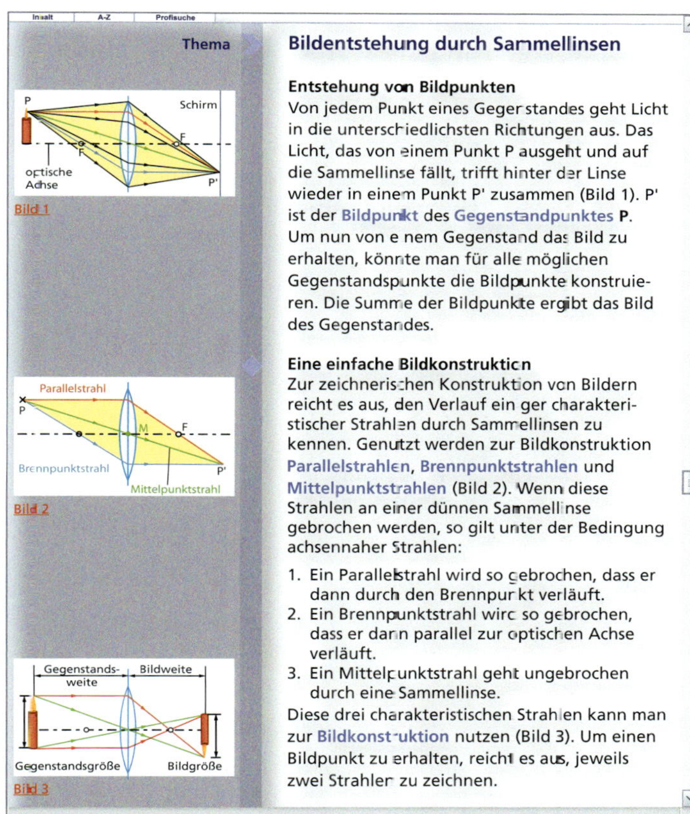

Bildentstehung durch Sammellinsen

Entstehung von Bildpunkten
Von jedem Punkt eines Gegenstandes geht Licht in die unterschiedlichsten Richtungen aus. Das Licht, das von einem Punkt P ausgeht und auf die Sammellinse fällt, trifft hinter der Linse wieder in einem Punkt P' zusammen (Bild 1). P' ist der Bildpunkt des Gegenstandpunktes **P**. Um nun von einem Gegenstand das Bild zu erhalten, könnte man für alle möglichen Gegenstandspunkte die Bildpunkte konstruieren. Die Summe der Bildpunkte ergibt das Bild des Gegenstandes.

Eine einfache Bildkonstruktion
Zur zeichnerischen Konstruktion von Bildern reicht es aus, den Verlauf einiger charakteristischer Strahlen durch Sammellinsen zu kennen. Genutzt werden zur Bildkonstruktion Parallelstrahlen, Brennpunktstrahlen und Mittelpunktstrahlen (Bild 2). Wenn diese Strahlen an einer dünnen Sammellinse gebrochen werden, so gilt unter der Bedingung achsennaher Strahlen:

1. Ein Parallelstrahl wird so gebrochen, dass er dann durch den Brennpunkt verläuft.
2. Ein Brennpunktstrahl wird so gebrochen, dass er dann parallel zur optischen Achse verläuft.
3. Ein Mittelpunktstrahl geht ungebrochen durch eine Sammellinse.

Diese drei charakteristischen Strahlen kann man zur Bildkonstruktion nutzen (Bild 3). Um einen Bildpunkt zu erhalten, reicht es aus, jeweils zwei Strahlen zu zeichnen.

Sicherheit im Straßenverkehr

Bilder auf der Netzhaut des Auges

Finde heraus, was ein Nahpunkt ist. Bestimme für jedes deiner Augen diesen Nahpunkt.

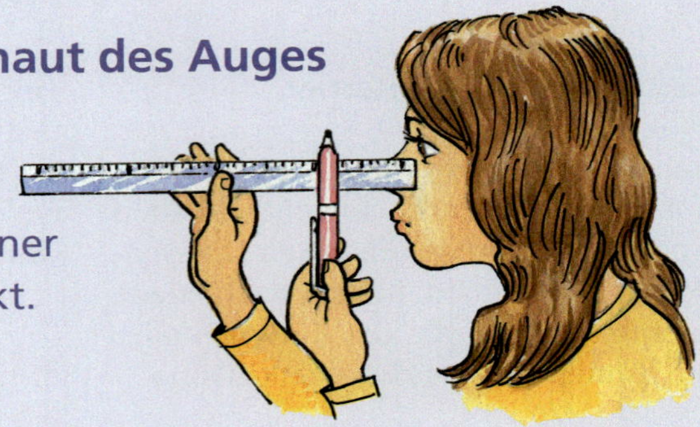

Augen sind unsere Lichtsinnesorgane. Sie enthalten jedoch nicht nur die notwendigen Sinneszellen, sondern auch „optische Bauteile“.
Hornhaut, Augenflüssigkeit, Augenlinse und Glaskörper bilden ein Linsensystem, das wie eine Sammellinse wirkt. Das einfallende Licht wird so gebrochen, dass auf der Netzhaut ein Bild entsteht. Es ist verkleinert, wirklich, umgekehrt und seitenvertauscht.

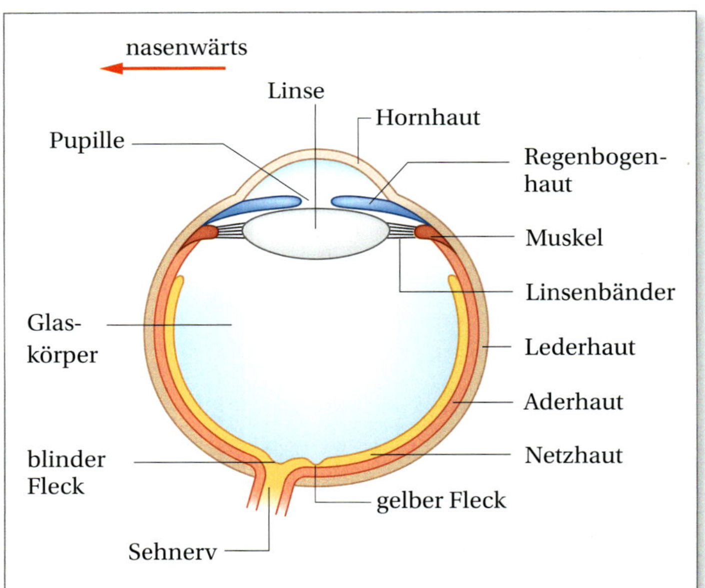

Die Netzhaut enthält viele Sinneszellen. Der Sehnerv leitet die gebildeten Impulse zum Gehirn weiter. Dort werden sie verarbeitet und mit Erfahrungen verglichen. Wir nehmen das Bild richtig herum wahr.

Unsere Augen können sich gut anpassen. Die Gegenstände, die wir scharf sehen wollen, sind unterschiedlich hell und unterschiedlich weit von uns entfernt.

Hell und dunkel: Unsere Pupille wirkt wie eine Blende: Bei grellem Licht verkleinert sie sich, im Dunkeln vergrößert sie sich.

- Untersuche mit einem Partner, wie eure Pupillen auf Licht reagieren.

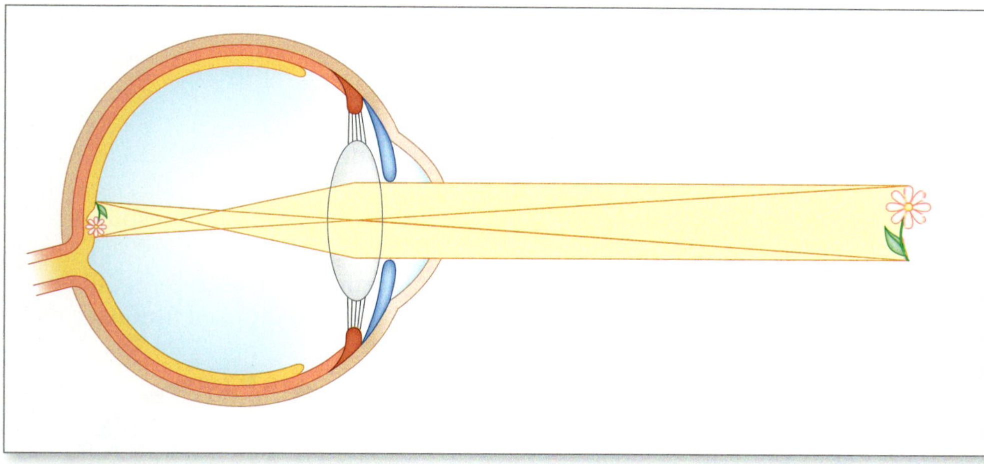

Nah und fern: Damit scharfe Bilder auf der Netzhaut entstehen, ändert die Augenlinse stufenlos ihre Krümmung. Das geschieht unwillkürlich und sehr schnell.

Deutliche Sehweite: Das ist die kürzeste Entfernung, in der du einen Gegenstand ohne Überanstrengung längere Zeit betrachten kannst. Sie beträgt ca. 25 cm.

Nahpunkt: Verringerst du die Entfernung eines Gegenstands zum Auge immer mehr, so kommt schließlich ein Punkt, an dem du gerade noch ein scharfes Bild sehen kannst.

Farbensehen: Unsere Netzhaut enthält lichtempfindliche Zellen: Die etwa 120 Millionen **Stäbchen** nehmen nur Hell-Dunkel-Reize auf.
Die etwa sechs Millionen **Zapfen** sind farbempfindlich, aber nur wenn es ausreichend hell ist. Sonst sehen wir nur Hell-Dunkel-Töne.

Räumliches Sehen: Von räumlichen Gegenständen entsteht in beiden Augen ein etwas unterschiedliches Bild. Letztlich sehen wir aber nicht zwei Bilder, sondern nur eins.
In unserem Gehirn entsteht so ein räumlicher Eindruck.

Aufgaben

1 _ Bei einem normalsichtigen jungen Menschen beträgt der Nahpunkt etwa 10 cm. Vergleiche diese Angabe mit dem Wert, den du selbst bestimmt hast.

2 _ Gieße mit gestrecktem Arm Wasser aus einer Flasche in ein Glas. Probiere es, wenn du ein Auge geschlossen hältst. Erkläre.

3 _ Schließe das rechte Auge. Halte das Buch in Armeslänge vor das linke Auge und schaue genau auf das Kreuz. Verändere die Entfernung zwischen Auge und Kreuz. Beschreibe deine Beobachtungen.

Im blinden Fleck werden keine Reize an das Gehirn weitergeleitet.

Erforsche es

Das Auge – optische Spielereien und Täuschungen

Mehr als 50 % aller Informationen über unsere Umwelt nehmen wir mit unseren Augen wahr.

1. Untersuche die Anpassung des Auges an unterschiedliche Entfernungen der Gegenstände.
   Durchführung:
   Halte deinen Daumen etwa 20 cm vor dein Gesicht. Betrachte nun den Daumen. Beschreibe, wie du (gleichzeitig) den weiten Hintergrund wahrnimmst.
   Betrachte dann den Hintergrund genau. Wie nimmst du (gleichzeitig) deinen Daumen wahr?
   Beobachtung und Auswertung:
   Notiere und erkläre deine Beobachtungen mithilfe der Abbildungen.
2. Ungefähr 5 % der Bundesbürger sind rotgrünblind.
   Informiere dich im Internet über Farbenfehlsichtigkeit und teste dich selbst.

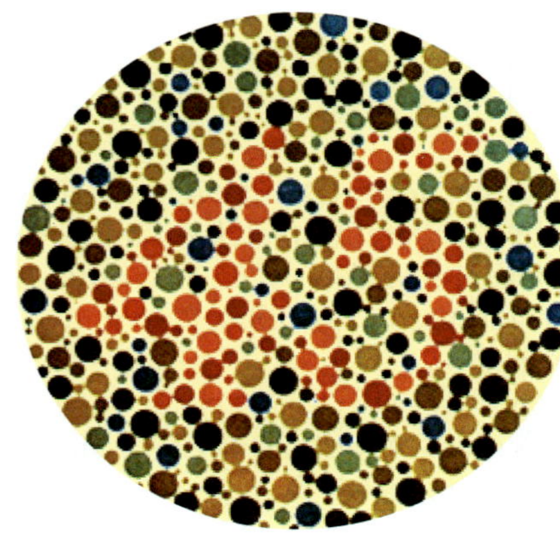

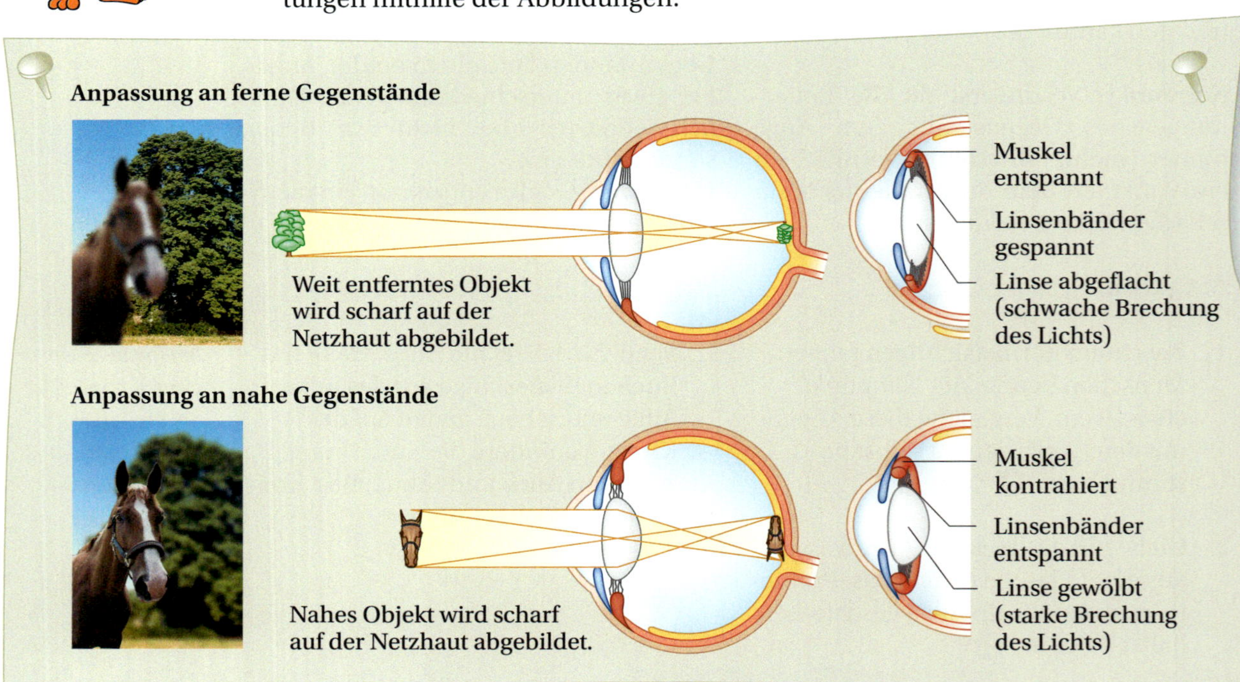

Optische Täuschungen: Wenn jemand behauptet, er habe etwas genau gesehen, sollten wir vorsichtig sein. Manchmal glauben wir etwas zu sehen, was in Wirklichkeit anders ist, als wir es wahrnehmen.

Eine Art optischer Täuschungen sind Richtungstäuschungen (↗ Übersicht). Diese führen dazu, dass wir meinen,
- parallele oder gerade Linien seien nicht parallel oder gerade,
- regelmäßig geformte Figuren (Kreis, Quadrat) seien nicht regelmäßig.

Die Ursache für solche Täuschungen sind meist weitere Linien. Sie bewirken in ihrer Gesamtheit einen falschen Eindruck.

3. Prüfe am Beispiel der Abbildungen in der Übersicht unten nach, dass der optische Eindruck falsch ist.

4. Suche weitere Beispiele für Richtungstäuschungen und stelle sie deinen Mitschülern vor. Diskutiert über die Ursachen der Täuschungen.

Nicht selten täuschen wir uns auch über die Größe von Personen und Gegenständen oder über die Länge von Strecken.

5. Vergleiche die Größe der Personen in der Abbildung rechts. Miss nach. Was ist die Ursache für unsere Wahrnehmung?
   Zeichne nach dem Muster in der Abbildung ein Bild, auf dem Personen oder Gegenstände gleich groß sind, aber unterschiedlich groß zu sein scheinen.

6. Vergleiche die Länge der Strecken $\overline{AB}$ und $\overline{BC}$. Ziehe Schlussfolgerungen.

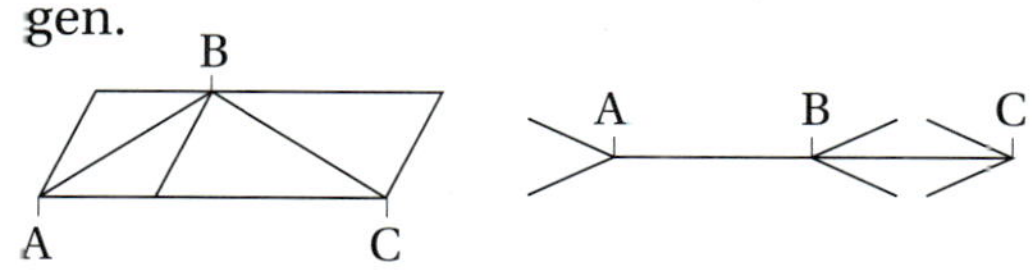

7. Wenn du die Sonne und den Mond am Himmel beobachtest, dann stellst du fest: Sonne und Mond scheinen etwa gleich groß zu sein. In Wirklichkeit ist aber der Durchmesser der Sonne 370-mal größer als der Monddurchmesser. Wie ist diese Wahrnehmung zu erklären?

Beispiele für Richtungstäuschungen

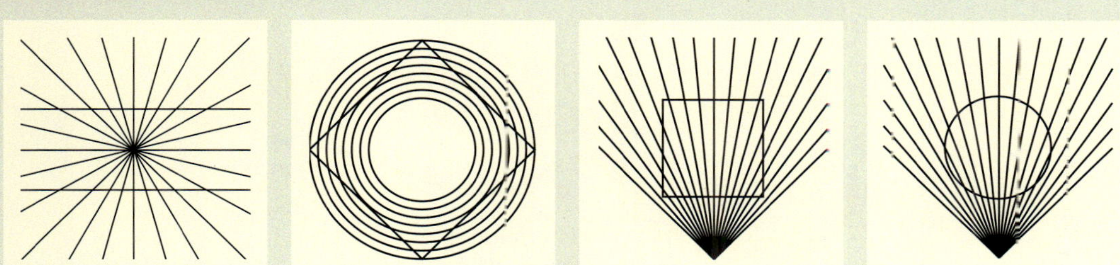

Das hast du gelernt

Sicherheit im Straßenverkehr

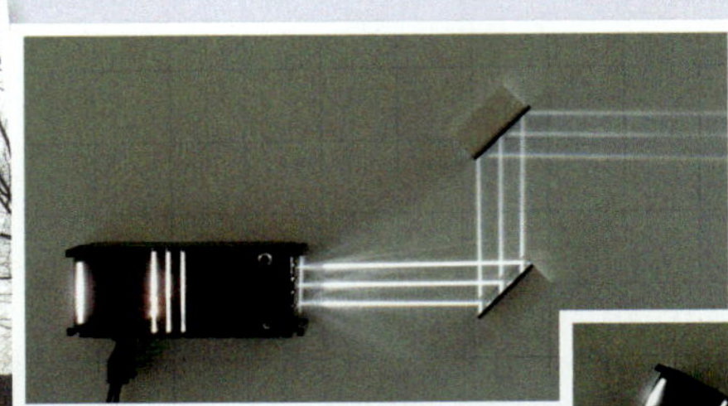

An rauen Oberflächen wird das Licht gestreut.

Einige Körper sind selbst Lichtquellen.

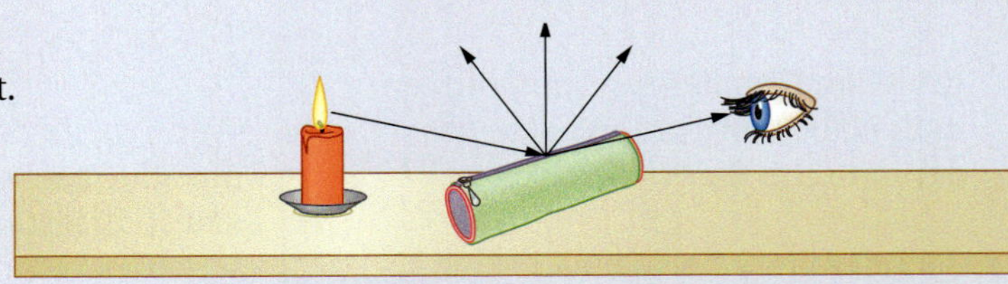

Unsere Augen sind unsere Lichtsinnesorgane. Sie fangen das Licht auf, das von Körpern ausgeht (Lichtreize). Diese regen Sinneszellen in der Netzhaut an. Die Impulse werden zum Gehirn weitergeleitet und dort verarbeitet.

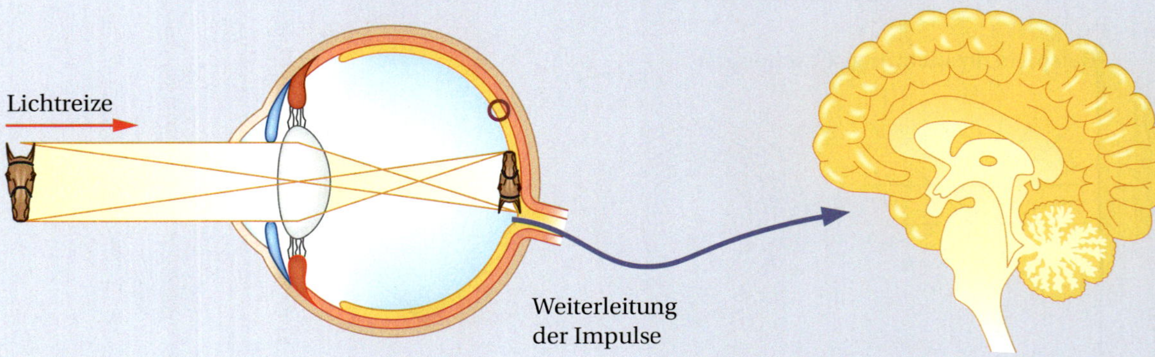

Löse mit Köpfchen

1. Fakten verschaffen Sicherheit

a) Welches ist der Einfallswinkel, welches der Reflexionswinkel?

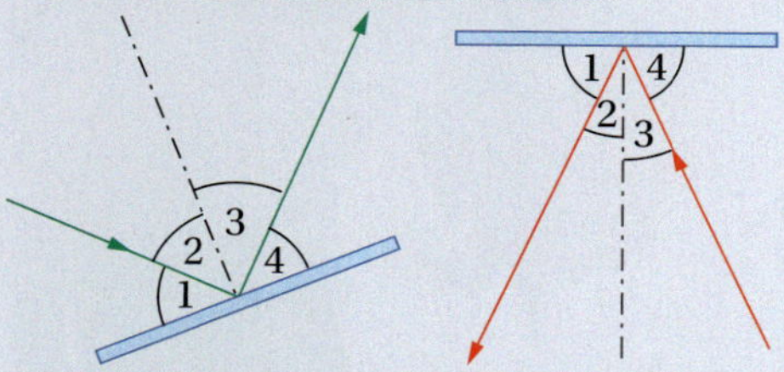

b) Welche Gerade ist das Einfallslot?

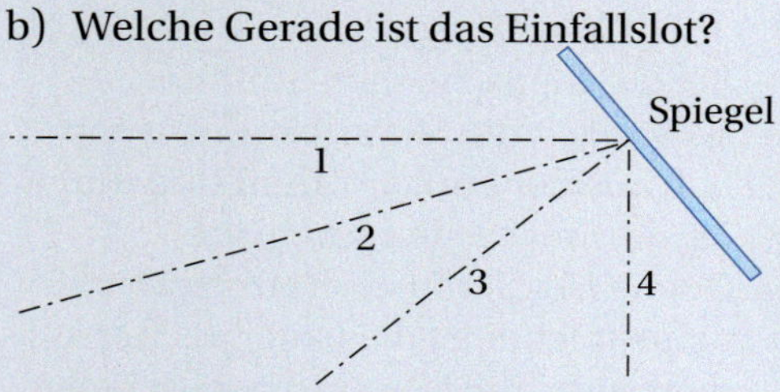

c) Licht fällt unter einem Winkel von 40° auf einen ebenen Spiegel. Zeichne einfallenden Strahl, Einfallslot und reflektierten Strahl.

2. Katzenaugen

Warum werden die Rückstrahler am Fahrrad wohl auch Katzenaugen genannt? ↗ S. 38,

3. Rückwärts sehen

Wie musst du den Rückspiegel an deinem Fahrrad einstellen, damit du das Geschehen hinter dir sehen kannst?

4. Die einfachste Kamera

Wiederhole mithilfe der Abbildung, wie Bilder mit einer Lochkamera entstehen. Warum sind diese Bilder nicht so hell wie die Bilder, die mit einer Linse erzeugt werden? ↗ S. 38

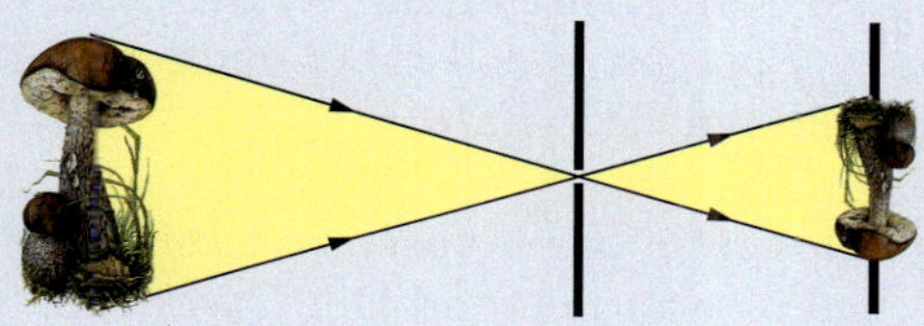

5. Der besondere Blick

Unsere Augen sind ganz besondere „Fotoapparate“.

a) Beschreibe die Bildentstehung im Auge.

b) Gib an, wie sich das Auge an unterschiedliche Helligkeit anpasst.

c) Gib an, wie sich das Auge an unterschiedliche Entfernungen anpasst.

6. Besuch beim Optiker

Informiert euch über Sehfehler und ihre Korrektur.

Schaut euch die unterschiedlichen Linsen in den Brillen an.

Der Ton macht die Musik

Schall und Schallquellen

Wie entstehen Töne bei einem Instrument? Finde es heraus.

Mit unseren Ohren nehmen wir Geräusche, Sprache, Musik, aber auch unangenehmen Lärm wahr.

> Alles, was der Mensch mit seinem Gehör wahrnehmen kann, wird als Schall bezeichnet.

Schall lässt sich auf unterschiedliche Art und Weise erzeugen:
- Bei Zupf- und Streichinstrumenten wie Gitarre, Geige oder Klavier werden Saiten in Schwingungen versetzt.
- Bei Blasinstrumenten wie Trompete, Saxofon oder Flöte schwingen Luftsäulen.
- Bei der menschlichen Stimme schwingen die Stimmbänder, wenn Luft aus der Lunge kommt und durch die Stimmritze hindurchtritt.
- Quelle der Geräusche aus einem Lautsprecher ist die Lautsprechermembran, die hin- und herschwingt.

Alle Vorgänge haben etwas Gemeinsames: Körper, z. B. Gitarrensaiten, bewegen sich hin und her; sie schwingen. Durch ihre schnellen Schwingungen werden die Körper zu **Schallquellen.**

■ Recherchiere weitere Beispiele für Schallquellen.

Geräusche und Laute von Tieren

Fledermäuse erzeugen mit ihren Stimmbändern Schall, den wir nicht hören können.

Heuschrecken zirpen, indem sie mit den Hinterbeinen über zahlreiche kleine Erhöhungen an den Vorderflügeln streichen.

Ausströmende Luft bringt spezielle Membranen in der Luftröhre zum Schwingen – der Vogel singt.

Das Sirren der Mücken kommt durch schnelles Hin- und Herschwingen der Flügel zustande.

Erforsche es

Musikinstrumente – selbst gebaut

Musik könnt ihr nicht nur mit teuren **Musikinstrumenten,** sondern auch mit einfachen Anordnungen machen.

Baut verschiedene Musikinstrumente. Versucht, mit jedem hohe und tiefe Töne, aber auch laute und leise Töne zu erzeugen.
Wer schafft es, eine einfache Melodie zu spielen?

1. Baut aus Flaschen ein Instrument. Füllt die Flaschen unterschiedlich hoch mit Wasser. Blast kräftig über die Öffnung. So entstehen je nach Füllung der Flaschen unterschiedlich hohe Töne.
   Wodurch werden die Töne erzeugt?

2. Auch mit gleichartigen Gläsern, die unterschiedlich hoch mit Wasser gefüllt sind, könnt ihr Töne erzeugen. Baut ein Instrument aus Gläsern und probiert die Anordnung aus. Beschreibt, wodurch die Töne erzeugt werden. Vergleicht eure Instrumente.

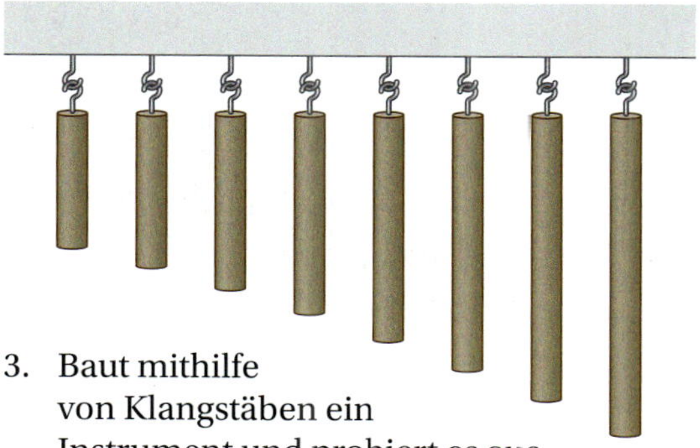

3. Baut mithilfe von Klangstäben ein Instrument und probiert es aus. Die Tonhöhe ist bei einem bestimmten Material von der Länge des Stabs abhängig. Durch geschickte Wahl der Länge erhaltet ihr alle Töne einer Tonleiter. Die Stäbe werden durch Anschlagen zum Klingen gebracht.

Ein Monochord ist ein Instrument, das nur eine Saite hat. Das Wort Monochord kommt aus dem Griechischen. „Monos“ bedeutet einzeln und „chorde“ bedeutet Saite.

4. Baut ein Monochord aus einer großen, stabilen Blechdose, die einen Durchmesser von 10 bis15 cm hat. Bohrt kurz unterhalb des Bodens zwei Löcher in die Dose, die sich gegenüberliegen. Sie müssen so groß sein, dass ein etwa 50 cm langer Holzstab gerade so hindurchpasst. Befestigt die Saite so wie in der Abbildung. Untersucht, wie ihr Tonhöhe und Lautstärke ändern könnt.

Geeignet sind Besenstiel, Holzschrauben, Steg aus Holz, dünner Stahldraht oder Angelsehne.

Der Ton macht die Musik

Laut und leise, hoch und tief

Schwingungen können sichtbar gemacht werden. Wovon hängt es ab, welches Bild du auf dem Oszilloskop siehst?

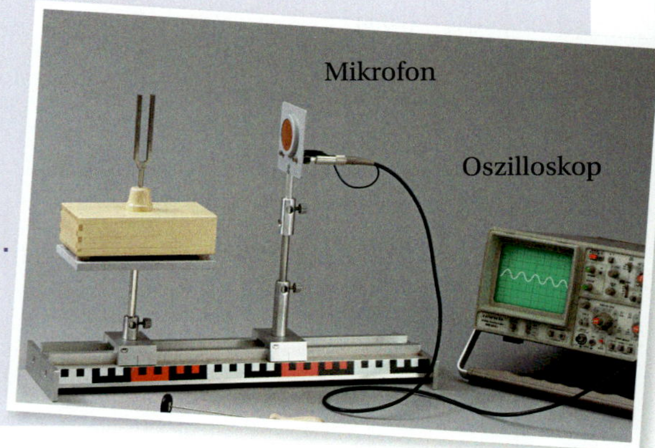

Wenn du die Saite bei einem Monochord stärker anzupfst, hörst du einen lauteren Ton als beim schwachen Anzupfen. Die Saite schwingt stärker. Das kannst du sogar sehen.

Die Schwingungen einer angeschlagenen Stimmgabel kannst du nicht sehen, sie bewegt sich zu schnell hin und her. Aber mit einem Mikrofon und einem Oszilloskop können die Schwingungen sichtbar gemacht werden.

Jeder schwingende Körper bewegt sich wie ein Pendel zwischen zwei Umkehrpunkten hin und her. Die Umkehrpunkte haben den größten Abstand von der Ruhelage. Dieser Abstand heißt **Amplitude.**

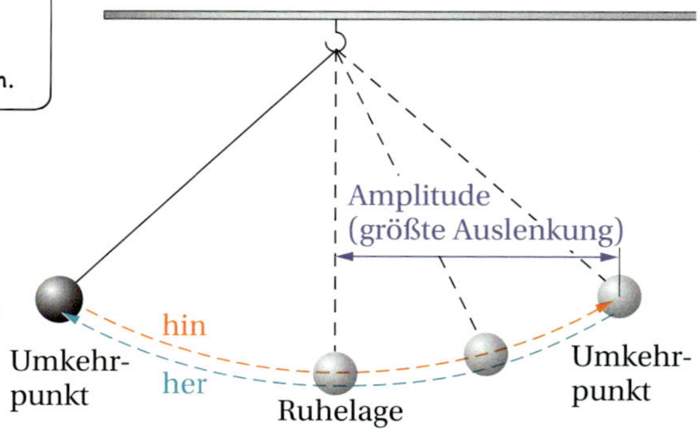

Wenn du eine Stimmgabel stärker anschlägst, dann wird der Ausschlag auf dem Schirm des Oszilloskops größer. Du nimmst den Ton lauter wahr.

- Beschreibe, wie du laute und leise Töne auf einem Monochord erzeugen kannst.

Die **Lautstärke** hängt davon ab, wie stark ein Körper schwingt. Es gilt:

- Je größer die Amplitude der Schwingung ist, desto lauter nimmst du den Ton wahr.

Eine Stimmgabel schwingt ganz regelmäßig. Das erkennst du an der gleichmäßigen Wellenlinie.

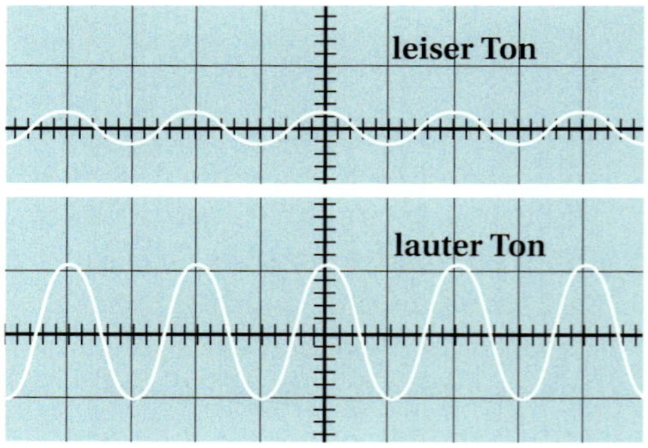

Erforsche es

Was schwingt denn da?

1. Lege ein Lineal auf eine Tischkante. Lenke das freie Ende aus und lass es hin- und herschwingen. Verändere Höhe und Lautstärke des Tons.

2. Lege deine Finger auf deinen Kehlkopf und sprich oder singe. Notiere und erkläre die Beobachtung.

3. Zeichnet in Partnerarbeit die Schwingung einer Schallquelle auf. Nehmt ein Pendel als Modell für eine Schallquelle.

Ein Partner zieht das Papier gleichmäßig unter dem Lineal hindurch, während der andere Partner den Bleistift an der Linealkante hin- und herbewegt.

Wenn du verschiedene Stimmgabeln gleich stark anschlägst, verändert sich das Schwingungsbild wie in der Abbildung unten. Auf den Stimmgabeln ist die **Frequenz** angegeben.

> Die Frequenz einer Schwingung gibt an, wie viele Hin- und Herbewegungen je Sekunde ablaufen.
> Formelzeichen: f
> Einheit: ein Hertz (1 Hz) $1\,\text{Hz} = \frac{1}{\text{s}}$

Die Einheit ist nach dem Physiker HEINRICH HERTZ (1857–1894) benannt worden.

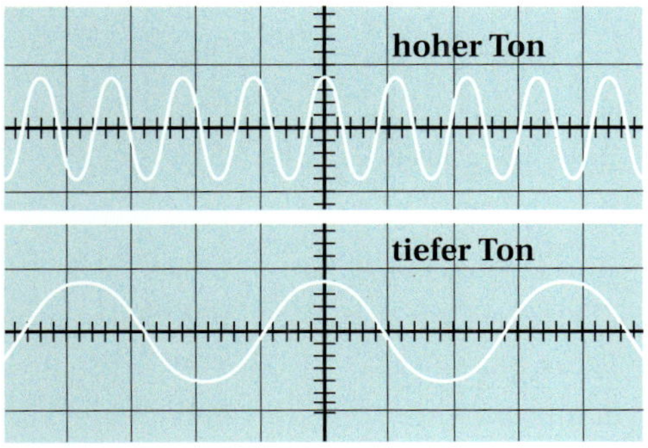

Die Angabe 440 Hz auf einer Stimmgabel bedeutet: Die Stimmgabel schwingt 440-mal in einer Sekunde.

> Je größer die Frequenz der Schwingung ist, desto höher nimmst du den Ton wahr.

Wenn ein Feuerwerkskörper explodiert, entsteht ein Knall. Die Schwingung verläuft nicht so regelmäßig wie bei dem Ton einer Stimmgabel, sondern hat einen großen Ausschlag und klingt dann schnell ab.

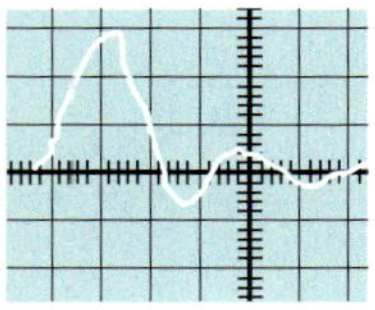

Aufgaben

1 Auf einer Stimmgabel steht 322 Hz, auf einer anderen 512 Hz. Begründe, mit welcher Stimmgabel ein höherer Ton erzeugt werden kann. ↗ S. 38

2 Eine fliegende Biene summt, einen fliegenden Schmetterling hörst du dagegen nicht. Erkläre. ↗ S. 138

Der Ton macht die Musik

Schall breitet sich aus

Obwohl das Pendel nicht an dem Tamburin anliegt, das angeschlagen wird, schwingt es aus. Wie gelangt Schall von einem Ort zum anderen?

Schall kann sich nur in Schallträgern ausbreiten. Schallträger sind Gase, Flüssigkeiten oder feste Stoffe. Im Vakuum kann sich Schall nicht ausbreiten.

Wenn du ein Tamburin anschlägst, dann überträgt seine Membran Energie auf Luftteilchen und regt sie zu Schwingungen an. Die Teilchen werden kurzzeitig verdichtet. Dadurch befinden sich weniger Teilchen in der Nachbarschaft: Die Luft ist dünner. Die Verdichtungen und Verdünnungen der Luft breiten sich im Raum aus.

Schall breitet sich in festen, flüssigen oder gasförmigen Körpern aus. Er wird dabei von einem Ort zu einem anderen übertragen.

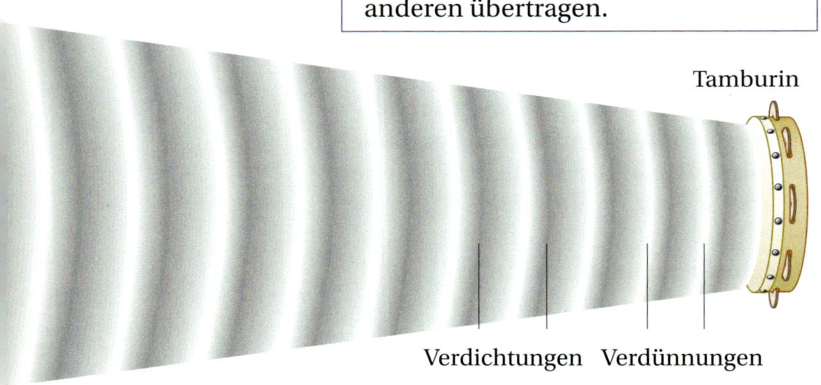

In Luft breitet sich Schall langsamer aus als in Wasser und in festen Stoffen. Die Ausbreitungsgeschwindigkeit heißt **Schallgeschwindigkeit.** Sie wird in der Einheit ein Meter je Sekunde ($1\,\frac{m}{s}$) angegeben.

Eine Schallgeschwindigkeit von $344\,\frac{m}{s}$ bedeutet: Der Schall legt in einer Sekunde 344 m zurück.

Aus der Tabelle erkennst du, dass die Schallgeschwindigkeit auch von der Temperatur des Stoffs abhängt. Für Luft gilt: Mit höherer Temperatur breitet sich der Schall schneller aus.

Schallgeschwindigkeit in verschiedenen Stoffen in $\frac{m}{s}$	
Luft bei −20 °C	320
bei 0 °C	332
bei 20 °C	344
Wasser bei 20 °C	1 484
Eis bei − 4 °C	3 250
Holz (Eiche) bei 20 °C	3 400
Ziegelstein bei 20 °C	3 600
Beton bei 20 °C	3 800
Stahl bei 20 °C	4 900

Erforsche es

Wie schnell ist Schall?

Ermittelt die Schallgeschwindigkeit mit einer Starterklappe. Fertigt ein Protokoll an.

Vorbereitung:
Ihr benötigt eine Starterklappe, die ihr auch leicht selbst bauen könnt, Stoppuhren und ein Bandmaß.

Durchführung:

a) Ein Mitschüler postiert sich mit der Starterklappe in mindestens 300 m Entfernung und schlägt die Starterklappe zusammen.
b) Mehrere Schüler messen die Zeit zwischen dem optischen Wahrnehmen des Zusammenschlagens und dem Hören des Schalls. Die Messungen werden wiederholt.

Auswertung:

a) Vergleicht den berechneten Wert mit dem Tabellenwert.
b) Findet Ursachen für mögliche Abweichungen.

Abschätzung von Entfernungen

Mit der Schallgeschwindigkeit in Luft kannst du abschätzen, wie weit ein Gewitter entfernt ist.
Nimm für die Abschätzung an, dass der Schall in 1 Sekunde etwa 333 m zurücklegt. Er braucht dann für eine Entfernung von 1 000 m = 1 km etwa 3 Sekunden: $1\,000 : 333 \approx 3$

Vergehen nach dem Wahrnehmen des Blitzes 12 Sekunden, bis du den Donner hörst, dann war dieser Blitz etwa 4 km entfernt: $12 : 3 = 4$

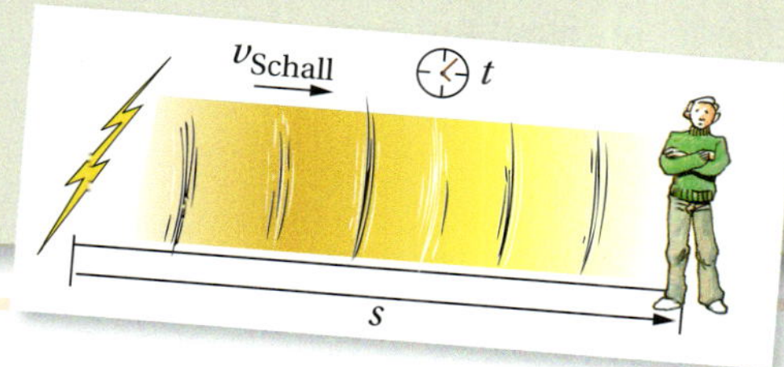

Erklärungen mit dem Teilchenmodell: Schall breitet sich in Holz schneller aus als in Luft, weil die Teilchen von festen Körpern sehr eng beieinanderliegen. Zwischen den Teilchen gibt es starke Kräfte. In Luft ist der Abstand zwischen den Teilchen groß und die Kräfte zwischen den Teilchen sind klein.

Wenn die Teilchen eines festen Körpers zum Schwingen angeregt werden, übertragen die Teilchen diese Schwingung schneller, weil sie stärker miteinander gekoppelt sind.

Aufgaben

1 Belege mit den Werten aus der Tabelle links, dass Schall in Wasser schneller übertragen wird als in Luft.

2 Lege eine tickende Uhr auf ein Ende eines Tischs. Stelle fest, ob du am anderen Ende des Tischs noch das Ticken hören kannst. Lege nun den Kopf mit einem Ohr auf den Tisch. Erkläre deine Beobachtung.
↗ S. 138

Der Ton macht die Musik

Eigenschaften der Schallausbreitung

In einer Entfernung von einem Meter kann die Person das Ticken der Uhr im Standzylinder nicht hören.
Aber es gibt einen Trick.

Am unterschiedlichen Klang eines Tons kannst du Instrumente unterscheiden.

Schall besteht nicht nur aus Tönen. Spielt man den Kammerton *a* ($f = 440$ Hz) auf einem Klavier, so entsteht ein **Klang.** Der Schall, den ein fahrendes Auto abgibt, heißt **Geräusch.** Bei einer Explosion entsteht ein mehr oder minder lauter **Knall.** Töne, Klänge, Geräusche und ein Knall haben typische Schwingungsformen.

- Finde je zwei Beispiele für die verschiedenen Schwingungsformen.

Schallverstärkung: Um eine Schallquelle wie eine Gitarrensaite zum Schwingen zu bringen, ist Energie erforderlich.
Die schwingende Saite überträgt die Energie auf ihre Umgebung und versetzt z. B. die Holzteilchen des Klangkörpers der Gitarre in Schwingungen.
Durch den Klangkörper wird die Fläche, von der der Schall ausgeht, größer. Es werden mehr Luftteilchen zum Schwingen angeregt. Der Schall wird verstärkt.

Ton	Klang	Geräusch	Knall
Die Schwingung ist ganz regelmäßig.	Die Schwingung ist periodisch, aber nicht regelmäßig.	Die Schwingung ist unregelmäßig.	Die Schwingung hat einen großen Ausschlag und nimmt schnell ab.
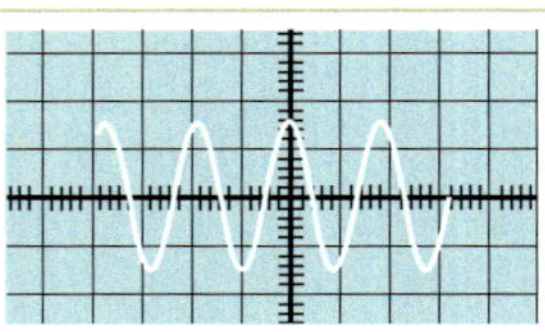	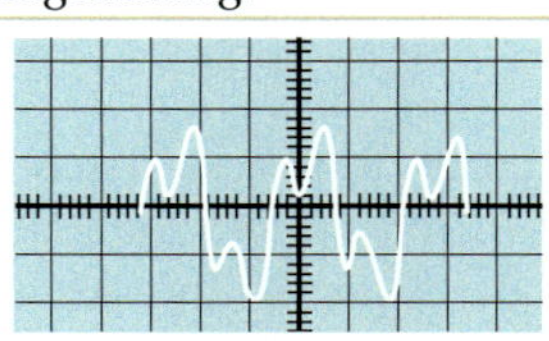	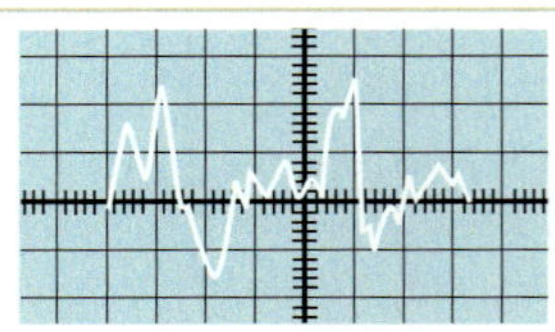	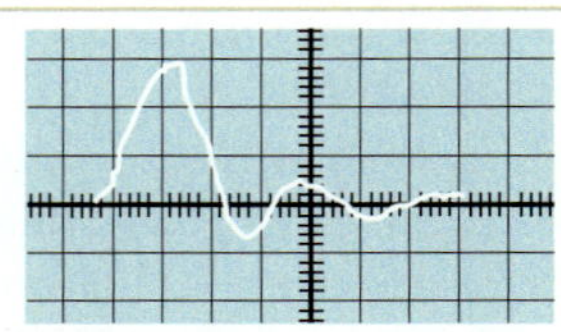
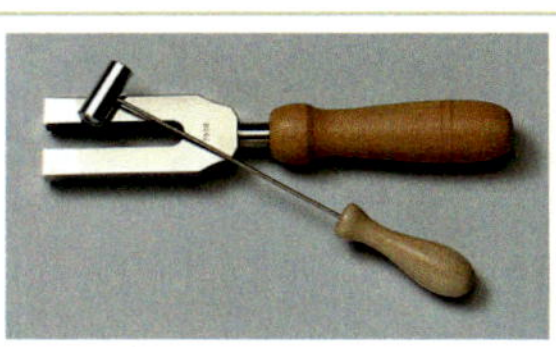			
Eine angeschlagene Stimmgabel erzeugt einen ganz klaren Ton.	Mit Musikinstrumenten kann man verschiedene Klänge erzeugen.	Bei Fahrzeugen und Maschinen entstehen Geräusche.	Beim Explodieren eines Feuerwerkskörpers entsteht ein Knall.

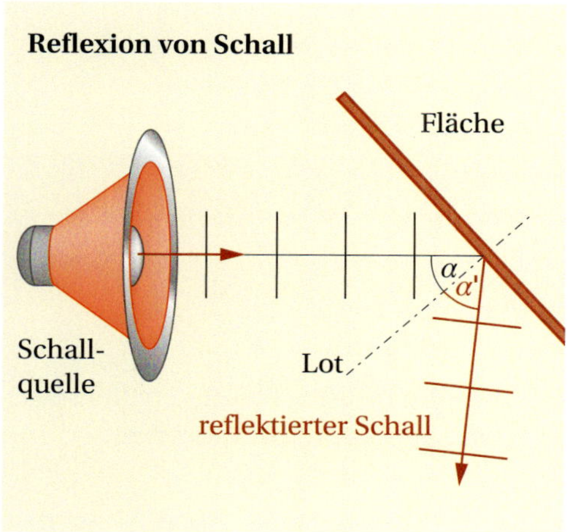

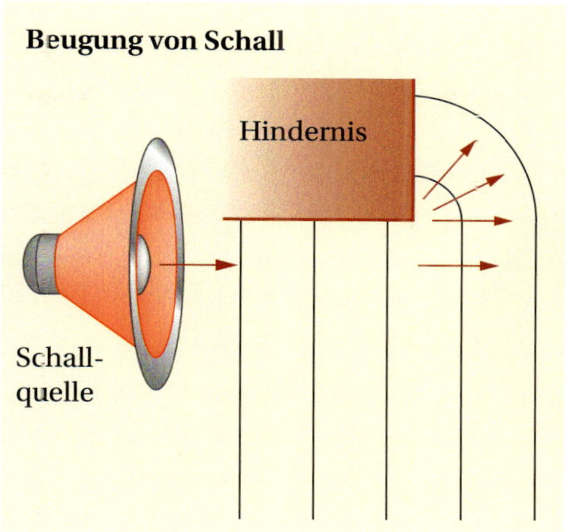

Wenn Schall auf Körper trifft, so wird er zum Teil **hindurchgelassen,** zum Teil **absorbiert** und zum Teil **reflektiert.** Wie viel Schall das ist, hängt von dem Stoff ab, aus dem der Körper besteht, aber auch von seiner Schichtdicke und Oberfläche.
Weiche und poröse Körper mit einer rauen Oberfläche absorbieren viel und reflektieren wenig Schall. Sie lassen nur wenig Schall hindurch. Das wird zur **Schalldämpfung** genutzt.

Harte Körper mit einer glatten Oberfläche absorbieren wenig, reflektieren aber viel Schall.
Das wird zur **Schalldämmung** genutzt.

Beugung von Schall: Wenn Schall auf Hindernisse wie Spalte, Kanten oder Ecken trifft, dann breitet er sich auch hinter diesen Hindernissen aus.
Diese Erscheinung heißt **Beugung.** Aufgrund von Beugung kannst du den Motor eines Autos hören, obwohl es hinter einer Hausecke steht.

Reflexion von Schall: Wenn Schall auf eine Fläche trifft, dann sind der Einfallswinkel und der Reflexionswinkel wie bei der Reflexion von Licht gleich groß.

Diesen Trick kann die Person auf Seite 102 nutzen, um die Uhr zu hören.

Aufgaben

1_ Welche der folgenden Stoffe sind geeignet Schall zu dämmen?
Glas, Wolle, Metall, Steine, Schaumstoff

2_ Beschreibe zwei Beispiele für die Beugung von Schall. ↗ S. 20

3_ Aus welchem Material sollten Ohrstöpsel sein?

Das hast du gelernt

Der Ton macht die Musik

Alles, was wir mit unseren Ohren hören, ist Schall.

Schall entsteht, wenn ein Körper genügend schnell schwingt. Schwingen können Luftsäulen, Saiten oder Membranen.

Schall
- breitet sich in Stoffen aus, aber nicht im Vakuum;
- legt in Luft ca. 333 Meter in der Sekunde zurück;
- wird an Flächen reflektiert und an Ecken gebeugt;
- wird durch Stoffe absorbiert.

Die **Tonhöhe** hängt von der Frequenz der Schwingung ab.

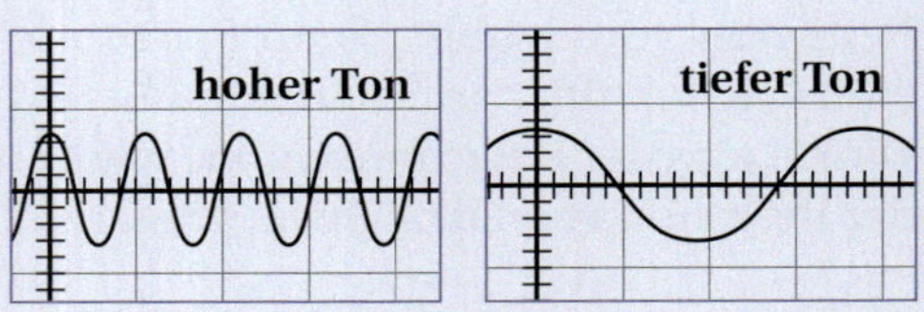

Die **Lautstärke** hängt von der Amplitude der Schwingung ab.

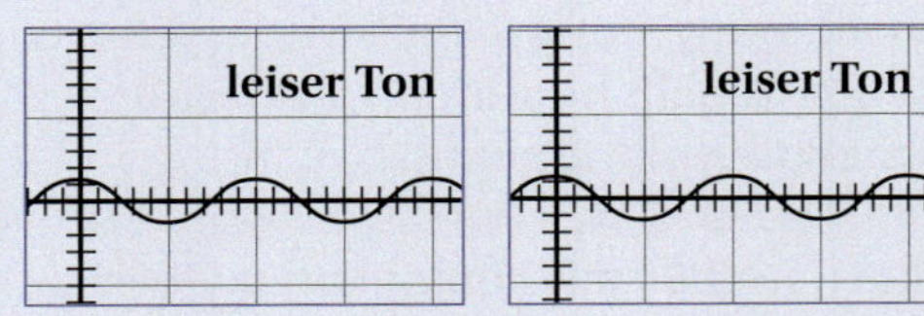

Löse mit Köpfchen

1. Was schwingt denn da?

In den Abbildungen sind verschiedene Schallquellen dargestellt.

a
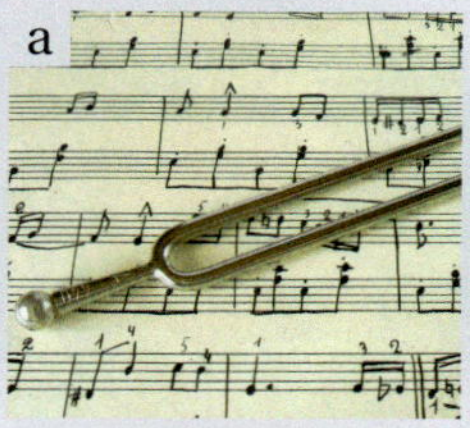
b

c
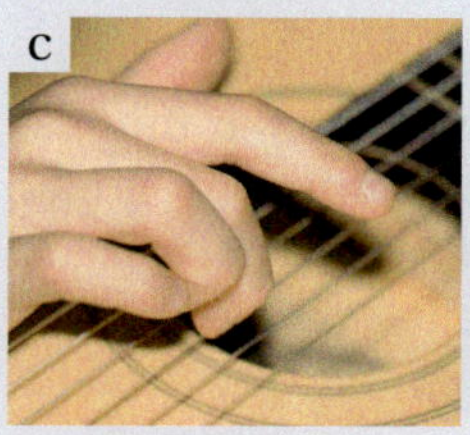
d

Gib jeweils an, welche Teile der Körper schwingen und Schall erzeugen.

2. Ein Grashalm tönt

Klemme einen Grashalm zwischen die Daumen der beiden Hände und blase in den entstandenen Hohlraum. Was beobachtest du? Beschreibe, wie diese Schallquelle funktioniert. ↗ S. 20

3. Physik in der Badewanne

a) Schlage eine Stimmgabel an und halte sie in ein Gefäß mit Wasser. Beschreibe und erkläre deine Beobachtung. ↗ S. 20, 138

b) Untersuche, ob sich Schall in Wasser ausbreitet. Lege dich in die Badewanne, sodass die Ohren untergetaucht sind. Klopfe gegen den Badewannenrand. Beschreibe deine Beobachtung und deute sie. +

4. Überblick verschaffen

Stelle eine Übersicht über Schallquellen in Natur und Technik zusammen.
Gib dabei auch jeweils an, was schwingt und dabei Schall erzeugt.

5. Verschluckt das Weltall Schall?

Auf der Erde kann man Explosionen im Weltall auch nach längerer Zeit nicht hören. Erkläre, warum das nicht geht. +

6. Laut – leise, hoch – tief

Vergleiche die beiden Schwingungsbilder in den Abbildungen a) und b). Der Maßstab ist in beiden Abbildungen gleich. Welcher der beiden Töne ist lauter, welcher höher? Gib jeweils eine Begründung. ↗ S. 38

a)
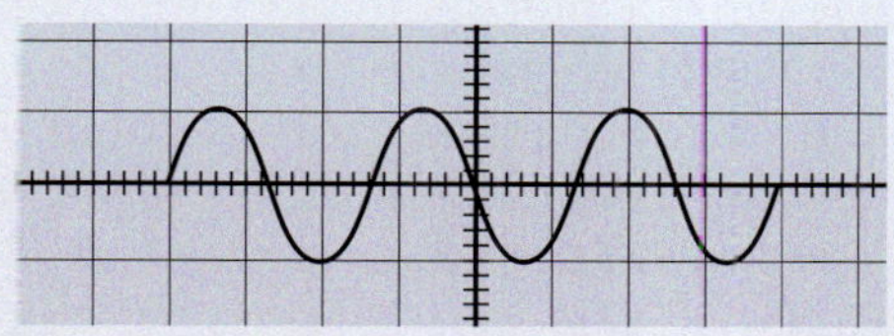

b)
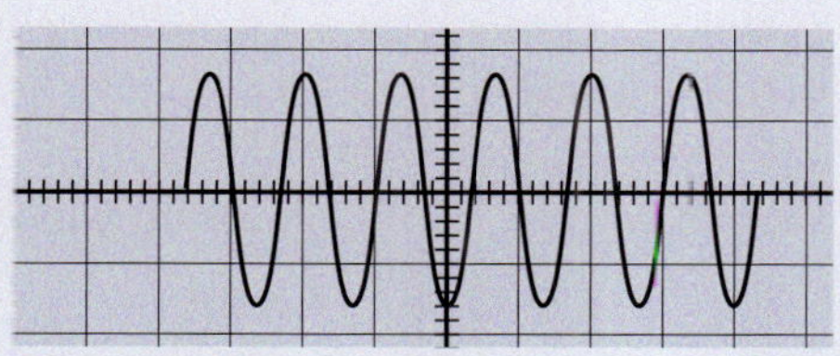

7. Wettlauf Licht – Schall

Bei einem Sprintwettkampf steht der Starter mit seiner Klappe direkt hinter den Läufern. Der Sportlehrer steht mit seiner Stoppuhr direkt am Ziel an der 100-m-Marke.
Wann muss der Sportlehrer die Stoppuhr starten: wenn er das Zusammenschlagen der Klappe sieht oder wenn er den Knall hört? Begründe. ↗ S. 38

Viel Lärm um nichts?

Das Ohr – ein Schallempfänger

Handy aus im Unterricht!
Der Mosquito-Klingelton umgeht das Verbot.
Was verbirgt sich dahinter?

Sprache, Musik oder Geräusche nimmst du mit deinen Ohren wahr. Ohren sind **Schallempfänger.**

Die Ohrmuschel nimmt den Schall auf und leitet ihn durch den Gehörgang an das Trommelfell weiter. Beide wirken wie ein Trichter, an dessen Innenwand der Schall reflektiert wird.
Die Verdichtungen und Verdünnungen der Luft im Gehörgang regen das Trommelfell zum Mitschwingen an. Die Gehörknöchelchen übertragen diese Schwingungen auf sehr kleine Härchen in der Schnecke.

Die Schwingungen reizen die Sinneszellen an den Enden der Härchen und die Zellen senden über den Hörnerv Signale an das Gehirn.
Das Gehirn verarbeitet die Wahrnehmungen zu akustischen Eindrücken. Da dies bei jedem Menschen unterschiedlich geschieht, ist die Wahrnehmung von Schall **subjektiv.**

- Ohren dienen der Aufnahme, der Übertragung und der Umwandlung von Schall. Die Wahrnehmung erfolgt im Gehirn und ist subjektiv.

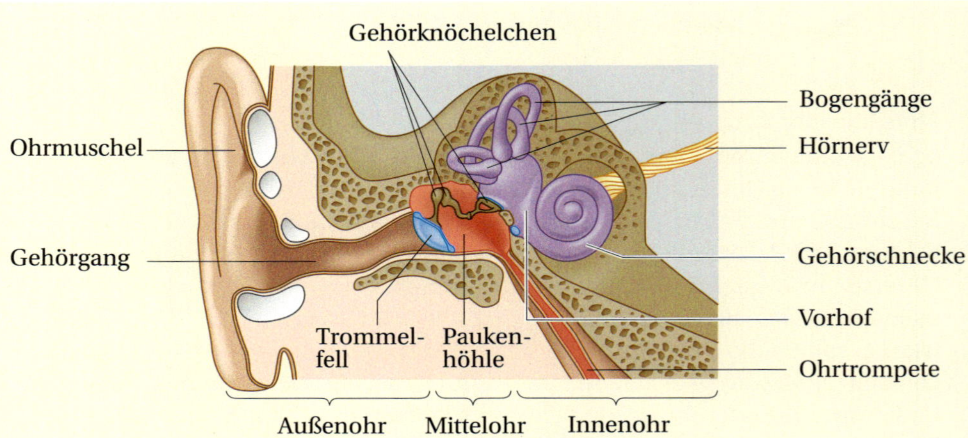

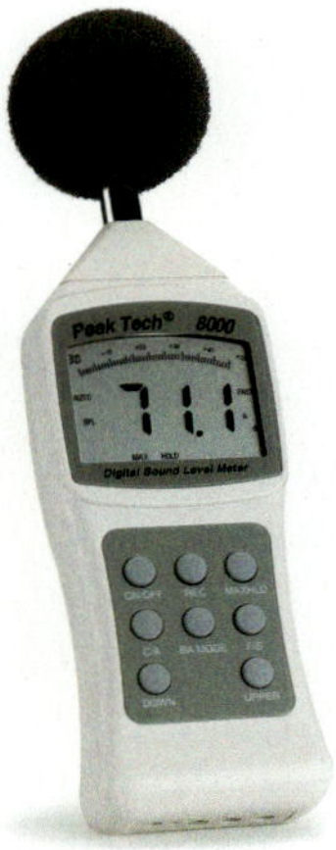

Wie laut jeder Einzelne Schall wahrnimmt, ist sehr subjektiv. Um objektive Aussagen über Lautstärken zu erhalten, gibt es Schallpegelmesser. Sie messen **Schallpegel** in der Einheit Dezibel (dB). Subjektiv nimmst du eine bestimmte Lautstärke wahr. Für ein Motorrad zeigt der Schallpegelmesser etwa 70 dB an.
Unser Hörempfinden weist eine Besonderheit auf: Wenn ein Motorrad einen Schallpegel von 70 dB erzeugt, so zeigt das Gerät bei zwei gleich lauten Motorrädern nicht etwa 140 dB an, sondern nur 73 dB. Der Pegel steigt um 3 dB.
Als **Faustformel** gilt: 10 dB Unterschied werden etwa als halbe bzw. doppelte Lautstärke wahrgenommen.

Du nimmst Schall nur mit Frequenzen zwischen 16 und 20 000 Hz wahr. Die obere Grenze nimmt mit dem Alter stark ab. 50-Jährige hören nur noch bis etwa 13 000 Hz. Darauf zielt der Mosquito-Klingelton ab.

Zwei Motorräder nimmst du nicht doppelt so laut wahr wie eins. Das geschieht erst bei zehn Motorrädern.

Aufgaben

1 Lege eine Tabelle an. Notiere die Funktionen folgender Teile: Ohrmuschel, Gehörgang, Trommelfell, Gehörknöchelchen (Hammer, Amboss, Steigbügel), Sinneszellen in der Gehörschnecke, Hörnerv. Was passiert bei 130 dB mit den Härchen in der Gehörschnecke? +

2 Wir besitzen zwei Ohren, nicht nur eines. Erläutere, welchen Vorteil wir dadurch haben.

Schallpegel in Natur und Technik		
Schallpegel in dB	Beispiel	Entfernung Schallquelle/ Ort der Messung
0	Hörschwelle	am Ohr
10	ruhiges Atmen	am Ohr
20–30	sehr ruhiges Zimmer	am Ohr
40–50	normale Unterhaltung	1 m
60–70	Fahrzeuge, Staubsauger	10 m
80–90	stark befahrene Straße	10 m
100–110	Presslufthammer, Diskothek	am Ohr
120–140	Rockkonzert, Donner, Start eines Düsenflugzeugs	30 m

130 dB schädigen dein Gehör schon bei kurzer Einwirkung.

Erforsche es

Hör mal!

1. Untersucht, wie ihr mit verbundenen Augen auf Drehungen eures Körpers reagiert.
   a) Verbindet einer Testperson die Augen. Stellt euch in einem kleinen Kreis um sie herum und dreht sie so vorsichtig, dass sie nicht hinfallen kann.
   Nach einigen Drehungen haltet sie wieder.
   b) Lasst die Testperson berichten, was sie in beiden Phasen empfunden hat.

2. Ermittle die Funktion der Ohrmuscheln.
   Vorbereitung:
   Materialien: Wecker auf Teller, Blatt Papier
   Durchführung und Beobachtung:
   a) Führe die Untersuchungen so durch, wie in der Tabelle die Stellung der Ohrmuscheln beschrieben wird. Achte dabei auf die Lautstärke des tickenden Weckers.
   b) Notiere jeweils das Ergebnis der Untersuchung.

Stellung der Ohrmuscheln	Empfundene Lautstärke
Drücke die Ohrmuscheln nach hinten an den Kopf.	
Drücke die Ohrmuscheln rechtwinklig nach vorne.	
Lege beide Handflächen muschelförmig hinter die Ohren.	
Stecke ein aus Papier geformtes „Hörrohr" in eine Ohröffnung.	

   Auswertung:
   a) Wie hat sich die Lautstärke verändert?
   b) Leite aus den Ergebnissen die Funktion der Ohrmuscheln für das Hören ab.

3. Untersucht in Partnerarbeit, wie genau Ohren die Richtung erkennen können, aus der der Schall kommt.
   Vorbereitung:
   Material: ein mindestens 1 m langer Kunststoffschlauch, Stab
   Durchführung und Beobachtung:
   a) Haltet die Schlauchenden wie in der Abbildung an ein Ohr und markiert die Mitte des Schlauchs.

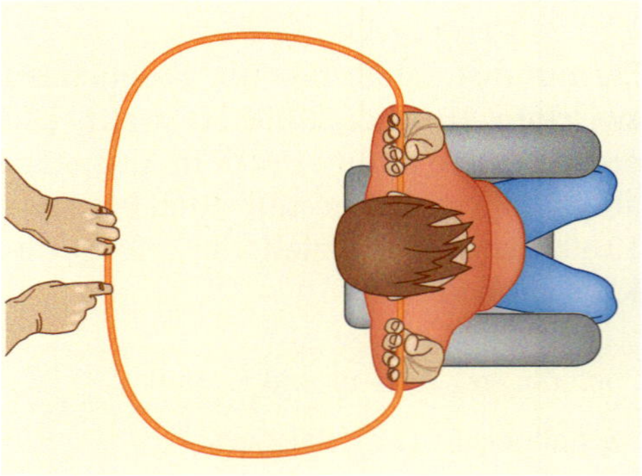

   b) Lass deinen Partner an einer Stelle des Schlauchs klopfen und versuche, durch die Anweisungen „nach links" bzw. „nach rechts" die Mitte des Schlauchs zu bestimmen.
   Auswertung:
   Erklärt, warum man so etwa die Mitte des Schlauchs herausfinden kann.

Wusstest du schon …

Schall, den wir nicht hören

Infraschall heißt Schall mit einer Frequenz, die unter 16 Hz liegt. Infraschall tritt bei Erdbeben, Vulkaneruptionen oder Schwingungen von Industrieanlagen auf.
Manche Tiere können Infraschall hören. Dazu gehören Elefanten und Wale. Sie nutzen Infraschall auch zur Kommunikation. Im Wasser trägt dieser Schall besonders weit.

Ultraschall heißt Schall mit einer Frequenz über 20 kHz. Hunde hören Schall bis etwa 50 kHz. Sie werden mit speziellen Pfeifen im Frequenzbereich zwischen 16 und 22 kHz abgerichtet und trainiert. Dieses Pfeifen nehmen wir nicht oder nur sehr leise wahr.
Insbesondere der Ultraschall findet in Technik und Medizin vielfältige Anwendungen.

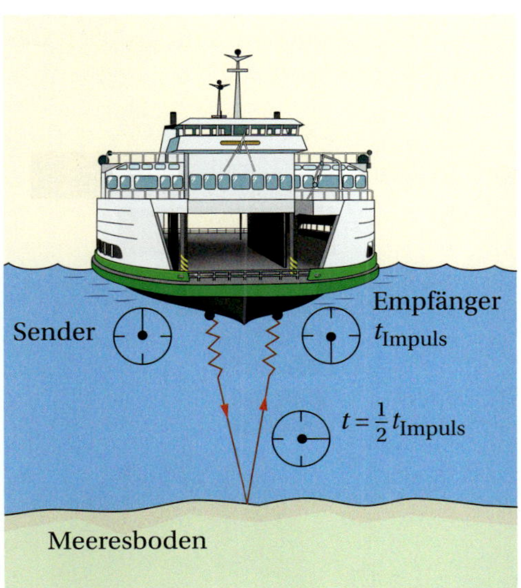

Goldschmiede, Uhrmacher und Optiker reinigen kleine und fein strukturierte Bauteile mit Ultraschall. Mittlerweile gibt es diese Ultraschallreiniger auch im Haushalt. Schmuck, Brillen, CDs und DVDs werden schonend sauber.

Ultraschall wird zur **Echoortung** genutzt. Ein Sender (Lautsprecher) strahlt Ultraschallimpulse ab, die am Meeresboden oder an Hindernissen (Fischschwarm, U-Boot) reflektiert werden. Ein Empfänger (Mikrofon) nimmt den reflektierten Schall auf.
Auch die **Ultraschallunterschung** bei Schwangeren beruht auf einem ähnlichen Verfahren. Eine Ärztin bzw. ein Arzt führt den Schallkopf über die Körperoberfläche. Ein Computer stellt dabei die empfangenen Echoimpulse als mehr oder weniger helle Punkte dar. Auf dem Monitor entsteht ein Bild.

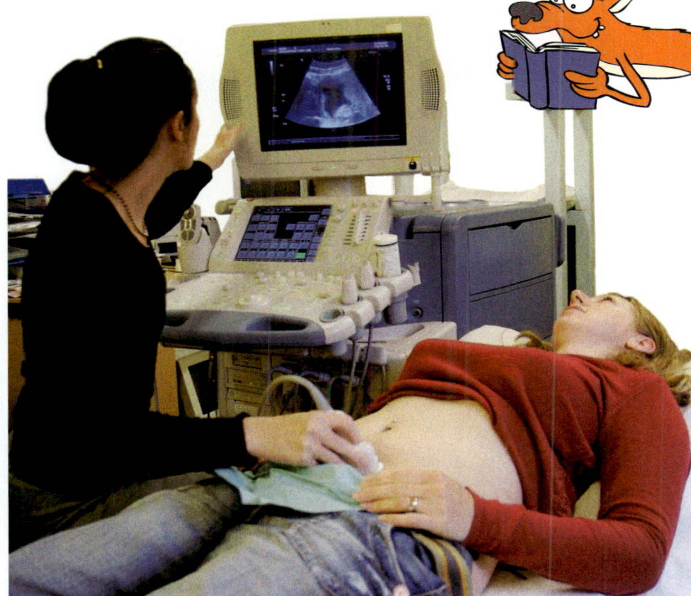

Viel Lärm um nichts?

Lärm und Lärmschutz

Bewerte die Mahnung. Welche Auswirkungen kann Lärm haben?

Schall, der an deine Ohren gelangt, kann angenehme Empfindungen auslösen, so die Sprache von vertrauten Menschen, Musik oder das knisternde Geräusch eines Lagerfeuers. Schall kann dich aber auch stören und sogar schädigen.

> Schall, der als belästigend empfunden wird oder zu gesundheitlichen Schäden führen kann, heißt Lärm.

Lärm ist eine subjektive Empfindung. Das, was du als Lärm empfindest, muss ein anderer nicht zwangsläufig so wahrnehmen.

Dabei ist die Art des Lärms völlig gleichgültig. Deine Lieblingsmusik in entsprechender Lautstärke ist genauso schädlich wie der Lärm eines startenden Flugzeugs.

Du schützt dich vor Schäden, indem du beim Benutzen von Kopfhörern sowohl die Lautstärke als auch die Benutzungszeit begrenzt und Pausen einlegst.

Menschen in Deutschland empfinden Lärm als eine der stärksten Umweltbeeinträchtigungen (Befragung durch das Umweltbundesamt 2009):

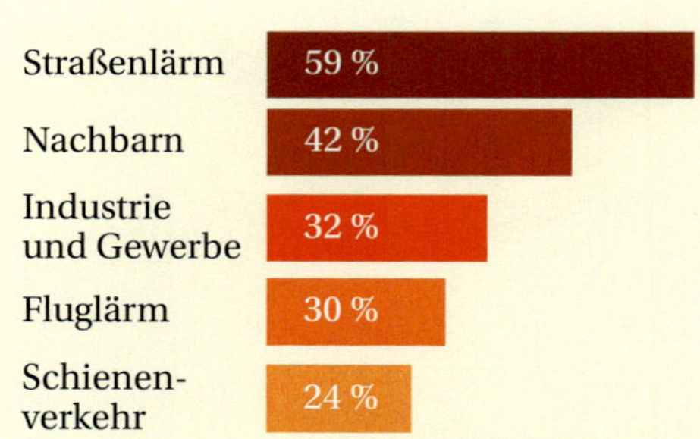

Prophezeiung des Mediziners Robert Koch (1843–1910)

„Eines Tages wird der Mensch den Lärm ebenso unerbittlich bekämpfen müssen wie die Cholera und die Pest."

Allgemeines Preußisches Landrecht von 1793

„Mutwillige Buben, welche auf den Straßen lärmen, sollen mit verhältnismäßigem Gefängnis, körperlicher Züchtigung oder Zuchthaus bestraft werden."

Gesundheitliche Schäden

Lärm ist Stress für den ganzen Organismus und wirkt besonders auf die Ohren ein.

beschleunigte Atmung

erhöhter Blutdruck

Schlafstörungen

erhöhte Herzfrequenz

Kurzzeitiger Lärm:
Die Leistungsfähigkeit deines Gehörs wird zeitweise verringert.
↓
vorübergehende Taubheit

Länger anhaltender, starker Lärm über 85 dB:
Die Haarzellen im Innenohr sterben allmählich ab und können sich nicht erneuern.
↓
bleibender Gehörschaden

Lärmschutz ist darauf gerichtet, schädliche Umwelteinwirkungen durch Lärm zu vermeiden oder zu verringern.

Als Grundsatz gilt:

> Die Vermeidung von Lärm ist der beste Schutz vor gesundheitlichen Schäden. Wo es möglich ist, sollte Lärm verringert werden.

Am besten wäre es, keinen Lärm zu erzeugen. Wo das nicht möglich ist, müssen verschiedene Maßnahmen den Lärm dämmen oder dämpfen. Welche Stoffe dazu geeignet sind, hast du auf der Seite 153 kennengelernt.

Maßnahmen des Lärmschutzes sind:
- die Errichtung von Schallschutzwänden oder Erddämmen an Straßen oder Bahnstrecken,
- der Einbau von Schallschutzfenstern in Wohnungen,
- die Verminderung der Reifen-Fahrbahn-Geräusche durch Verbesserung der Reifen und veränderten Straßenbelag („Flüsterasphalt“),
- der Bau leiserer Maschinen.

Aufgaben

1. Lies noch einmal auf Seite 107 nach und finde ein vergleichbares Beispiel für Lärm von 85 dB.

2. Unter welchen Bedingungen führt Lärm zur Lärmschwerhörigkeit?

3. Überprüfe, welchen Lärmquellen du dich selbst aussetzt.

Erforsche es

Lärm macht krank

Das Knattern eines Hubschraubers, das Kreischen einer Säge oder das Dröhnen eines Presslufthammers wird allgemein als belästigend empfunden. Beim Hören von Musik gehen hingegen die Meinungen stark auseinander.

1. Erstellt einen Katalog mit Beispielen, die jeder Einzelne der Gruppe als Lärm empfindet. Bei welchen Beispielen gibt es eine große Übereinstimmung der Empfindungen, bei welchen nur geringe?

2. Untersucht die Hauptquellen der Lärmbelastung an eurer Schule. Messt den Schallpegel an verschiedenen Orten. Diskutiert die Messergebnisse. Unterbreitet Vorschläge zur Lärmvermeidung bzw. Lärmverringerung. Bezieht in eure Vorschläge objektive Bedingungen (Gestaltung der Räume und Flure, Verkehrsgeschehen in der Umgebung der Schule) und subjektive Verhaltensweisen ein.

Gärten und Erholungsgrundstücke bieten frische Luft, Ruhe und Entspannung. Jedoch wird der Idealzustand oft durch Lärm gestört.
Motorisierte Gartengeräte wie Rasenmäher, Heckenscheren oder Motorhäcksler erleichtern die Arbeit, verursachen aber auch Lärm, der Nachbarn stört und zu Streit führen kann.

3. Stellt die Schallpegel einzelner Gartengeräte zusammen.
   Erkundet die bundesweit geltenden Betriebszeiten für Gartengeräte sowie die Ruhezeiten, die für diese Geräte in der kommunalen Verordnung festgelegt sind.
   Macht Vorschläge zur Lärmvermeidung.

4. In Ballungsräumen ist der Straßenverkehr der größte Lärmverursacher. Erkundet und erläutert wichtige Maßnahmen zum Lärmschutz. Unterscheidet zwischen Schalldämmung und Schalldämpfung. Welche Eigenschaften von Schall werden dabei genutzt?

Wusstest du schon …

Wenn Sinne verloren gehen

Die Sinne sind die Fenster zur Umwelt. Sie vermitteln uns ein ständig aktualisiertes Bild von unserer Umgebung. Besonders wichtig sind dabei das Sehen und das Hören.

Es gibt jedoch Menschen, bei denen ein Sinn nur eingeschränkt oder überhaupt nicht funktioniert.
Schwerhörigkeit kann z. T. durch Hörgeräte gemindert werden. Sehfehler können teilweise mit Brillen oder durch Kontaktlinsen ausgeglichen werden.
Allerdings ist ein Ausgleich durch technische Geräte nicht bei jeder Schädigung möglich.

Ist ein Sinn stark beeinträchtigt, gewinnen oft andere Sinne an Bedeutung. So orientieren sich Blinde vor allem mithilfe ihres Gehörs und ihres Tastsinns in ihrer Umwelt.

In der Haut des Menschen befinden sich etwa 640 000 Tastpunkte. An den Fingerspitzen, den Fußsohlen, den Lippen und in den Handflächen ist die Anzahl der Tastpunkte besonders groß. So können blinde Menschen mit ihren Fingerspitzen die Blindenschrift ertasten.

Die Blindenschrift ist eine Punktschrift. Eine dieser Schriften beruht auf einem Grundzeichen aus sechs Punkten. Jeder Buchstabe wird durch eine bestimmte Anzahl und Anordnung von Punkten in diesem Raster dargestellt. Bei gedruckten Materialien für Blinde können diese die Buchstaben als erhabene Punkte im Papier tasten und „lesen".

Blindenschrift

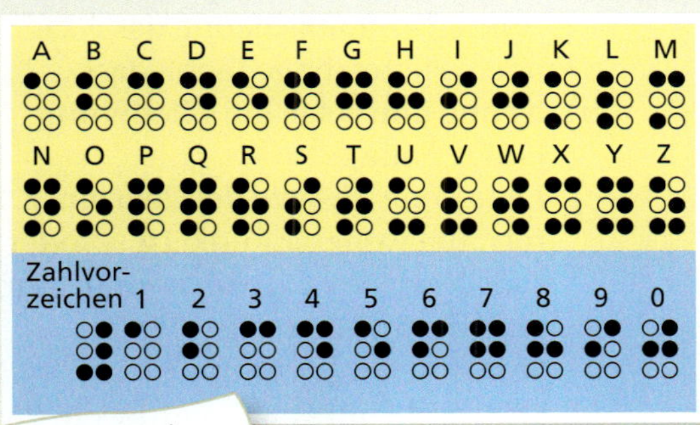

Alphabet und Zahlen

Originaltext

Formuliere einen Satz in Blindenschrift. Bitte deine Lernpartnerin bzw. deinen Lernpartner um Antwort. Nutzt das Alphabet aus der Abbildung.

So kannst du vorgehen

Vorbereiten und Halten eines Vortrags

Wenn du allen Mitschülern die Informationen vorstellen willst, die du zu einem Thema gesammelt hast, geschieht das oft durch einen Vortrag.
Auch die Ergebnisse, die ihr in einer Gruppe erarbeitet habt, stellt ihr auf diese Weise allen Mitschülern vor.

► Schritt 1

Bereite den Vortrag vor.
Beachte bei der Vorbereitung des Vortrags folgende Hinweise:

a) Überlege dir, was alles zum Thema gehört. Nutze dazu verschiedene Informationsquellen.
b) Gliedere den Vortrag in Abschnitte.
c) Schreibe dir Schwerpunkte in Kurzform (in Stichwörtern) auf.
d) Überlege dir, was du an die Tafel schreiben oder projizieren willst.
e) Bereite Versuchsanordnungen vor und stelle Geräte bereit.

Lärm macht krank

1. Einleitung
   - Begriff Lärm
   - Was heißt objektiv und subjektiv?
2. Das Ohr – ein Schallempfänger
   - Aufbau des Ohrs (Folie)
   - Gehörschaden (vorübergehend, bleibend)
3. Weitere Gesundheitsschäden
   - Erhöhung des Blutdrucks
   - Beschleunigung der Atmung
   - Erhöhung der Herzfrequenz → Schlafstörungen, Konzentrationsschwierigkeiten, Magenschmerzen
4. Lärm vermeiden und sich vor Lärm schützen

Informationsquellen

Elektronische Medien
Film, Fernsehen, DVDs

Literatur
Lexika, Sachbücher, Zeitschriften

Schulbücher
Lehrbücher, Tabellenwerke, Schülerlexika

Internet
Suchmaschinen, Direktsuche, z.B. www.wikipedia.de

► Schritt 2

Halte den Vortrag.
Beachte folgende Tipps:

a) Wecke am Anfang des Vortrags Interesse und Neugier und nenne das Thema. Beginne beispielsweise mit „Wusstet ihr überhaupt, dass ...?“ oder „Hättet ihr gedacht, dass ...?“.
b) Nenne und zeige die Gliederung (Tafel, Folie).
c) Leite neue Absätze deutlich ein, z. B. mit „Ein weiterer Punkt ist ...“ oder „Als Nächstes ...“, „Ich komme nun zum Experiment ...“.
d) Sprich in kurzen Sätzen.
e) Verwende nur Fachbegriffe, die du auch selbst erklären kannst.
f) Bemühe dich, laut, langsam und deutlich zu sprechen. Schaue deine Zuhörer an.
g) Achte auf die Zeit. Schließe den Vortrag mit einer kurzen Zusammenfassung ab.

So kannst du vorgehen

Anfertigen eines Lernplakats

Lernplakate fallen auf. Sie sind geeignet, um sachliche Informationen, Versuchsergebnisse oder den Verlauf eines Projekts darzustellen. Meist geschieht das im Fachraum oder im Schulflur.
Damit jeder sofort erkennt, worum es geht, hier ein paar Tipps:

► Schritt 1

Suche eine peppige Überschrift.
Jedes Lernplakat hat eine Überschrift. Sie soll sofort über den Inhalt informieren und Neugier beim Betrachter wecken.

► Schritt 2

Lege eine Materialsammlung an.
Alles, was zum Thema passt – Texte und Abbildungen –, wird zunächst einmal gesammelt.

► Schritt 3

Wähle Abbildungen und Texte aus.
Lernplakate leben von Fotos, Grafiken und Skizzen. Suche deshalb aussagekräftige Abbildungen.

► Schritt 4

Ordne die Inhalte übersichtlich an.
Kennzeichne mit gleichen Schriftarten, Farben und Formen, was inhaltlich zusammengehört.

Beachte:
- Teste die Lesbarkeit aus einer größeren Entfernung.
- Achte darauf, dass das Lernplakat nicht überladen wirkt.
- Nenne die Informationsquellen, die du genutzt hast.
- Fasst bei umfangreichen Themen mehrere Poster zu einer kleinen Ausstellung zusammen.

Das hast du gelernt

Viel Lärm um nichts?

Hören hilft uns beim Zurechtfinden in unserer Umwelt.

Unser Ohr ist ein Schallempfänger.

Die Wahrnehmung von Schall ist subjektiv.

Lärmschutz vermeidet oder verringert schädliche Umwelteinwirkungen durch Lärm.
- **Schalldämmung** erfolgt durch Reflexion. Dazu eignen sich besonders harte Stoffe mit glatter Oberfläche.
- **Schalldämpfung** erfolgt durch Absorption. Dazu eignen sich besonders poröse Stoffe mit rauer Oberfläche.

Sender-Empfänger-Modell für Schall

Löse mit Köpfchen

1. Der Teppich macht's

Wenn vor dem Renovieren ein Zimmer leer geräumt wird, so hallt in einem solchen Raum die menschliche Stimme deutlich nach.
Ist das Zimmer wieder mit Möbeln, Teppich und Gardinen eingerichtet, tritt dieser Effekt nicht mehr auf. Erkläre diesen Unterschied. ↗ S. 138

2. Ohne Schallschutz geht's nicht

Häuser sollten nicht nur eine gute Wärmedämmung, sondern auch eine gute Schalldämmung aufweisen.
Nenne und erläutere einige Maßnahmen des Schallschutzes in Häusern bzw. in Wohnungen.
Welche Eigenschaften des Schalls werden dabei genutzt? Welche Eigenschaften haben die Materialien, die für den Schallschutz eingesetzt werden?

3. Disco – ja, aber ...

Erkunde, welche Schallpegel in Discos üblich sind. Recherchiere, ob von Discos wirklich Gefahren für die Gesundheit ausgehen können. Welche Möglichkeiten des Schutzes vor hohen Schallpegeln gibt es?

Teste dich selbst

Wähle aus.

1 Der Mond, den wir in klaren Nächten in unterschiedlicher Form am Himmel sehen, ist
- A eine Lichtquelle,
- B ein Körper, der das auftreffende Sonnenlicht reflektiert,
- C ein Körper, der das Licht reflektiert, das von der Erde kommt.

2 Licht fällt von einer Lichtquelle L auf einen lichtundurchlässigen Körper. Welche Abbildung stellt den Sachverhalt richtig dar?

A

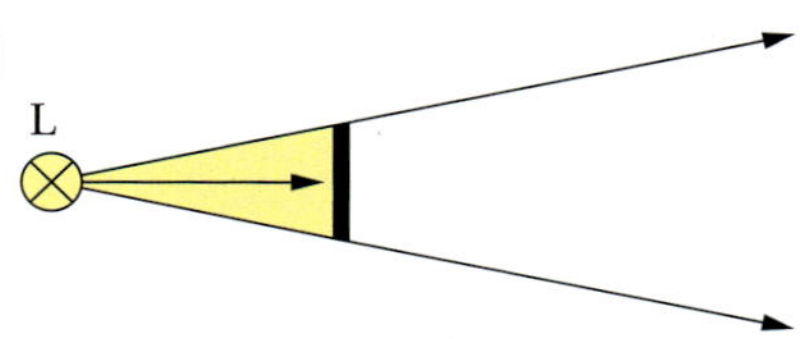

B

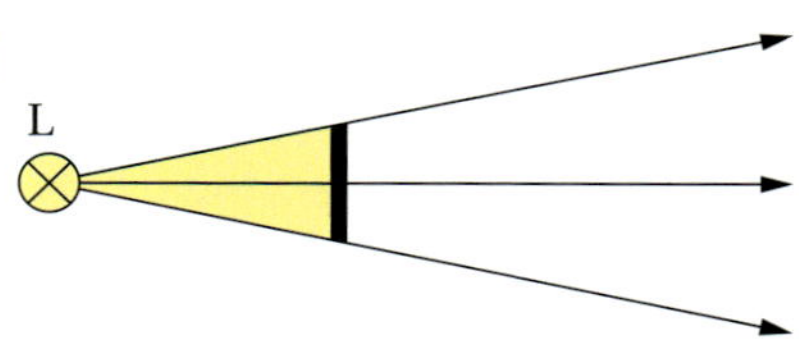

3 Eine Sonnenfinsternis kommt genau dann zustande, wenn von einem bestimmten Ort der Erde aus gesehen Folgendes gilt:
- A Der Mond befindet sich zwischen diesem Ort der Erde und der Sonne.
- B Der Mond befindet sich vom Beobachter aus gesehen hinter der Erde.
- C Sonne und Mond sind unter einem Winkel von genau 90° zu sehen.

4 Bewerte die Aussage: Unsere Wahrnehmungen (Sehen, Hören usw.) entstehen im Gehirn.
- A Falsch: Schließlich sehen wir mit den Augen und hören mit den Ohren.
- B Richtig: Augen und Ohren sind „Fenster zur Umwelt". Die Informationsverarbeitung passiert im Gehirn.
- C Richtig: Sehen und Hören muss trainiert werden.

5 Eine beliebig starke Explosion im Weltall kann man grundsätzlich nicht hören. Wie ist das zu erklären?
- A Die Entfernung ist viel zu groß.
- B Im Weltraum ist kein Stoff vorhanden, in dem sich der Schall ausbreiten kann.
- C Der Schall breitet sich in alle Richtungen aus. Deshalb gelangt nur ein Anteil zur Erde, den man nicht mehr wahrnehmen kann.

6 Welche der Behauptungen sind richtig?
- A Eine Stimmgabel hören wir umso lauter, je stärker sie angeschlagen wird.
- B Schall breitet sich in Luft schneller aus als in Wasser.
- C Eine Schneedecke verstärkt Verkehrsgeräusche.

7 Lärm kann folgende gesundheitliche Schäden verursachen:
- A Lungenentzündungen,
- B Bluthochdruck,
- C Fehlsichtigkeit,
- D Schwerhörigkeit.

Beantworte ausführlich.

1 Philipp hatte für die Lösung der folgenden Aufgaben nur wenig Zeit. Daher sind ihm einige Fehler unterlaufen. Finde die Fehler und korrigiere sie.

a) 

b) 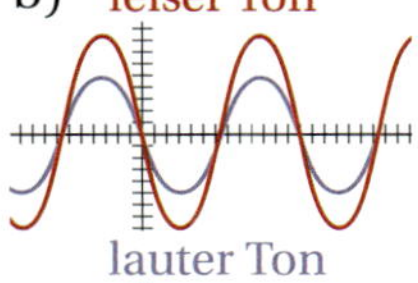

2 Ein Fußballer erzeugt auf dem Fußballfeld mehrere Schattenbilder.
a) Erkläre das Zustandekommen dieser Schattenbilder.
b) Wie viele Lichtquellen sind an der Erzeugung dieser Schattenbilder beteiligt?

3 Gerade in Ortschaften mit einer guten Straßenbeleuchtung vergessen Autofahrer manchmal, Licht am Fahrzeug einzuschalten.
Begründe, warum es sehr wichtig sein kann, mit Licht zu fahren, obwohl man doch selbst genug sieht.

4 Bewerte folgende Aussagen aus physikalischer Sicht:
a) Wenn ich im Dunkeln Kleidung mit vielen Reflektoren trage, muss ich nicht auch noch auf helle Kleidung achten.
b) Bei bedecktem Himmel ist es dunkler als bei wolkenlosem Himmel, weil bei Bewölkung die Sonne weniger scheint.
c) Delfine und Fledermäuse „sehen" mit den Ohren.
d) Weiche und poröse Körper reflektieren besonders viel Schall.

5 Mit zwei Dosen aus Blech oder Kunststoff und einem Bindfaden kannst du ein einfaches Telefon, ein Fadentelefon, bauen. Mit diesem Fadentelefon kann man sich gut verständigen, wenn der Faden straff gespannt ist.
a) Erkläre, warum mit einem Fadentelefon Sprache übertragen werden kann.
b) Wie wird sich die Verständigung mit einem Fadentelefon verändern, wenn der Faden durch einen Metalldraht ersetzt wird?
c) Baue ein Fadentelefon und teste es mit einem Partner.

Verwende einen ca. 10 m langen Faden.

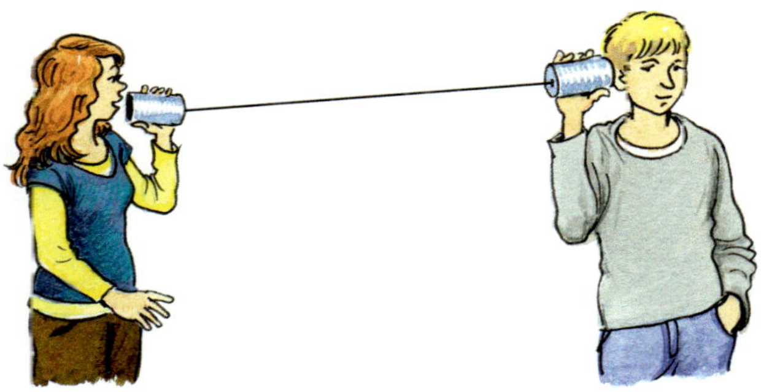

3 Kräfte und Körper

1 **Klein, aber oho!**
Ameisen sind nicht nur sehr fleißig, sondern auch erstaunlich kräftig. Einige von ihnen
können immerhin Gegenstände heben, die eine Masse von 0,5 g haben, – dabei wiegen sie selbst nur 0,01 g! Kannst du dasselbe Vielfache deiner Masse heben?

2 **Helfer im Alltag**
Was haben sie gemeinsam?
Was unterscheidet sie?

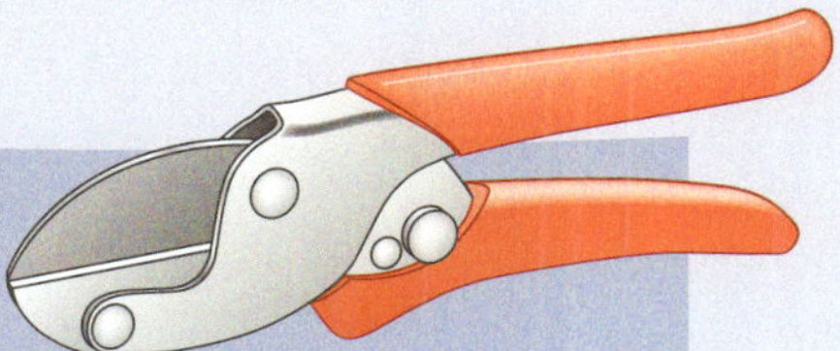
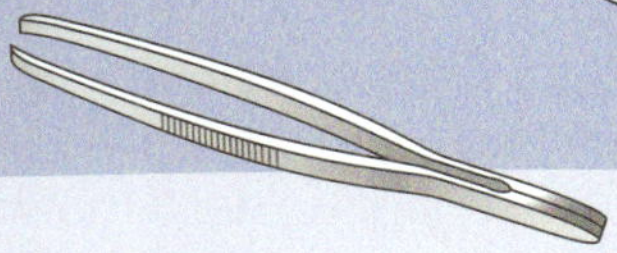
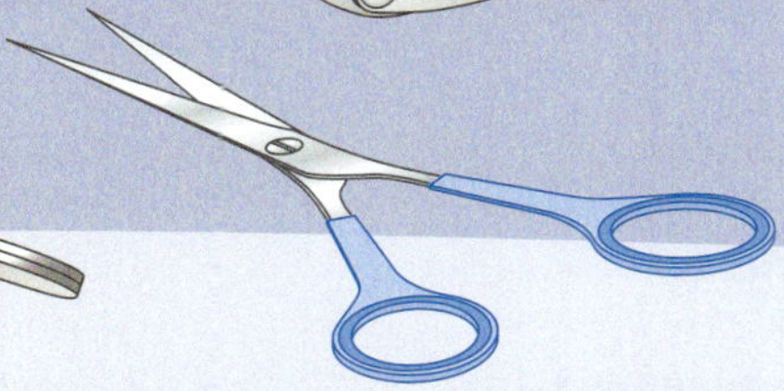
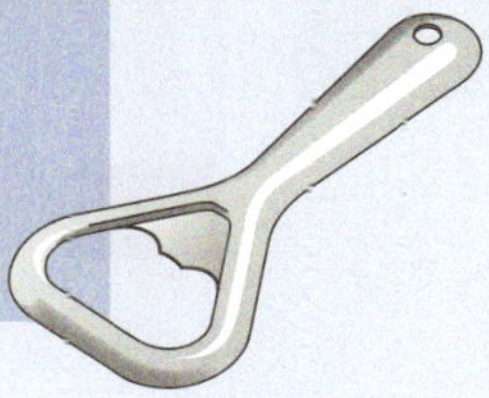

3 **„Gehorsame" Magnetnadel?**
Untersuche, wie sich eine frei drehbare Magnetnadel ausrichtet. Vergleiche deine Beobachtung mit der Beobachtung deiner Mitschüler. Gelingt es dir, die Richtung der Magnetnadel zu ändern?

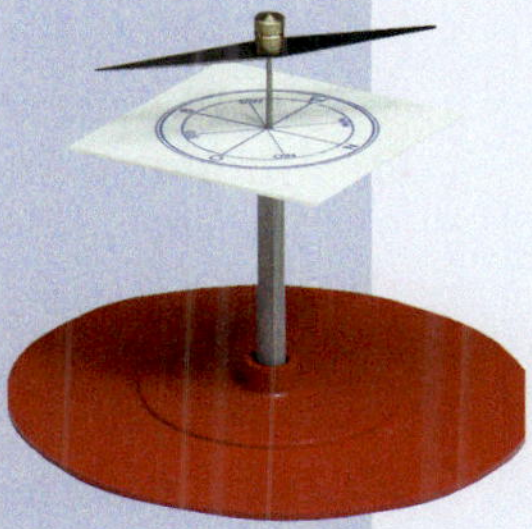

4 **Fit mit Physik**
Welche Körper wirken aufeinander ein?
Welche Wirkungen erkennst du?
Erläutere diese und weitere Beispiele.

Auf den richtigen Werkstoff kommt es an

Messen bedeutet Vergleichen

Klar, wer größer ist.
Aber wie groß ist der Unterschied wirklich?

Erforsche es

So lang sind ...

1. Schätze folgende Längen:
   a) Abmessungen eines DIN-A4-Blatts,
   b) Dicke deines Physikbuchs,
   c) Umfang und Durchmesser einer Konservendose,
   d) Umfang eines Ahornblatts,
   e) Umfang deiner Taille.
   Miss dann diese Längen und vergleiche sie mit deinen Schätzungen.

2. Glücklicherweise konntest du noch bremsen, sonst wäre es zu einem Unfall gekommen. „Um Haaresbreite!" denkst du. Finde heraus, was eine Haaresbreite ist.

3. Beschreibe ein Verfahren, wie du die Länge eines Körpers bestimmen kannst, ohne ein Lineal oder ein Metermaß zu benutzen.
   Wie groß ist der Fehler bei einer solchen Messung?
   Würde eine andere Person zum gleichen Ergebnis kommen?

Für viele Situationen im Alltag reichen Schätzungen aus: Der Freund ist etwa 10 cm größer, der Schulweg 1,5 km lang und bis zur Bushaltestelle sind es 500 m. Aber bereits im Sport möchtest du nicht nur wissen, dass du weiter als dein Freund gesprungen bist, sondern um wie viele Zentimeter genau.

Die Länge ist wie die Temperatur oder die Masse eine messbare Eigenschaft eines Körpers. Länge, Temperatur und Masse sind **physikalische Größen.** Sie werden mit unterschiedlichen **Messgeräten** gemessen.

Messgeräte für Längen sind ein Bandmaß, ein Lineal oder ein Messschieber.

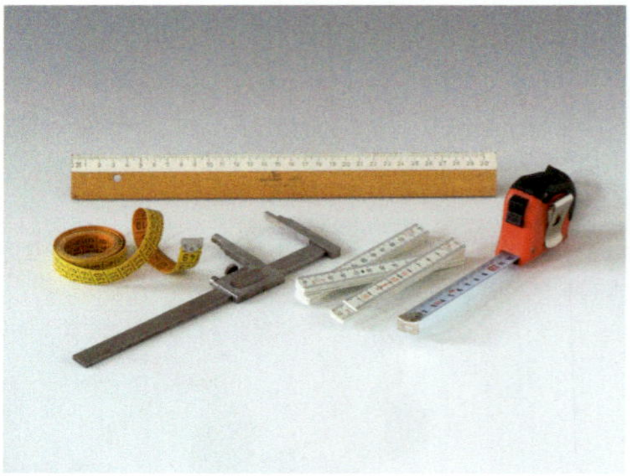

Wusstest du schon …

Längeneinheiten früher und heute

Menschliche Körpermaße wie der Fuß oder der Arm dienten seit Jahrtausenden als Längenmaße.

Oft waren die jeweiligen Herrscher das „Maß aller Dinge“. KARL DER GROSSE (748-814) wollte die Maße vereinheitlichen und führte - natürlich - die Länge seines eigenen Fußes ein.

In Deutschland variierte das Längenmaß ein Fuß z. B. zwischen 408,3 mm (Trier) und 287,4 mm (Köln).

1793 wurde das Meter eingeführt, seit 1799 wird ein Stab aus Platin und Iridium als Urmeter in Paris aufbewahrt. Mit der Zeit stiegen die Ansprüche an genaues Messen. Heute ist das Meter als Bruchteil der Strecke festgelegt, die das Licht in einer Sekunde zurücklegt.

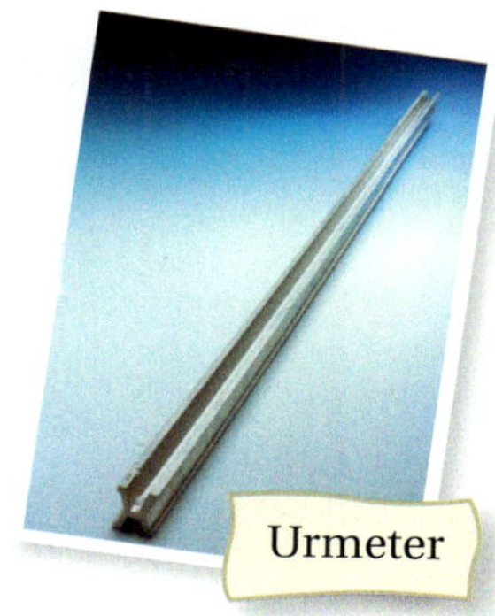
Urmeter

Für jede physikalische Größe gibt es ein **Formelzeichen,** für die Länge ist es ein l. Beim Messen deiner Körperlänge vergleichst du diese mit der **Einheit** der physikalischen Größe Länge. Ihre Einheit ist ein Meter, abgekürzt 1 m. Angenommen, du bist 1,46 m groß. Das bedeutet: Deine Körperlänge beträgt das 1,46fache der Einheit 1 m. Es gilt:
$l = 1{,}46 \cdot 1\text{ m}$
Zur Vereinfachung lässt man die 1 und das Malzeichen weg und schreibt:
$l = 1{,}46\text{ m}$
Weitere Einheiten für die Länge sind ein Kilometer (1 km), ein Zentimeter (1 cm) ein Dezimeter (1 dm) und ein Millimeter (1 mm).

Messen einer physikalischen Größe bedeutet immer ein Vergleichen mit einer Einheit der physikalischen Größe.

Jedes Messgerät hat einen Messbereich und eine Messgenauigkeit.
Ein Bandmaß hat z. B. einen Messbereich von 0 bis 5 m. Wenn du es verwendest, kannst du bis auf 1 cm genau messen und auf einen halben Zentimeter schätzen.

Bei einem digitalen Bandmaß kannst du meistens bis auf ein Zehntel eines Zentimeters genau ablesen.

■ Wie groß sind Messbereich und Messgenauigkeit bei einem Lineal?

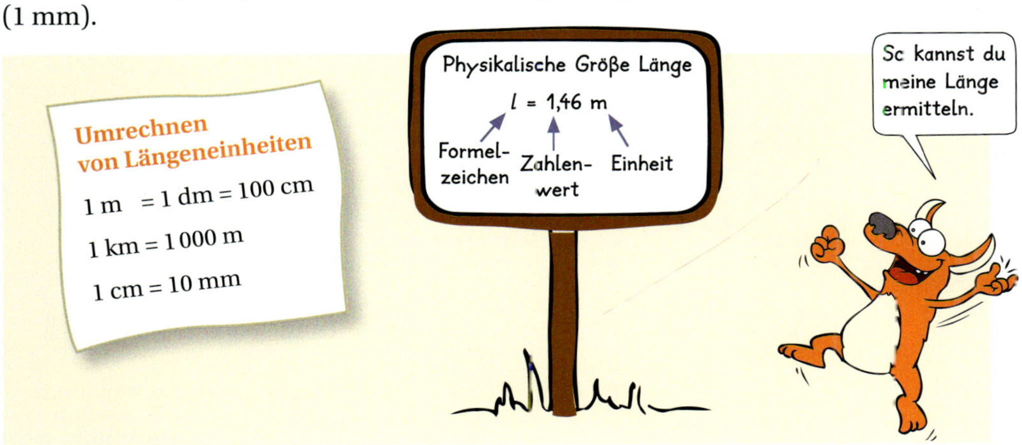

Auf den richtigen Werkstoff kommt es an

Volumen und Masse

Das Elefantenjunge wiegt schon 116 kg. Im Vergleich zur Mutter (4500 kg) ist es aber leicht. Klein, groß, schwer und leicht sind Eigenschaften von Körpern. Wie kannst du sie messen?

Das Volumen von Körpern

Das Elefantenjunge wird bald nicht mehr unter den Leib der Mutter passen. Sein Volumen wird größer.
Das **Volumen** ist der Raum, den jeder Körper einnimmt. Das trifft für Flüssigkeiten und Gase genauso zu wie für feste Körper.

> Das Volumen gibt an, wie groß der Raum ist, den ein Körper einnimmt.
> Formelzeichen: V
> Einheiten: ein Kubikmeter (1 m^3)
> ein Liter (1 l)

Im Alltag begegnen dir verschiedene Angaben zum Volumen von Körpern.

Volumen von Körpern in Natur und Technik	
Tischtennisball	25 cm^3
Mauerziegel	2,2 dm^3
Tankwagen	20 000 l
Trinkglas	0,25 l
Packung Milch	1 l
Wassereimer	10 l
Esslöffel	5 ml

Volumenbestimmung

Regelmäßige feste Körper: Das Volumen kannst du berechnen, wenn du zuvor die Kantenlängen misst.
Für einen Quader gilt:
$V = a \cdot b \cdot c$ — a Länge, b Breite, c Höhe
Für einen Würfel gilt: $V = a^3$

Unregelmäßige feste Körper: Das Volumen kannst du mit der **Differenzmethode** und der **Überlaufmethode** bestimmen: Ein Körper verdrängt Wasser, wenn er darin eintaucht. Das Volumen des verdrängten Wassers ist gleich dem Volumen des Körpers.

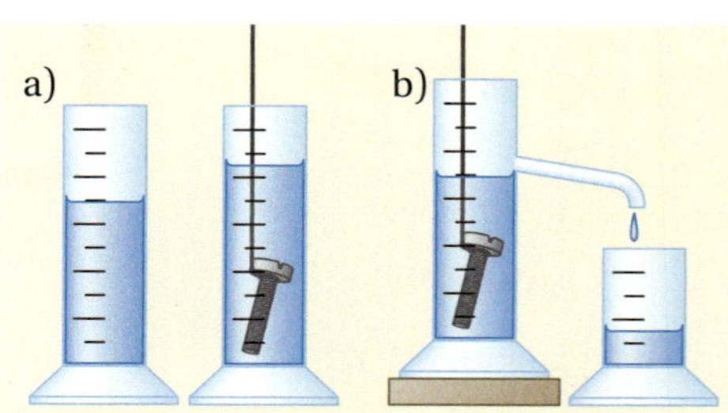

■ Vergleiche die beiden Methoden.

Strömende Flüssigkeiten und Gase: Das Volumen wird mit Wasseruhren oder Gaszählern gemessen.

Ruhende Flüssigkeiten: Das Volumen von Wasser oder Öl kannst du mit Messzylindern messen.
Das gilt auch für pulverförmige feste Körper wie Zucker, Salz oder Mehl.

Die Masse von Körpern

Ein Elefantenjunges ist im Vergleich zu seiner Mutter leicht. Im Vergleich zu einem erwachsenen Menschen ist es schwer.
Die physikalische Größe **Masse** beschreibt die Eigenschaft eines Körpers, schwer zu sein.

> Die Masse gibt an, wie schwer ein Körper ist.
> Formelzeichen: m
> Einheiten: ein Kilogramm (1 kg)
> ein Gramm (1 g)

Gebräuchlich sind auch die Einheiten eine Tonne (1 t), eine Dezitonne (1 dt) und ein Milligramm (1 mg).
Im Alltag werden auch die Einheiten ein Pfund (500 g) und ein Zentner (50 kg) verwendet.

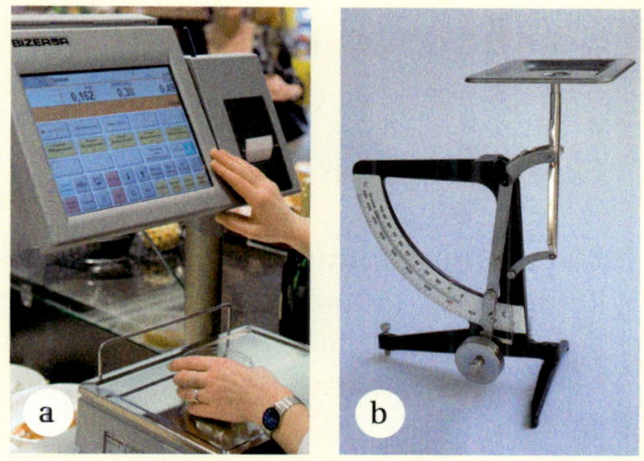

Es gilt:
1 t = 1 000 kg
1 kg = 1 000 g
1 g = 1 000 mg

■ Wo werden diese Waagen genutzt?

Die Masse eines Körpers wird mit einer **Waage** gemessen. Häufig findest du heute elektronische Waagen. In Supermärkten zeigen sie nicht nur die Masse an, sondern drucken diese Angabe auch zusammen mit dem Preis aus.

Bei Balkenwaagen wird die unbekannte Masse mit der bekannten Masse von Wägestücken verglichen.
Du musst so lange Veränderungen der Wägestücke vornehmen, bis sich ein Gleichgewicht einstellt. Dann brauchst du nur noch die Massen der einzelnen Wägestücke zu addieren.

Bei einer Einschalenwaage kannst du die Masse direkt ablesen.

■ Erkunde die Massen der Säugetiere. Vergleiche sie mit deiner Masse.

So kannst du vorgehen

Experimentieren

Beim Experimentieren gewinnst du Erkenntnisse, indem du Erscheinungen zielgerichtet genauer untersuchst. Dabei wird beobachtet, gemessen und ausgewertet.
Jedes Experiment muss wiederholt werden können. Nur dann lassen sich Ergebnisse überprüfen. Deshalb protokolliere alle Beobachtungen und Messungen.

Bestimme das Volumen eines Steins mit der Differenzmethode.

► Schritt 1

Bereite das Experiment vor.
Überlege Folgendes:
- Soll nur beobachtet oder auch gemessen werden?
- Wie kann das Experiment aufgebaut werden? Manchmal ist eine Skizze sinnvoll.
- Welche Geräte und Hilfsmittel benötigst du?

a)
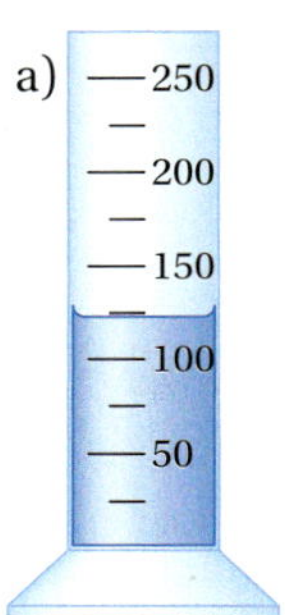

b)
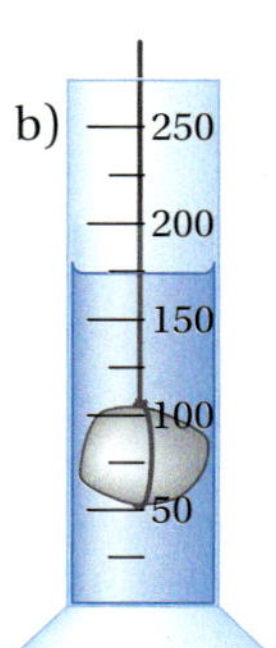

Das Experiment wird wie in der Skizze links aufgebaut. Du benötigst einen geeigneten Messzylinder. Binde an den Stein einen Faden, der lang genug ist.

► Schritt 2

Führe das Experiment durch.
Baue das Experiment auf. Dabei gilt:
- Gehe sorgfältig mit den Geräten um.
- Halte unbedingt alle Sicherheitsvorschriften ein.
- Gefährde nicht fahrlässig deine Gesundheit und die anderer.

Notiere alle Beobachtungen. Trage die Messwerte in eine Tabelle ein.

- *Schätze das Volumen des Steins und wähle keinen zu großen oder zu kleinen Messzylinder aus.*
  Fülle den Messzylinder etwa zur Hälfte mit Wasser.

- *Lies das Volumen V_1 ab. Blicke beim Ablesen stets in Höhe der Oberfläche des Wassers auf die Skala.*
  Lies nicht an der Randkrümmung, sondern in der Mitte der Oberfläche des Wassers ab.

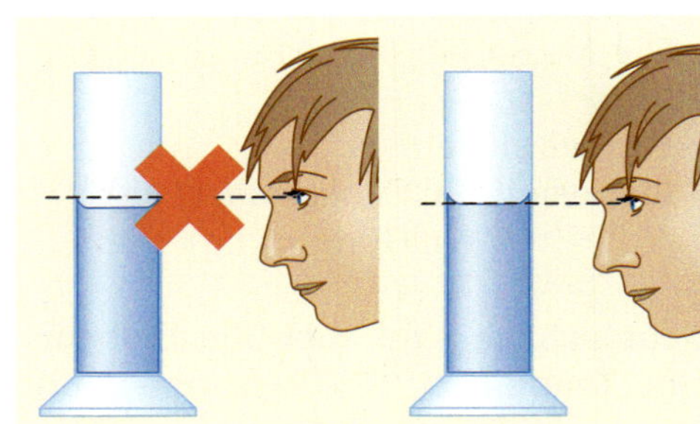

- *Tauche den Stein vollständig in das Wasser ein. Lies das Volumen V_2 ab.*

► Schritt 3

Werte das Experiment aus.
Formuliere das Ergebnis. Deute deine Beobachtungen, stelle Vergleiche an, fertige Diagramme an und nimm Berechnungen vor.

Das Volumen V des Steins ergibt sich aus der Differenz von V_2 und V_1:
$V = V_2 - V_1$
$V = 175\ ml - 125\ ml = \underline{50\ ml}$

Erforsche es

Wie viel passt in …? Wie schwer ist …?

1. Wie groß ist das Fassungsvermögen einer Tasse, eines Eierbechers, eines Esslöffels und eines Teelöffels?
   Vorbereitung:
   a) Bevor du startest, übe das Ablesen an Messzylindern: Gib die Ergebnisse in Milliliter, Liter und Kubikzentimeter an.

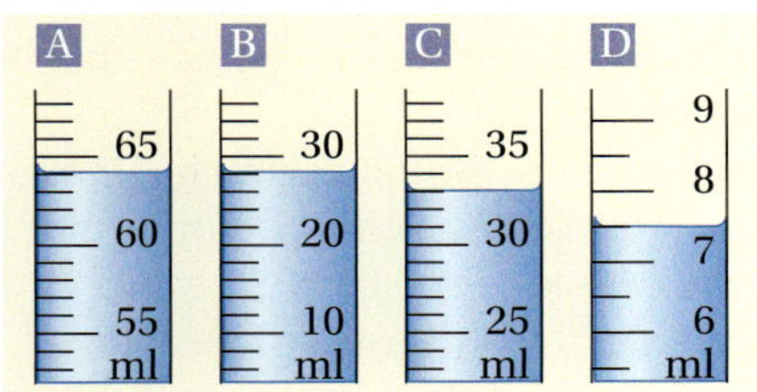

   b) Schätze, bevor du misst. Übernimm die Messwertetabelle in dein Heft und ergänze sie.

Körper	Volumen V geschätzt	Volumen V gemessen
Tasse	… ml	… ml … cm^3
…	…	…

   Auswertung:
   a) Beschreibe, wie du vorgegangen bist.
   b) Diskutiere mögliche Messfehler.
   c) Woran kann es liegen, dass deine Mitschüler ein anderes Ergebnis erhalten haben?

2. Bestimme das Volumen eines Wassertropfens. Beschreibe dein Vorgehen. Beachte: Das Volumen ist sehr klein.

3. Bestimme Masse und Volumen einer Kartoffel, eines Apfels und eines Gegenstands deiner Wahl.

4. Überprüfe die Massen, die auf einer Tafel Schokolade, einem Becher Joghurt und einer Tüte Puddingpulver angegeben sind.

5. Untersuche den Zusammenhang zwischen Volumen und Masse für Wasser und Mehl. ⊕
   a) Fertige eine Messwertetabelle nach diesem Muster an.

Volumen V	Masse m_M von Mehl	Masse m_W von Wasser
50 cm^3	… g	… g
…	…	…

   b) Fülle in einen Messbecher nacheinander 50 cm^3, 100 cm^3 usw. Mehl. Miss jeweils die Massen. Beachte: Die Masse des Messbechers muss bei jeder Messung von der Gesamtmasse abgezogen werden.
   c) Wiederhole die Messungen für Mehl.
   d) Stelle die Messwerte für beide Stoffe in einem Masse-Volumen-Diagramm dar. Deute das Diagramm.
   e) Berechne die Quotienten $\frac{m}{V}$ für beide Stoffe und vergleiche sie. Welche Einheit erhältst du?
   f) Formuliere ein Ergebnis. Finde Ursachen für mögliche Messfehler.

Auf den richtigen Werkstoff kommt es an

Leichte und schwere Stoffe

Groß = schwer und klein = leicht? Das scheint nicht immer zu stimmen. Der Stein ist kleiner als der Karton, aber viel schwerer. Wie ist das möglich?

Im Alltag werden einige Stoffe als „schwer" bezeichnet, andere als „leicht". Kupfer, Blei oder Stein sind „schwere" Stoffe; Styropor, Kork oder Pappe sind dagegen „leicht". Diese Unterscheidung stimmt mit deinen Erfahrungen überein.

V	m
50 cm³	50 g
100 cm³	100 g
150 cm³	150 g
...	...

Wenn du das Volumen von Wasser vergrößerst, dann vergrößert sich auch seine Masse. Das hast du im Experiment 5 auf der Seite 127 herausgefunden.

Genauer: Wenn du das Volumen von Wasser verdoppelst, dann hat es auch eine doppelt so große Masse. Bei dreifachem Volumen ist die Masse dreimal so groß. Der Quotient aus Masse und Volumen hat den gleichen Wert: $1\,\frac{\text{g}}{\text{cm}^3}$

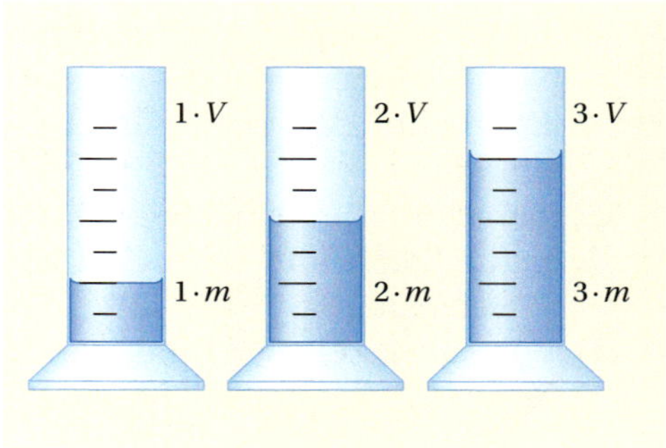

Das bedeutet: 1 cm³ Wasser hat eine Masse von 1 g.
Für andere Stoffe ergeben sich auch andere Werte. 1 cm³ Styropor hat nur eine Masse von 0,03 g. Styropor ist also „leichter" als Wasser. Die Masse von 1 cm³ Stahl beträgt dagegen 7,8 g. Stahl ist also „schwerer" als Wasser. So kannst du die Stoffe vergleichen.

Aufgabe

1 _ Stein ist „schwerer" als Pappe. Welche Schlussfolgerung kannst du für die Masse von 1 cm³ Pappe und Stein ziehen?

2 _ Erstaunlich: Diese Körper haben die gleiche Masse. Hast du eine Vermutung, woran das liegen könnte?

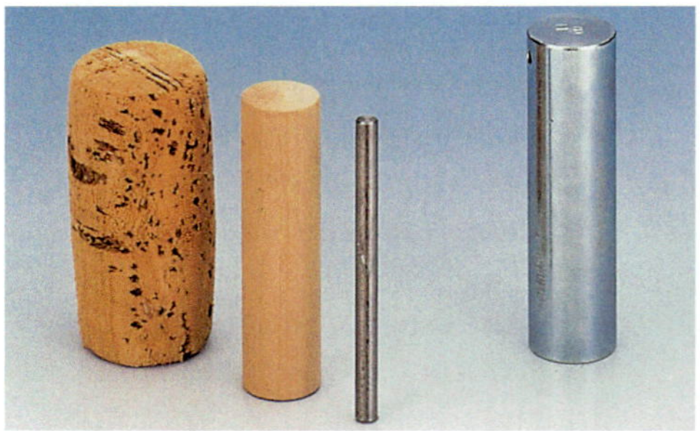

Wusstest du schon …

Die Dichte von Stoffen

Es gibt einen Zusammenhang zwischen dem Volumen und der Masse eines Körpers und dem Stoff, aus dem der Körper besteht.
Der Quotient aus der Masse und dem Volumen kennzeichnet den Stoff, aus dem ein Körper besteht. Dieser Quotient heißt Dichte.
Die **Dichte** gibt an, welche Masse ein Stoff bei einem bestimmten Volumen hat.
Formelzeichen: ϱ (sprich: *rho*, griechischer Buchstabe)
Einheit: ein Gramm je Kubikzentimeter $1\,\frac{\text{g}}{\text{cm}^3}$
ein Kilogramm je Kubikmeter $1\,\frac{\text{kg}}{\text{m}^3}$

Für die Einheiten der Dichte gilt:
$1\,\frac{\text{g}}{\text{cm}^3} = 1\,000\,\frac{\text{kg}}{\text{m}^3}$
$1\,\frac{\text{kg}}{\text{m}^3} = 0{,}001\,\frac{\text{g}}{\text{cm}^3}$
Die Dichte von Gasen wird meist in der Einheit ein Gramm je Liter angegeben.

Wasser hat eine Dichte, die du dir gut merken kannst: $\varrho = 1\,\frac{\text{g}}{\text{cm}^3}$

Das bedeutet: $1\,\text{cm}^3 = 1$ ml Wasser hat eine Masse von 1 g.

■ Gold hat eine Dichte von $19{,}3\,\frac{\text{g}}{\text{cm}^3}$. Was bedeutet das?

Wenn du Masse und Volumen eines Körpers kennst, kannst du die Dichte des Stoffs berechnen, aus dem der Körper besteht.
Die Dichte ϱ kann so berechnet werden:

$\varrho = \frac{m}{V}$ m Masse des Körpers
V Volumen des Körpers

Du kannst die Dichte eines Stoffs auch in einem Experiment ermitteln. Dazu musst du, wie in dem Experiment 5 auf der Seite 127, Masse und Volumen messen und den Quotienten aus beiden Größen ermitteln. Für Wasser hast du etwa $\varrho = 1\,\frac{\text{g}}{\text{cm}^3}$ erhalten, für Mehl etwa $\varrho = 0{,}7\,\frac{\text{g}}{\text{cm}^3}$.

Zusammenhang zwischen Dichte, Volumen und Masse

Gleiches Volumen

Derjenige Körper hat die größere Masse, der aus dem Stoff mit der größeren Dichte besteht.

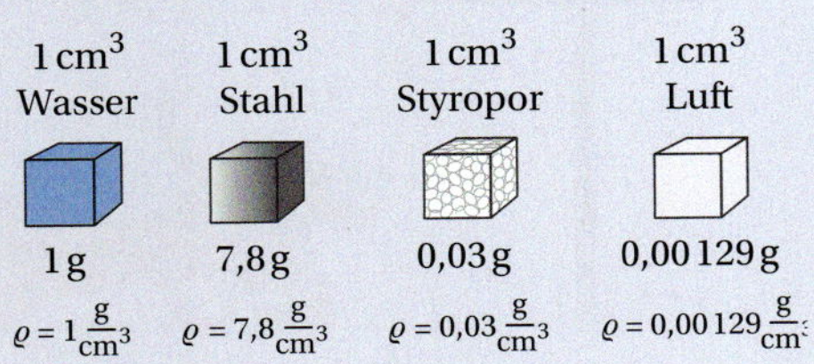

Gleiche Masse

Derjenige Körper hat das kleinere Volumen, der aus dem Stoff mit der größeren Dichte besteht.

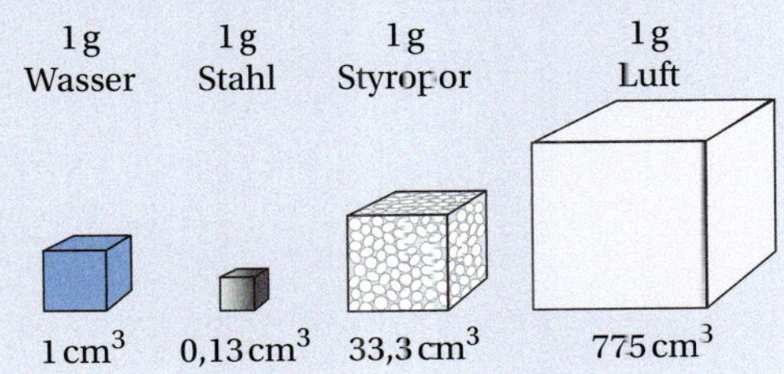

Das hast du gelernt

Auf den richtigen Werkstoff kommt es an

Jeder Körper nimmt ein bestimmtes **Volumen** ein und hat eine bestimmte **Masse.**

Die Masse wird mit einer Waage gemessen.

Das Volumen wird durch Berechnung oder Messung mit einem Messzylinder bestimmt.

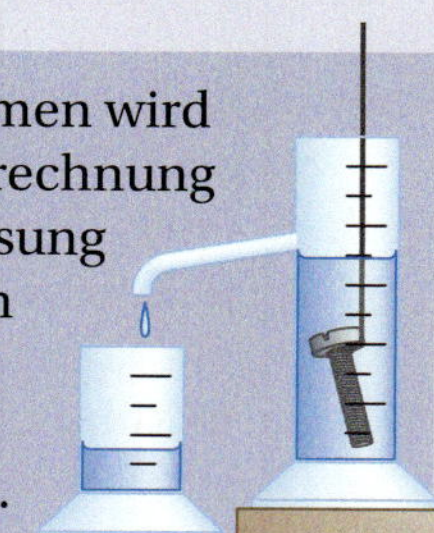

Das **Volumen** *V* gibt an, wie groß der Raum ist, den ein Körper einnimmt.
Die Einheiten des Volumens sind:

$1\ m^3$, $1\ cm^3$, 1 l, 1 ml

Die Masse *m* gibt an, wie schwer ein Körper ist.
Die Einheiten der Masse sind:

1 t, 1 kg, 1 g

Wichtige physikalische Größen

Größe	Formelzeichen	Einheit
Länge	l	1 m
Volumen	V	$1\ m^3$
Masse	m	1 kg
Zeit	t	1 s
Temperatur	ϑ	1 °C

Löse mit Köpfchen

1. Stoffe im Haushalt

a) Im Alltag werden Stoffe zu Gruppen zusammengefasst wie Rohstoffe, Nährstoffe, Schadstoffe und Stoffe, die Energieträger sind. Notiere jeweils zwei Beispiele.

b) Die Abbildung zeigt verschiedene Schüsseln. Gib an, woraus die Schüsseln bestehen könnten. Stelle Vorteile und Nachteile des jeweiligen Stoffs für den Verwendungszweck zusammen.

2. Tina und Tim

Tina will Tim testen. Tim soll die richtigen Aussagen ankreuzen. Das ist sein Ergebnis. Hat er recht?

0,56 kg sind 56 g.	
2,1 t sind 2100 kg.	X
34 000 g sind 34 kg bzw. 0,034 t.	X
250 ml sind 2,5 l.	
6,8 l sind 68 000 cm^3.	X
5,3 m^3 sind 5300 cm^3.	
30 cm^3 Wasser haben eine Masse von 30 g.	X
Kork ist schwerer als Beton.	

3. Schon mal gehört?

- Ich möchte gern ein Kilo Äpfel.
- Ich habe zwei Kilo Übergewicht.
- Ich hätte gern ein Pfund Gehacktes.
- Er kann einen Sack von einem Zentner tragen.
-

Formuliere diese Aussagen in der Sprache der Physik.

4. Anschmiegsames Wasser

Wiederhole das Teilchenmodell. Erkläre, warum sich das Wasser in einem Messzylinder an den Wänden nach oben hin anschmiegt. ↗ S. 138

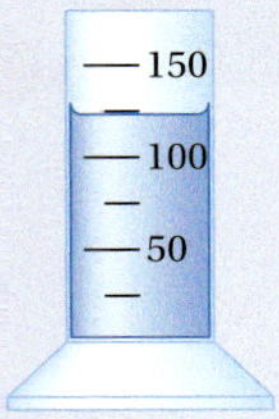

5. Kannst du gut schätzen?

Bestimme das Volumen von folgenden Körpern: ein Stück Butter, eine Streichholzschachtel, eine quaderförmige Packung Fruchtsaft, eine Packung Waschmittel. Bereite eine Tabelle vor.

a) Schätze das jeweilige Volumen der Körper.

b) Berechne das Volumen der Körper. Vergleiche mit deinen Schätzungen.

6. Große und kleine Kugel

Stelle eine Vermutung auf: Wie ändert sich der Wasserstand in einem Becherglas, wenn du nacheinander zwei Kugeln aus Knetmasse eintauchst, die einen unterschiedlichen Durchmesser haben?

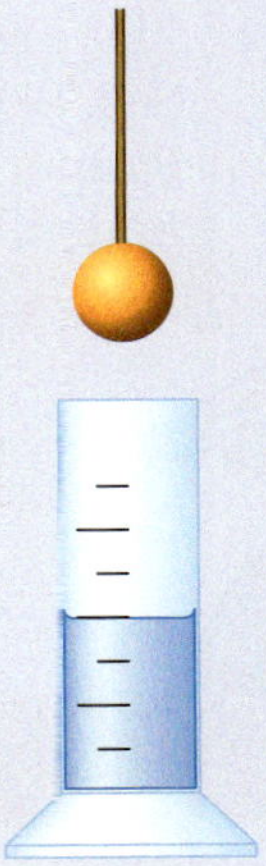

Werkzeuge und ihre Wirkungen

Wenn Kräfte wirken

Ein Crash bremst das Auto bis zum Stillstand ab.
Die Wirkungen sind im Test deutlich zu sehen.
Finde heraus, was physikalisch dahintersteckt.

Erforsche es

Untersuchungen zu Kräften

1. Wie kannst du die Bewegung von Körpern ändern, wie ihre Form? Nutze verschiedene Geräte und Materialien. Beschreibe dein Vorgehen.

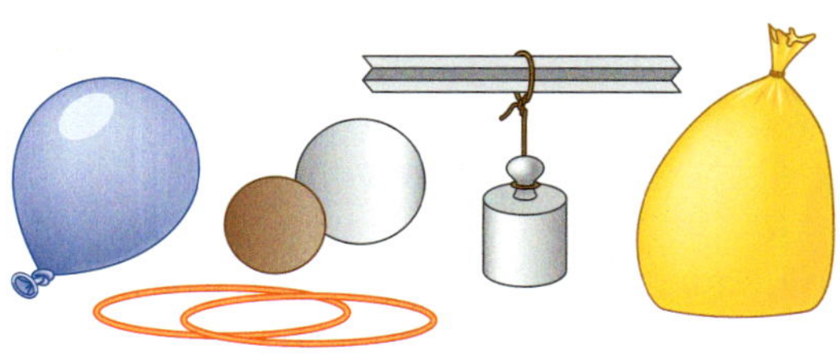

2. Ziehe mit einem Partner an einem Seil. Was spürst du, wenn nur dein Partner zieht? Wie könnt ihr herausfinden, wer der Stärkere ist?

Bei einem Crash wirken große Kräfte. Du kannst diese Kräfte nicht sehen, aber an ihren **Wirkungen** erkennen. Wenn Körper bewegt oder verformt werden, wirken Kräfte. Beim Crashtest trifft beides zu.

Änderung der Bewegung bedeutet: Ein Körper wird schneller oder langsamer oder ändert seine Bewegungsrichtung.

Änderung der Form bedeutet: Ein Körper wird zeitweilig oder dauerhaft verformt oder sogar zerstört.
Beobachtest du z. B. eine Formänderung, erkennst du, dass Kräfte wirken.

Körper können Kräfte aufeinander ausüben. Kräfte ändern die Bewegung oder die Form von Körpern oder beides.

Das zeigt sich auch, wenn du einen Ball abschießt oder auffängst. Jedes Mal änderst du die Bewegung des Balls und kurzzeitig auch seine Form.

- Beschreibe zwei Beispiele für Kraftwirkungen im Sport.

Newton – Einheit der Kraft und ein bekannter Wissenschaftler

Ein Newton 1 N ist ungefähr die Kraft, mit der die Erde einen Körper anzieht, der eine Masse von 100 g hat.
Vielfache der Einheit ein Newton sind ein Kilonewton (1 kN) und ein Meganewton (1 MN).

1 kN = 1 000 N
1 MN = 1 000 kN = 1 000 000 N

Die Einheit Newton wurde nach dem englischen Physiker Isaac Newton (1643 – 1727) benannt. Er entdeckte u. a. wichtige Gesetze der Mechanik. Wegen seiner Leistungen in der Physik gilt er als einer der größten Wissenschaftler aller Zeiten.

Kräfte in Natur und Technik	
Gewichtskräfte	
10-Cent-Stück	0,04 N
Schokolade (100 g)	1 N
1 l Wasser	10 N
Mensch	500 – 800 N
Zugkräfte	
Pferd	400 – 750 N
Pkw	≈ 5 000 N
Lokomotive	≈ 200 000 N
Hubkräfte	
Gewichtheben	1 000 – 2 500 N
Eisenbahndrehkran	bis 2 500 000 N
Verformungskräfte	
Kneten	5 N
Pkw bei Unfall	≈ 150 000 N

Elastische Verformung: Wenn du einen Ball ins Tor schießt, dann verformt er sich. Wirkt keine Kraft mehr, nimmt er von allein seine ursprüngliche Form an. Der Ball besteht aus elastischen Stoffen.

Plastische Verformung: Nach einem Crash gehen die Autoteile nicht wieder in ihre ursprüngliche Form zurück. Sie sind unelastisch.

Körper wirken **wechselseitig** aufeinander ein. Wenn du den Ball abschießt, verformt sich nicht nur der Ball kurzzeitig. Ebenso verformt sich auch dein Schuh. Du übst eine Kraft auf den Ball aus und der Ball übt eine Kraft auf deinen Schuh aus.
Körper können stark und weniger stark aufeinander einwirken. Sie erzeugen dabei kleine oder große Wirkungen. Wie stark Körper aufeinander einwirken, beschreibt die physikalische Größe **Kraft.**

- Die Kraft gibt an, wie stark ein Körper auf einen anderen einwirkt.
  Formelzeichen: F
  Einheit: ein Newton (1 N)

Aufgaben

1 Nenne je drei Beispiele für elastische und plastische Verformungen.

2 Entwickle eine Mindmap zu den Wirkungen von Kräften. ↗ S. 33

3 Untersuche und bewerte die Funktionstüchtigkeit von Gummiband bei unterschiedlichen Belastungen.

4 Ordne die Kräfte. Beginne mit der größten Kraft: 450 N; 2,2 kN; 4,4 kN; 0,46 kN; 22 000 N; 220 kN.

Werkzeuge und ihre Wirkungen

Darstellen und Messen von Kräften

Wovon hängt die Wirkung der Gewichtskraft auf ein Sprungbrett ab?

Folgendes bemerkst du, wenn du auf einem Sprungbrett stehst: Je weiter du nach vorn gehst, desto mehr biegt es sich durch. Der **Angriffspunkt der Kraft** hat sich geändert.
Wenn ein Springer schwerer ist als du, dann biegt sich das Sprungbrett mehr durch, bei einem leichteren weniger. Der **Betrag der Kraft** hat sich geändert. Voraussetzung: Die Springer stehen auf der gleichen Stelle.
Die Kraft ist eine **gerichtete Größe** und wird durch einen Pfeil dargestellt. Beim Zeichnen des Pfeils musst du einen Maßstab angeben, z. B. 1 cm ≙ 5 N.

Der Pfeil über dem Formelzeichen zeigt an: Die Kraft ist eine gerichtete Größe.

> Die Wirkung einer Kraft hängt ab von ihrem Angriffspunkt, ihrem Betrag und ihrer Richtung.

Die Kraft wird mit einem **Federkraftmesser** gemessen. Wichtigstes Bauteil ist eine Stahlfeder.
Für solche Federn gilt: Je größer die Kraft ist, die wirkt, desto stärker wird die Feder gedehnt.

Der Federkraftmesser

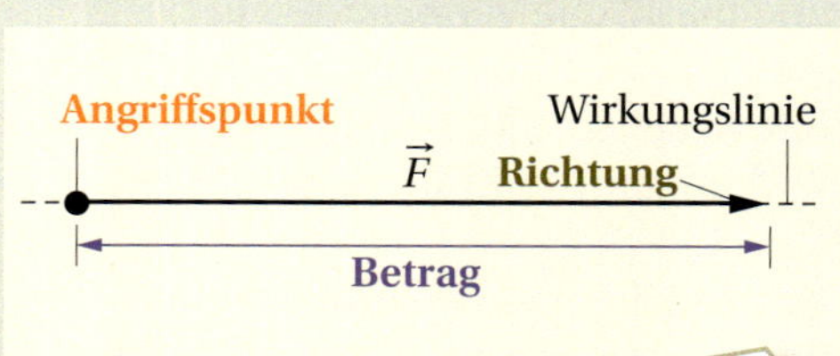

Angriffspunkt ≙ Anfangspunkt des Pfeils
Betrag ≙ Länge des Pfeils
Richtung ≙ Richtung des Pfeils

Um kleine bzw. große Kräfte zu messen, gibt es Federkraftmesser mit verschiedenen Messbereichen.

große Kräfte: dicke Feder

kleine Kräfte: dünne Feder

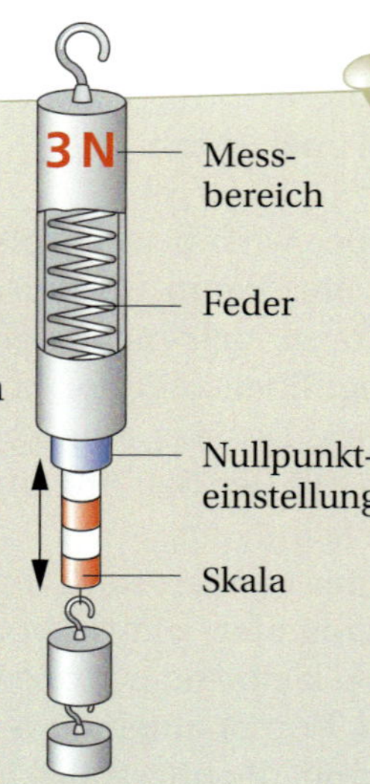

Erforsche es

Kräfte messen

1. Wenn du an einer Feder eine Skala anbringst, kannst du so Kräfte messen. Stelle einen Federkraftmesser her. Bestimme mit ihm die Gewichtskräfte, die Körper ausüben.

   Vorbereitung:
   Plane dein Vorgehen. Die Abbildung hilft dir dabei. Welche Größen musst du messen?

   Durchführung:
   a) Stelle die Skala her.
   b) Miss die Gewichtskräfte, die einige Gegenstände ausüben. Miss sie dann mit einem fabrikmäßig hergestellten Federkraftmesser.

   Auswertung:
   Vergleiche jeweils die beiden Gewichtskräfte. Wodurch können Abweichungen entstehen?

2. Untersuche die Abhängigkeit der Reibung eines Spielzeugautos von der Beschaffenheit der jeweiligen Unterlage.

   Vorbereitung:
   Stelle zuvor Vermutungen auf.

   Durchführung:
   Nutze verschiedene Unterlagen.
   Miss mit dem Federkraftmesser die Reibungskraft jeweils dann, wenn sich das Auto zu bewegen beginnt.

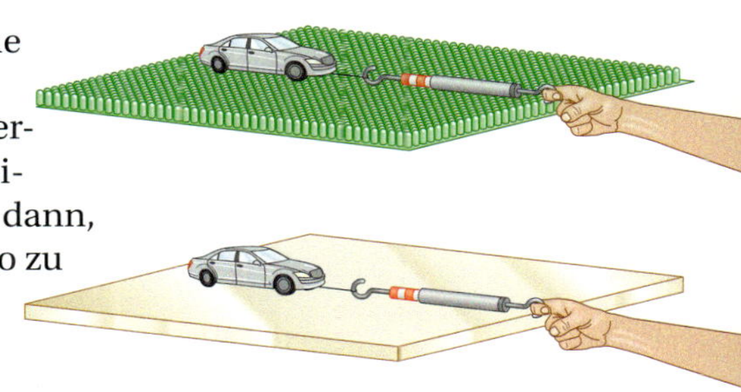

   Auswertung:
   a) Vergleiche die Reibungskräfte.
   b) Leite Folgerungen für den Straßenverkehr ab.

Spezielle Kräfte

Die Kraft, die auf alle Körper auf der Erdoberfläche wirkt, heißt **Gewichtskraft F_G.**

Die Gewichtskraft gibt an, wie stark ein Körper auf eine waagerechte Unterlage drückt oder an einer Aufhängung zieht.

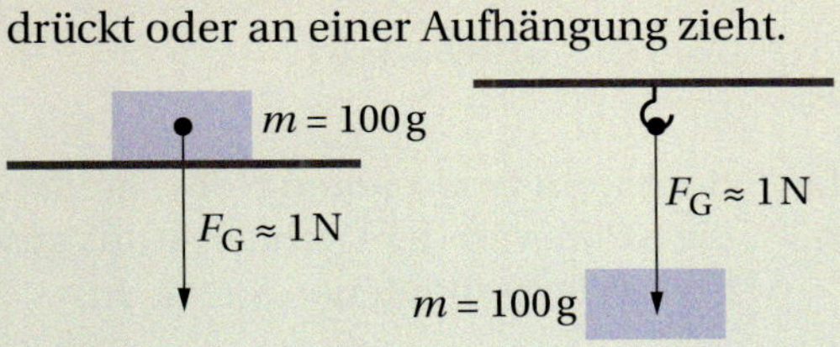

Die Gewichtskraft, die ein Körper ausübt, hängt ab
- von seiner Masse und
- von dem Ort, an dem er sich befindet.

Zwischen zwei Körpern, die sich berühren, wirken **Reibungskräfte.**
Reibungskräfte sind so gerichtet, dass sie die Bewegung hemmen oder verhindern. Die Reibungskraft hängt u. a. von der Oberflächenbeschaffenheit der Körper ab.

Werkzeuge und ihre Wirkungen

Hebel – Helfer im Alltag

Versucht, einen schweren Gegenstand anzuheben. Diskutiert, wie ihr eine Brechstange einsetzen könnt. Überprüft eure Ideen.

Im Alltag steht für dich fest: Wenn deine Muskelkräfte nicht reichen, dann greifst du zu Flaschenöffner, Zange oder anderen Hilfsmitteln.
Hebel, Rollen, Flaschenzüge und geneigte Ebenen sind **Kraftwandler.** Auch Bezeichnungen wie kraftumformende Einrichtungen oder einfache Maschinen sind üblich.

Was haben **Hebel** wie Pinzetten, Flaschenöffner, Brechstangen, Zangen und Wippen gemeinsam?
Mit Hebeln kannst du den Betrag, die Richtung oder den Angriffspunkt einer Kraft ändern. Jeder Hebel hat eine **Drehachse** und zwei **Kraftarme.**
Einseitige Hebel sind Pinzetten, Türklinken oder Schraubenschlüssel.
Zweiseitige Hebel sind Ruder, Balkenwaagen oder Scheren.
Für alle Hebel im Gleichgewicht gilt das **Hebelgesetz:**

- Je länger der Kraftarm ist, desto kleiner ist die aufzuwendende Kraft.

$$F_1 \cdot l_1 = F_2 \cdot l_2 \text{ oder } \frac{F_1}{F_2} = \frac{l_2}{l_1}$$

F_1, F_2 wirkende Kräfte
l_1, l_2 Längen der Kraftarme

Wenn der Kraftarm l_2 doppelt so lang wie l_1 ist, so ist die Kraft F_1 doppelt so groß wie F_2.
Wenn der Kraftarm l_2 nur halb so lang ist wie l_1, dann beträgt die Kraft F_1 nur die Hälfte von F_2.

Die Kraftarme l_1 und l_2 sind die Entfernungen zwischen Drehachse und den Angriffspunkten der Kräfte F_1 und F_2.

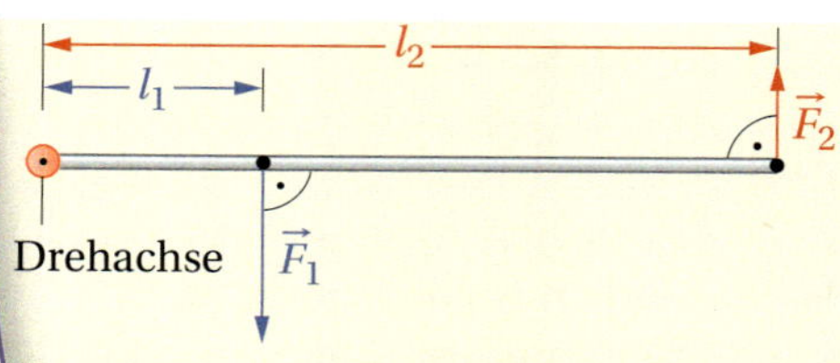

Bei einem einseitigen Hebel greifen die Kräfte von der Drehachse aus gesehen auf derselben Seite an.

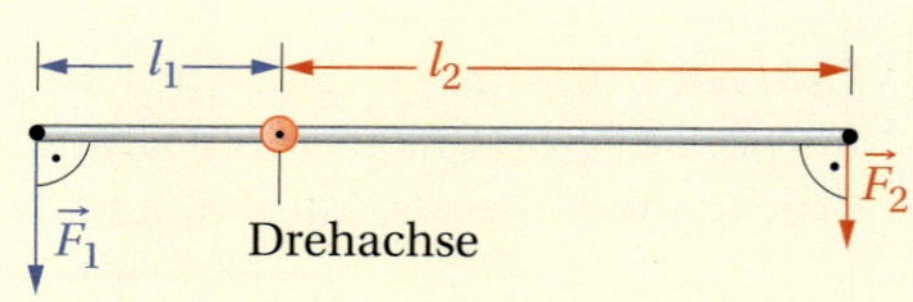

Bei einem zweiseitigen Hebel greifen die Kräfte von der Drehachse aus gesehen auf verschiedenen Seiten an.

■ Begründe, dass Ruder zweiseitige Hebel sind. Wo liegt die Drehachse?

Eine Brechstange kannst du als einseitigen oder als zweiseitigen Hebel nutzen. Für beide Fälle gilt: Je weiter weg von der Drehachse deine Muskelkraft an der Stange angreift, desto mehr wird sie verstärkt.

Wusstest du schon …

Unser Arm – ein Hebel

Unsere Arme und Beine wirken ebenfalls wie Hebel. Wenn wir den Unterarm waagerecht halten, dann gilt für die Kraftarme etwa:

$$l_1 : l_2 = 1 : 8$$

Das bedeutet: Um in dieser Stellung eine bestimmte Last zu halten, muss durch unsere Muskeln etwa die achtfache Kraft aufgebracht werden.
Um größere Lasten zu halten, müssen wir unseren Unterarm in eine fast senkrechte Stellung bringen.

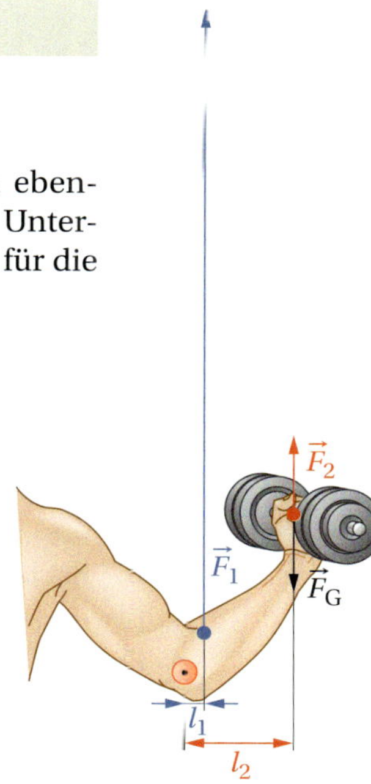

Aufgaben

1 Welche Hebel findest du
- im Physikraum,
- zu Hause,
- am Fahrrad?

Fertige eine Liste an.

2 Zerbrich einen Zahnstocher, ein Streichholz oder einen dünnen Ast. Wiederhole das mit den kleineren Stücken solange wie möglich. Was stellst du fest? Beschreibe und erkläre deine Beobachtungen.
↗ S. 20, 138

3 Schneide Pappe mit einer Schere, indem du die Pappe jeweils unterschiedlich weit in die Schere schiebst.
Begründe, wann es dir leichter fällt.
↗ S. 38

4 Welcher der Gegenstände auf den Fotos ist ein einseitiger Hebel, welcher ein zweiseitiger Hebel?
Wo befindet sich die Drehachse und wo greifen die Kräfte an?

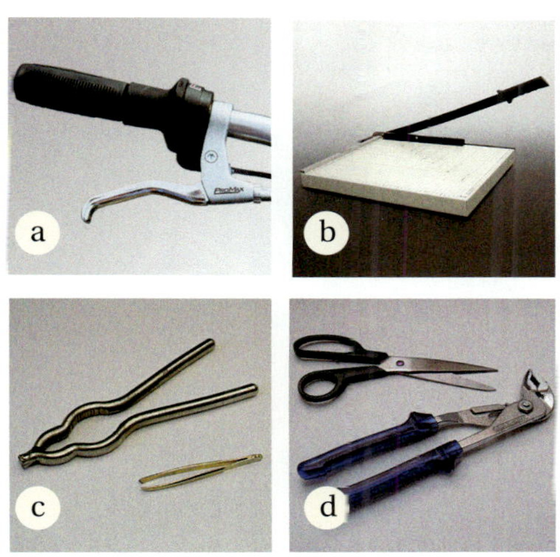

So kannst du vorgehen

Erklären

Alexander möchte mit seinem Vater wippen. Sein Vater ist schwerer als er. Wenn sich beide an das jeweilige Ende der Wippe setzen, baumeln Alexanders Beine in der Luft.

Wenn du wissen möchtest, **warum** etwas geschieht oder so abläuft, ist eine **Erklärung** gefragt.

Beim Erklären wird ein Sachverhalt auf Gesetze zurückgeführt. Es wird dargestellt, wie das Gesetz wirkt. Auch Modelle werden zum Erklären genutzt.

Erkläre, warum Alexanders Vater näher zur Mitte rücken muss.

► Schritt 1

Nenne den Sachverhalt, der erklärt werden soll.

Wenn zwei Personen unterschiedlich schwer sind, funktioniert das Wippen nur dann, wenn die schwerere Person näher zur Mitte rückt.

► Schritt 2

Suche Gesetze und Modelle auf.

Die Wippe ist ein zweiseitiger Hebel. Das Wippen geht besonders gut, wenn sich dieser Hebel im Gleichgewicht befindet. Dann gilt das Hebelgesetz.

► Schritt 3

Führe den Sachverhalt auf Gesetze oder Modelle zurück.

Zeige, dass diese Gesetze oder Modelle in dem Sachverhalt wirken, den du erklären sollst.

Nach dem Hebelgesetz verhalten sich die Längen der Kraftarme umgekehrt wie die wirkenden Kräfte.
Angenommen, die Gewichtskraft des Vaters ist 1,5-mal so groß wie die von Alexander und die Wippe ist 6 m lang. Die Skizze zeigt den Sachverhalt vereinfacht:

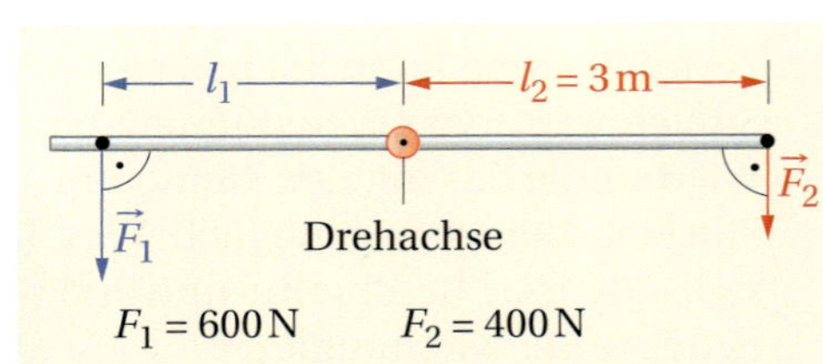

Die Länge des Kraftarms l_1 ergibt sich folgendermaßen:
$l_1 = 3\,m : 1{,}5$
$l_1 = 2\,m$
Der Vater muss sich also in 2 m Entfernung von der Drehachse auf die Wippe setzen, damit sich diese im Gleichgewicht befindet.

Erforsche es

Kräfte am Hebel

1. Die günstigste Entfernung von zwei Personen von der Drehachse kannst du auch durch einfaches Probieren finden: Verändere die Sitzposition der schwereren Person so lange, bis sich die Wippe ungefähr im Gleichgewicht befindet.
   Probiere es selber an einem Modell für eine Wippe aus.
   Vorbereitung:
   a) Fertige eine Skizze an und trage die Drehachse, die wirkenden Kräfte und die Länge der beiden Kraftarme ein. Orientiere dich dabei an der Abbildung auf der gegenüberliegenden Seite.
   b) Du benötigst folgende Materialien: runden Bleistift, langes Lineal (30 cm), fünf gleiche Münzen.
   Durchführung:
   a) Baue den Versuch so wie in der Abbildung rechts oben auf.
   b) Bringe das Lineal auf dem Bleistift ins Gleichgewicht.
   c) Lege zwei Münzen auf ein Ende des Lineals. Verschiebe auf der anderen Seite des Lineals den Stapel mit drei Münzen, bis das Gleichgewicht wiederhergestellt ist.
   d) Miss die Längen l_1 und l_2 und bilde das Verhältnis $\frac{l_1}{l_2}$.

   Auswertung:
   a) Bilde das Verhältnis der Kräfte $\frac{F_2}{F_1}$ und vergleiche mit $\frac{l_1}{l_2}$.
   b) Formuliere das Ergebnis des Vergleichs in einem Satz.

Das Modell für die Wippe sieht z. B. so aus:

2. Baue einen Hebel wie in der Abbildung auf.

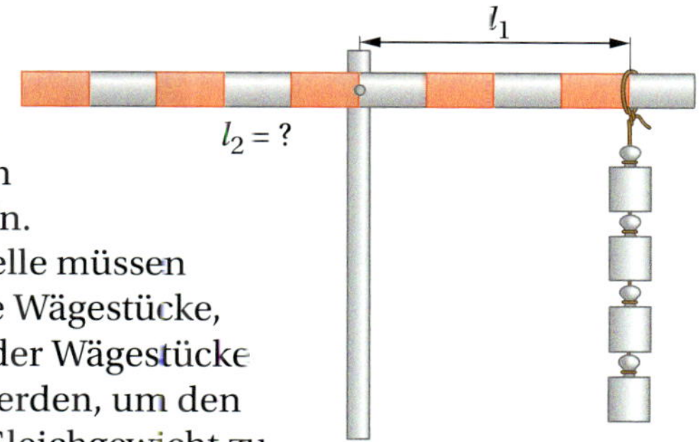

   Die Gewichtskräfte der Wägestücke sollen gleich groß sein.
   An welcher Stelle müssen
   a) gleich viele Wägestücke,
   b) die Hälfte der Wägestücke
   befestigt werden, um den Hebel im Gleichgewicht zu halten?

   Auswertung:
   Vervollständige folgenden Satz:
   „Je geringer die aufzuwendende Kraft, desto …“

3. Um einen Nagel mit einer Zange abkneifen zu können, muss an den Schneiden eine große Kraft wirken. Sage mithilfe der Skizze voraus, wie sich die erforderliche Muskelkraft ändern würde, wenn du dicht an der Drehachse bzw. am Ende der Zange drückst.

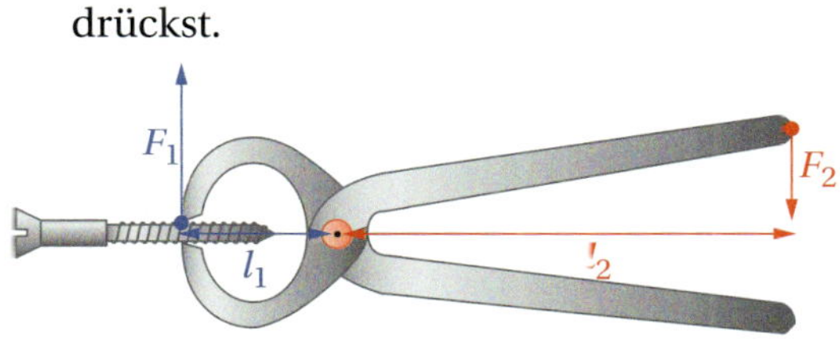

Das hast du gelernt

Werkzeuge und ihre Wirkungen

Kräfte können bewirken …

- eine Änderung der Form von Körpern (elastische oder plastische Verformung).

- eine Änderung der Bewegung von Körpern (Geschwindigkeit oder Richtung der Bewegung oder beides).

Die **Kraft** $\vec{F}$ ist eine gerichtete Größe. Sie gibt an, wie stark ein Körper auf einen anderen einwirkt.
Einheit: ein Newton (1 N)

Die **Darstellung einer Kraft** erfolgt durch einen Pfeil.

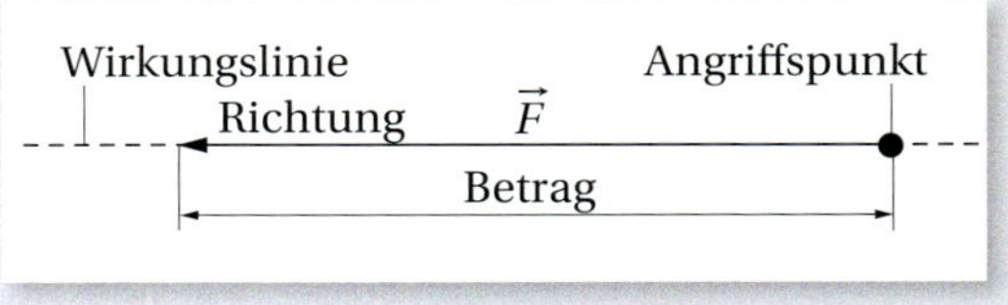

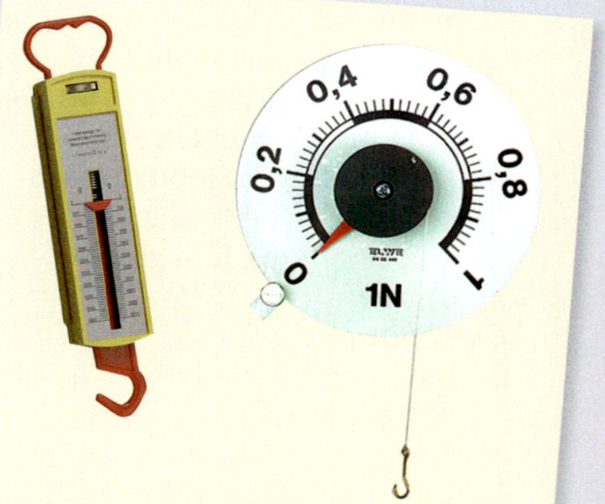

Das Messgerät für die Kraft ist der **Federkraftmesser.**

Hebel, Rollen und geneigte Ebenen sind **Kraftwandler.**

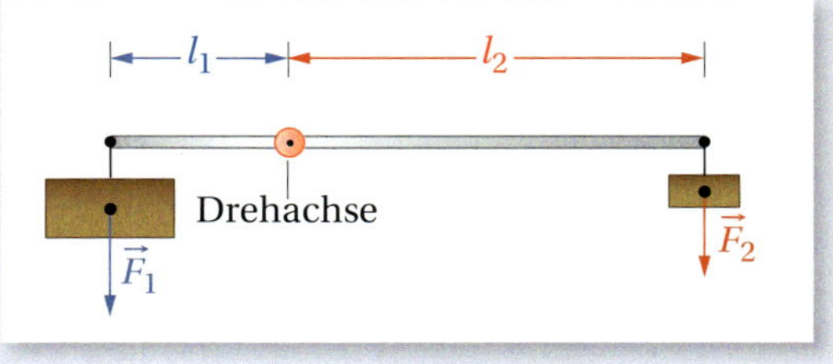

Löse mit Köpfchen

1. Aufträge von Juri und Elena

Juri und Elena haben Beispiele für Kraftwirkungen aufgeschrieben.

- Ein Apfel fällt vom Baum.
- Du bremst mit deinem Fahrrad.
- Ein Auto wendet auf dem Parkplatz.
- Ein Baum biegt sich im Wind.
- Du verbiegst eine Büroklammer.
- Ein Gummiband wird gespannt.

Löse folgende Arbeitsaufträge:

a) Gib die Körper an, die in diesen Situationen Kräfte ausüben. Welche Wirkungen verursachen sie?

b) Juri und Elena können sich nicht einigen, wann es zu einer plastischen Verformung kommt. Was meinst du?

2. „Kraftausdrücke" gefragt

In der Tabelle sind Wortverbindungen mit „Kraft" versteckt. Sortiere dazu die Buchstaben in den Zeilen.

In welchen Beispielen ist nicht die Kraft im physikalischen Sinn gemeint?

z. B. erswas ...kraft = Wasserkraft

Kraft ...	rpto	krew	ehübr
dinw	hcsaw	ichwtsge	...kraft

3. Bist du fit?

Lies die Kräfte an den Federkraftmessern ab. Die Skalen beginnen mit 0 N.

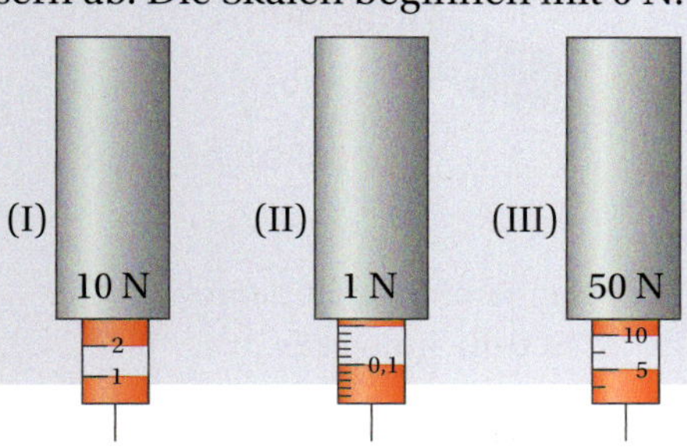

4. Weiche und harte Feder

Deute das Diagramm, in dem das Verhalten zweier Federn dargestellt wird. ⊕

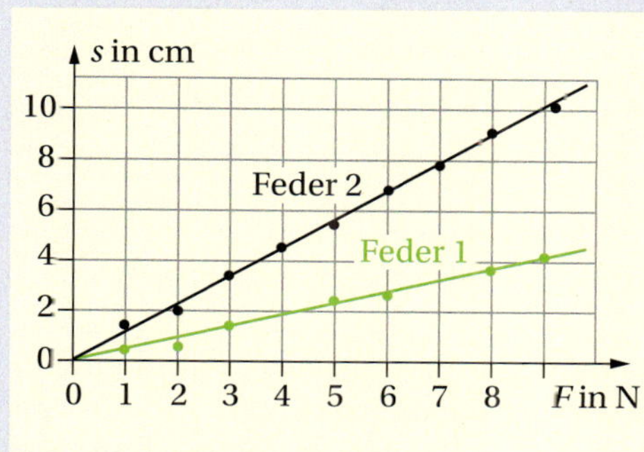

5. Unser Arm – ein Hebel

Veranstaltet einen Wettbewerb, wer am längsten eine mit Wasser gefüllte 1-l-Flasche am ausgestreckten Arm halten kann. Unter welchen Bedingungen könnt ihr die Zeiten verlängern?

Stellt Vermutungen auf und entwickelt Ideen, wie ihr diese prüfen könnt.

6. Ein Fahrrad steckt voller Hebel

Untersucht in Partnerarbeit Hebel am Fahrrad. Geht dabei u. a. auf Bremsen und Gangschaltung ein.

Findet heraus, was die Hebel bewirken. Erstellt eine Tabelle. Wodurch werden Kräfte übertragen und verstärkt? Fertigt auch Skizzen an.

7. Wer sitzt am längeren Hebel?

Martin ist doppelt so schwer wie Marie. Trotzdem gibt es verschiedene Positionen, wie sie sich auf einer Wippe ins Gleichgewicht bringen können. Die Wippe ist 4 m lang, die Drehachse befindet sich in der Mitte. Gib drei verschiedene Möglichkeiten an. ⊕

Orientierung mit dem Kompass

Magnete und ihre Wirkungen

Magnete gibt es in unterschiedlichsten Formen.
Wo verwendest du im Alltag Magnete? Stelle eine Übersicht zusammen.

Magnete kennst du als Stabmagnete, Haltemagnete oder Kompassnadeln. Sie haben eine besondere Eigenschaft: Sie ziehen Körper aus bestimmten Stoffen an.

> Magnete sind Körper, die andere Körper aus Eisen, Nickel oder Cobalt anziehen.

Magnete haben Stellen, an denen die Anziehung am größten ist. Bei Stabmagneten und Hufeisenmagneten sind es die Enden. Sie heißen Pole des Magneten. Die beiden Pole erkennst du an ihren unterschiedlichen Farben. Der **Nordpol** wird rot und der **Südpol** grün gekennzeichnet.

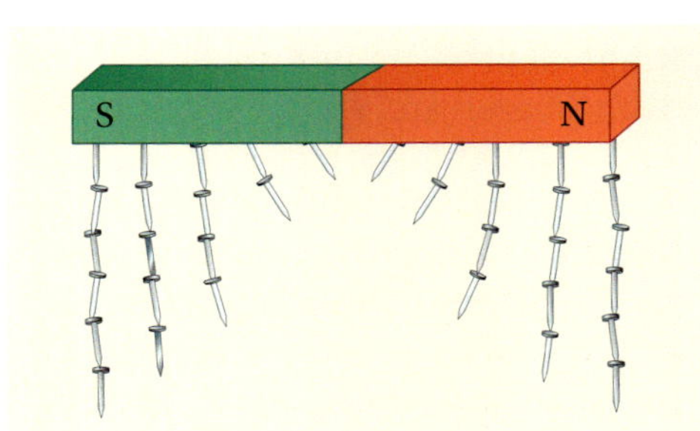

1 Woran erkennst du, dass die Anziehung an den Polen am größten ist?

Auch wenn du versehentlich einen Magneten zerbrichst, hat jeder Teil wieder zwei Pole, einen Nordpol und einen Südpol. Das ergibt sich aus dem Aufbau eines Magneten (↗ S. 145).

> Jeder Magnet hat mindestens zwei Pole, einen Nordpol und einen Südpol.

Keramische Magnete können mehr als ein Polpaar haben.
Wenn du eine Magnetnadel drehbar lagerst, dann zeigt sie in Nord-Süd-Richtung.
Das Ende, das nach Norden zeigt, heißt Nordpol des Magneten, das andere Ende dementsprechend Südpol.

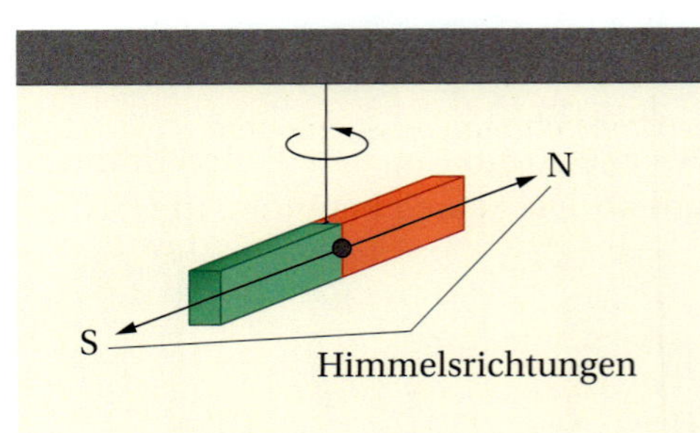

2 Ein drehbarer Magnet richtet sich in Nord-Süd-Richtung aus.

Erforsche es

Untersuchungen mit Magneten

1. Halte einen Stabmagneten in eine Kiste mit Eisennägeln und hebe den Magneten vorsichtig an. Beschreibe deine Beobachtungen.

2. Untersuche, in welchem Abstand eine Büroklammer von einem Stabmagneten merklich angezogen wird.
3. Untersuche, welche Gegenstände

von einem Magneten angezogen werden und welche nicht.
   a) Prüfe die Gegenstände rechts. Lege eine Tabelle an.
   b) Bringe den Magneten in die Nähe von beiden Enden eines anderen Magneten.
   c) Dehne die Untersuchung auf Einzelteile deines Fahrrads aus.

   Aus welchen Stoffen bestehen die Gegenstände, die vom Magneten angezogen werden?

4. Was passiert, wenn sich zwei gleiche und ungleiche Pole gegenüberstehen?

Verwende Büroklammern, Nägel, Schere, Kamm, Papier, Münzen, Radiergummi, Stoff und Schrauben.

Je nachdem, welche Pole sich gegenüberstehen, ziehen sich Magnete an oder stoßen sich ab.

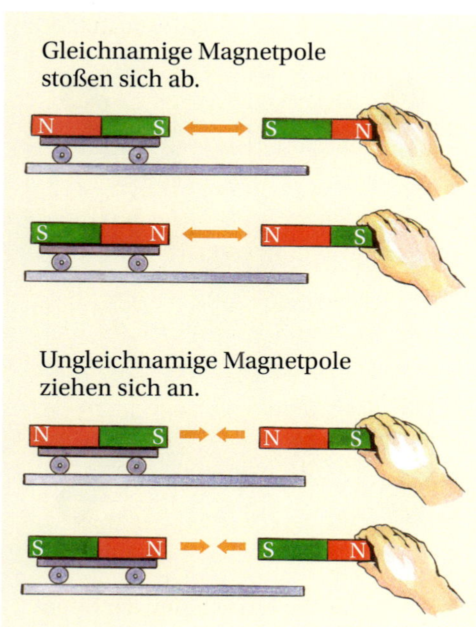

Dazu müssen sich die Pole nicht berühren. Magnete wirken durch Wasser, Luft und viele andere Stoffe hindurch.

Aufgaben

1 Laura verwechselt ständig die Farben, die für Magnetpole festgelegt sind. Hilf ihr, indem du fortsetzt:
Südpol – grün
Nordpol – ...

2 Lies den Text auf dieser Seite gründlich. Stelle eine Vermutung auf. ⊕
   a) Was wird passieren, wenn du eine Eisenkugel nutzt und der Magnet an der Unterseite des Tischs entlangbewegt wird?
   b) Überprüfe deine Vermutung.
   c) Nimm anstelle der Eisenkugel eine Holzkugel. Wie ändert sich das Ergebnis?

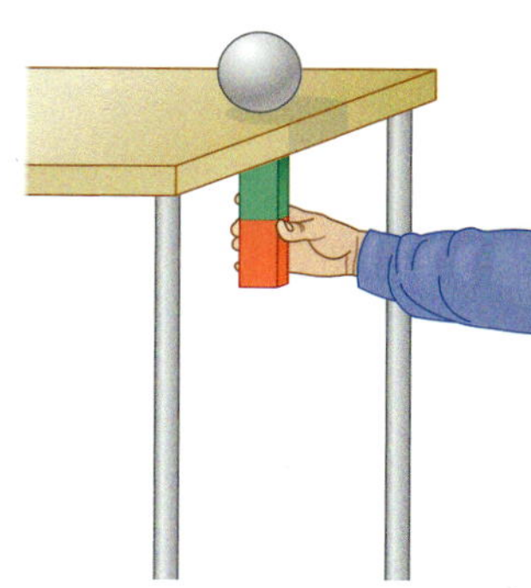

Orientierung mit dem Kompass

Das magnetische Feld

Lege auf verschiedene Magnete eine Glasplatte oder Papier. Streue darauf Eisenfeilspäne.
Vergleiche die Bilder.

Woran liegt es, dass zwischen einigen Körpern magnetische Wirkungen auftreten, obwohl sie sich nicht berühren?

Um jeden Magneten existiert ein Bereich, ein **magnetisches Feld,** in dem Kraftwirkungen auftreten. Kleine Magnete und Eisenfeilspäne richten sich in einem Magnetfeld in ganz typischer Weise aus.

Zeichnest du anstelle der Ketten aus Eisenfeilspänen Linien, so erhältst du ein **Feldlinienbild** des magnetischen Felds wie auf der Seite 145 oben. Es ist ein **Modell** des magnetischen Felds.
Wie jedes andere Modell ist das Feldlinienbild eine Vereinfachung der Wirklichkeit. Es stimmt in wichtigen Eigenschaften mit der Wirklichkeit überein, in anderen nicht.

1 Beschreibe, wie sich kleine Magnete im magnetischen Feld ausrichten.

2 Vergleiche die Ausrichtung der Eisenfeilspäne mit der Abbildung links.

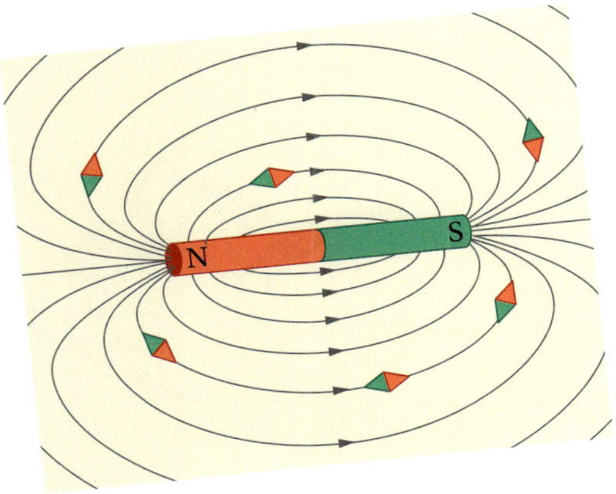

Aus dem Feldlinienbild eines Stabmagneten kannst du erkennen, wie sich kleine Magnete im Feld ausrichten.

> Um einen Magneten existiert ein magnetisches Feld. Es lässt sich mithilfe eines Feldlinienbilds veranschaulichen. Es ist ein Modell des Felds.

Außerhalb eines Magneten verlaufen die Feldlinien vom Nordpol zum Südpol. Je dichter sie liegen, umso größer ist dort die magnetische Wirkung.

Aufgaben

1 Ein magnetisches Feld kannst du nur an seinen Wirkungen erkennen. Welche Wirkungen sind das?

2 Wenn du mit einem Magneten an einem Nagel aus Eisen mehrmals gleichmäßig entlangstreichst, wird der Nagel ein Magnet.

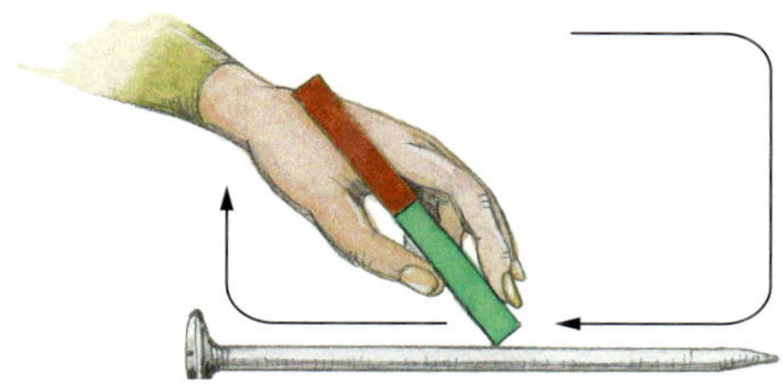

Stelle einen solchen Magneten her. Wie viele Büroklammern kann er heben? ↗ S. 126

3 Zeige, dass die magnetische Wirkung verloren geht, wenn du den Eisennagel stark erhitzt oder mit einem Hammer bearbeitest.

Wusstest du schon …

Herstellen von Magneten

Körper aus Eisen, Nickel und Cobalt werden in der Nähe eines starken Magneten selbst magnetisch. Das hängt mit ihrem Aufbau zusammen.
Sie bestehen aus winzigen ungeordneten Bereichen, von denen sich jeder wie ein kleiner Magnet verhält.

Nach außen ist z. B. ein Eisennagel unmagnetisch. Unter dem Einfluss eines Magneten richten sich die kleinen Magnete aus. Der Nagel wird selbst magnetisch.

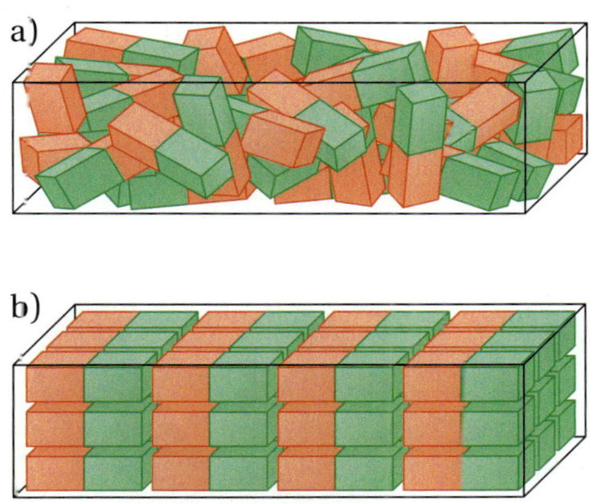

Unmagnetisiertes (a) und magnetisiertes (b) Eisen im Modell

Orientierung mit dem Kompass

So funktioniert ein Kompass

Mit einem Kompass kannst du Himmelsrichtungen bestimmen.
Wie funktioniert ein Kompass?

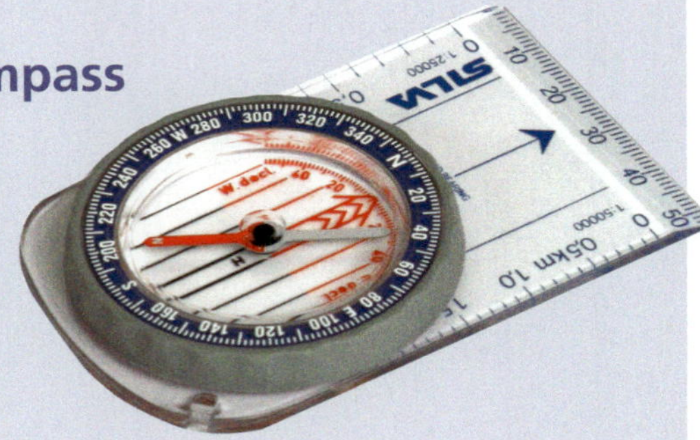

Erst im 12. Jahrhundert drang die Kunde von einem Kompass nach Europa.

Es gilt als wahrscheinlich, dass die Chinesen den Kompass erfunden haben. Bereits vor mehr als tausend Jahren nutzten sie die ersten Kompasse.

Der prinzipielle Aufbau ist im Verlauf der Geschichte immer gleich geblieben. Ein Kompass besteht aus einer drehbar gelagerten kleinen Magnetnadel und einer Skala mit den Himmelsrichtungen. Diese kann ebenfalls drehbar sein.

Du kannst dich mit einem Kompass in einem unbekannten Gelände orientieren, weil unsere Erde ein großer, wenn auch relativ schwacher Magnet ist.
Im Magnetfeld der Erde richtet sich die Kompassnadel entsprechend der Richtung der Feldlinien dieses Magnetfelds aus.
Der Nordpol der Magnetnadel weist etwa in Richtung des geografischen Nordpols der Erde.

Die Kompassnadel richtet sich in Nord-Süd-Richtung aus.

Das Magnetfeld der Erde ähnelt in Erdnähe dem Magnetfeld eines Stabmagneten.

Wusstest du schon …

Besonderheiten des Magnetfelds der Erde

Die Stärke des Magnetfelds unterliegt Schwankungen. Auch die Lage der magnetischen Pole ist nicht konstant, sondern ändert sich im Laufe von Jahrzehnten.
Im Zusammenhang mit Sonnenflecken kann es zu kurzzeitigen Veränderungen und Störungen des Magnetfelds kommen (magnetische Stürme).

Von der Sonne geht ständig ein Strom von Teilchen aus, den man als Sonnenwind bezeichnet. Er führt zu einer Verformung des Erdmagnetfelds.
Auf der Seite, die der Sonne zugewandt ist, wird das Magnetfeld zusammengedrückt. Auf der Seite, die von der Sonne abgewandt ist, reicht es weit in den Weltraum.

Da sich aber bei Magneten ungleichnamige Pole anziehen, bedeutet das: Der magnetische Nordpol der Erde liegt in der Nähe ihres geografischen Südpols, der magnetische Südpol in der Nähe des geografischen Nordpols.

Da die geografischen Pole und die magnetischen Pole nicht genau zusammenfallen, zeigt eine Magnetnadel auch nicht genau in Nord-Süd-Richtung. Je nachdem, wo du dich auf der Erde befindest, ist diese Abweichung unterschiedlich groß. In Deutschland beträgt sie 1 bis 2°.
Abweichungen können bei der Anzeige auch auftreten, wenn sich der Kompass in der Nähe eiserner Zäune oder Heizkörper befindet. Diese Körper sind im Laufe der Jahre selbst zu schwachen Magneten geworden und beeinflussen die Anzeigen.

Aufgabe

Halte einen Kompass je einmal oben und unten an einen eisernen Heizkörper. Beschreibe und erkläre deine Beobachtungen. ↗ S. 20, 138

Die Lage der magnetischen Pole der Erde ändert sich mit der Zeit.

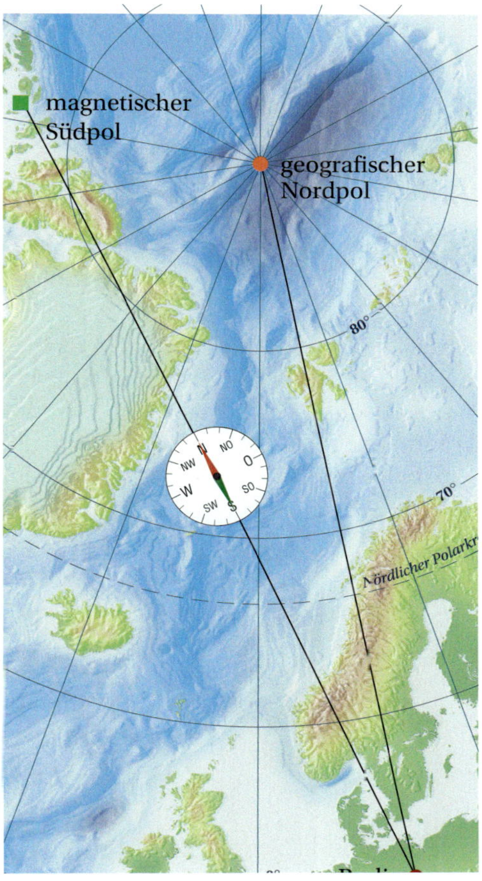

Der magnetische Südpol liegt in der Nähe des geografischen Nordpols.

Das hast du gelernt

Orientierung mit dem Kompass

Um einen Magneten wirken Kräfte auf Körper aus Eisen, Nickel, Cobalt und auf andere Magnete.
Das geschieht ohne direkten Kontakt.

Jeder Magnet hat mindestens einen Nordpol und einen Südpol.

Gleichnamige Pole stoßen sich ab, ungleichnamige Pole ziehen sich an.

Der Bereich um einen Magneten, in dem anziehende und abstoßende Wirkungen auftreten, heißt **magnetisches Feld**. Das Feld kann mithilfe eines Feldlinienbilds dargestellt werden.
Das **Feldlinienbild** ist ein Modell des Felds.

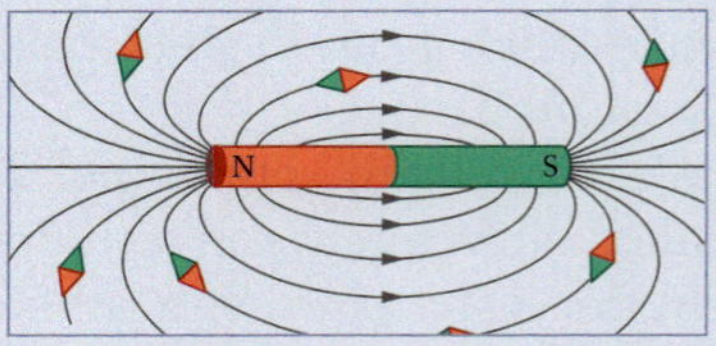

Unsere Erde ist ein großer, aber relativ schwacher Magnet. Im Magnetfeld der Erde richten sich Kompassnadeln in Nord-Süd-Richtung aus.

Löse mit Köpfchen

1. Magnete in Geräten

a) Erkläre, wie magnetische
- Seifenhalter,
- Schraubendreher,
- Büroklammerspender

funktionieren. ↗ S. 138

b) Finde weitere Gegenstände oder Geräte, in denen Magnete angewendet werden.

2. Aus 1 mach 2?

Ein Stabmagnet wurde versehentlich zerbrochen. Was kannst du über die magnetische Wirkung der beiden Teile voraussagen?

3. Schwebender Magnet

Ein Scheibenmagnet schwebt über einem anderen, so wie in der Abbildung dargestellt. Was passiert, wenn der obere Magnet umgedreht wird?

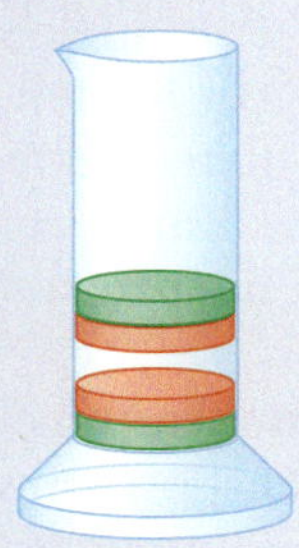

4. Gewaltsames Ende

Erkläre, warum ein magnetisierter Eisennagel seine Wirkung verliert, wenn er mit einem Hammer bearbeitet wird.

5. Sensible Kompassnadel

Ein Kompass zeigt dir nur dann die richtige Richtung an, wenn die Nadel nicht durch andere magnetische Kräfte beeinflusst wird, sondern nur durch das Erdmagnetfeld. Wodurch können Fehler bei der Richtungsbestimmung durch einen Kompass entstehen? ⊕

6. Kraftverstärkung

Probiere aus, bei welcher Anordnung sich die Kraftwirkungen von zwei gleichen Stabmagneten verstärken bzw. abschwächen. ↗ S. 126

7. Experimentiere in Gedanken

Stell dir vor, du befindest dich mit einer Expedition in der Antarktis. Genau unter deinen Füßen ist ein magnetischer Pol. Du hast einen Kompass, dessen Nadel so gelagert ist, dass sie sich in jede Richtung drehen kann.
Wie stellt sich die Nadel ein? Begründe deine Antwort. ↗ S. 38

8. Nachweis des Erdmagnetfelds

Konstruiere eine Anordnung, mit der du die Richtung des Magnetfelds der Erde nachweisen kannst. ↗ S. 19
Entwickle Ideen für weitere Anordnungen und probiere sie aus. ⊕

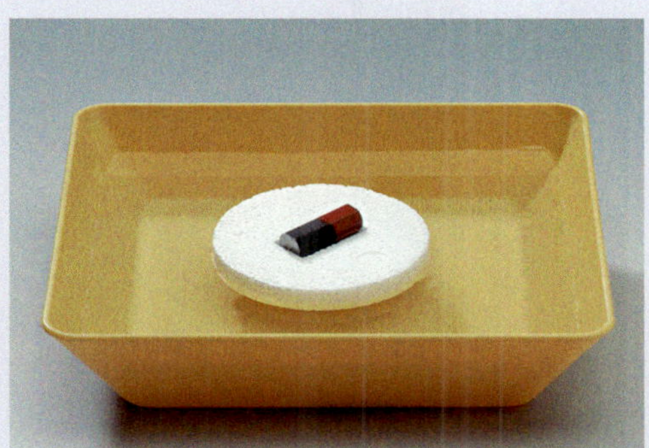

a) Demonstriere deinen Mitschülern die Anordnungen, die du entwickelt hast.

b) Beschreibe den Aufbau der Anordnungen und erkläre ihre Wirkungsweise.

c) Diskutiert mögliche Abweichungen.

Teste dich selbst

Bei manchen Wahlantworten gibt es mehrere richtige Antworten. Die Lösungen findest du auf S. 200.

Wähle aus.

1 Das Volumen eines Körpers wurde mit der Differenzmethode ermittelt. Die Messungen ergaben:
$V_1 = 45$ ml, $V_2 = 80$ ml. Wie groß ist das Volumen des Körpers?
A 35 ml B 45 cm^3 C 35 cm^3

2 Die Masse kann in Milligramm, Gramm, Kilogramm, Dezitonnen und Tonnen angegeben werden. Fasse zusammen.
a) 150 g + 0,2 kg + 7 000 mg
A 7 350 g B 357 g C 7 152 g
b) 4,6 dt + 340 kg + 0, 52 t
A 1 320 kg B 437 kg C 1,32 t

3 Wie groß ist das Volumen der Flüssigkeit in jedem Messzylinder?
A 48 ml und 14 ml
B 44 ml und 14 ml
C 48 cm^3 und 14 cm^3

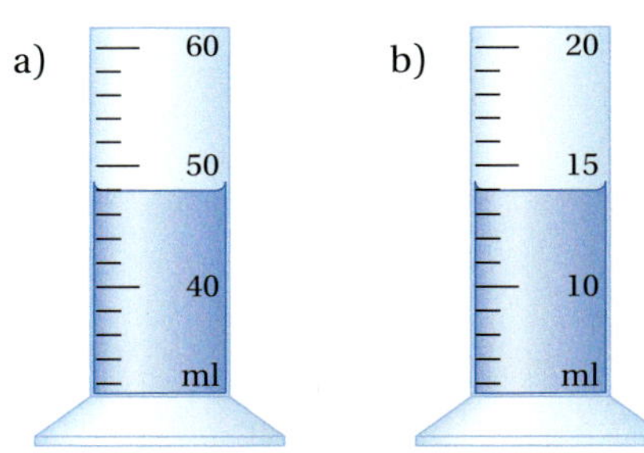

4 Die Wirkung einer Kraft hängt von ihrem Betrag, ihrer Richtung und von ihrem Angriffspunkt ab.

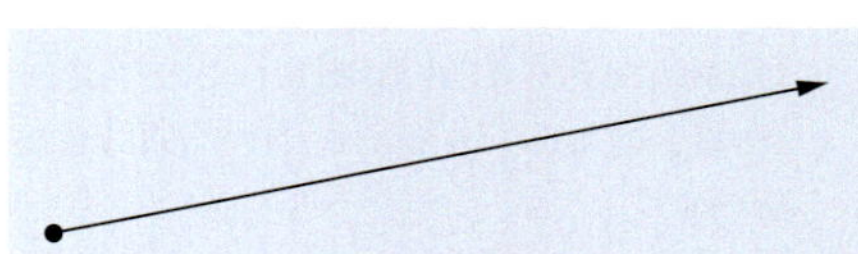

Gib den Betrag der Kraft an, wenn gilt:
a) 1 cm ≙ 3 kN
A 14,4 kN B 14,4 N C 14 400 N
b) 1 cm ≙ 0,5 N
A 0,24 N B 24 N C 2,4 N

5 Was wird passieren, wenn sich der Nordpol und der Südpol von zwei Stabmagneten gegenüberstehen?

A Die beiden Magnete stoßen sich ab, weil sich ungleichnamige Pole abstoßen.
B Die beiden Magnete ziehen sich an, weil sich ungleichnamige Pole anziehen.
C Die beiden Magnete haben keinen direkten Kontakt. Deshalb können sie sich weder anziehen noch abstoßen.

6 Schubkarren erleichtern den Transport schwerer Lasten. Welche Begründung ist zutreffend?
A Die Last wirkt am längeren Hebelarm.
B Die Muskelkraft greift am längeren Hebelarm an.
C Die Schubkarre ist ein zweiseitiger Hebel.

Beantworte ausführlich.

1 Sortiere nach physikalischen Größen, Messgeräten, Einheiten und Formelzeichen. Ordne diese in eine geeignete Übersicht ein: *m*, Volumen, g, cm3, Messzylinder, *l*, Lineal, kg, ml, Waage, *V*, Masse, cm.

2 Nenne die Körper, die in den folgenden Situationen aufeinander einwirken, und beschreibe die Wirkungen.
a) Ein Fusballspieler schießt einen Ball ins Tor.
b) Ein Ast biegt sich im Wind.
c) Du bremst mit dem Fahrrad an der Kreuzung.
d) Du startest zum 50-m-Lauf.

3 Pawel hat für zwei elastische Körper den Zusammenhang zwischen Kraft und Verlängerung ermittelt:

Kraft *F*	Verlängerung *s*	
	Körper 1	Körper 2
0	0 cm	0 cm
20 N	0,5 cm	1,5 cm
40 N	1,0 cm	3,0 cm
100 N	2,5 cm	7,5 cm
160 N	4,0 cm	12,0 cm

a) Zeichne das dazugehörige Verlängerung-Kraft-Diagramm.
b) Werte das Diagramm aus. Um welche Körper könnte es sich handeln? Begründe.
c) Lies die Verlängerung für Kräfte von 60 N und 140 N ab.
d) Lies die Kräfte für Verlängerungen von 3,0 cm und 2,0 cm ab.

4 Lisa hat gelesen, dass ein Gramm Gold 10 € kostet. Sie will den ungefähren Goldwert eines Rings ihrer Mutter bestimmen. Das Ergebnis ihrer Messung zeigt die Abbildung:

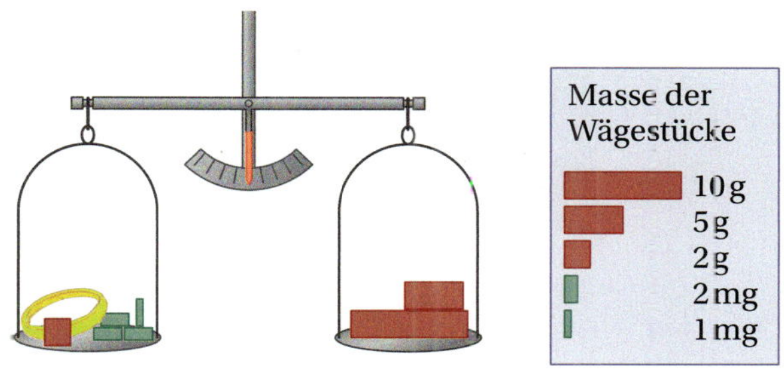

Wie groß sind die Masse und der Goldwert des Rings?

5 Wenn du an einen Pol eines kräftigen Stabmagneten zwei lange Stahlnägel hängst, so gehen die unteren Spitzen der Nägel auseinander.
a) Probiere es selbst aus.
b) Erkläre diese Erscheinung.

6 Kraftwandler werden schon seit vielen Jahrhunderten von Menschen genutzt. Sie spielen auch im Zeitalter der Elektronik und Computertechnik eine wichtige Rolle.
Stelle unter Nutzung aktueller Materialien eine Übersicht zusammen, wo heute Kraftwandler verwendet werden.
Bereite einen Vortrag von etwa fünf Minuten vor.
Tauscht eure Erkenntnisse aus.

4 Elektrizität und ihre Wirkungen

1 Ohne Energie läuft nichts
Einschalten und los geht's – das schätzen wir an elektrischen Geräten. Aber woher kommt die elektrische Energie, damit die Geräte funktionieren? Welche Spannungsquellen nutzt du? Erstelle eine Tabelle.

2 Kleine gelbe Männchen?

Elektrischen Strom kannst du nicht sehen, weil du kein Sinnesorgan dafür hast. Aber er besteht wohl ja nicht aus kleinen gelben Männchen. Beschreibe, wie du dir elektrischen Strom vorstellst.

3 Alleskönner Strom

Elektrischer Strom kann unterschiedliche Wirkungen haben. Finde diese in den Geräten, die du täglich benutzt.
Ordne die Geräte nach ihren Wirkungen.

4 Für Rätselfans

Übernimm das Kreuzworträtsel ins Heft und löse es.

Waagerecht:
1 Wirkung zwischen zwei Magneten
2 Macht aus einer Spule einen Elektromagneten
3 Körper, der andere Körper aus Eisen anzieht
4 Richtung, in die der Südpol einer Kompassnadel weist

Senkrecht:
1 Gerät zur Bestimmung von Himmelsrichtungen

Hier wird geschaltet

Sicherheit zuerst

Beim Umgang mit elektrischem Strom musst du Regeln einhalten. Welche sind das?

Regeln für einen sicheren Umgang mit elektrischem Strom

- Experimentiere niemals mit Spannungsquellen, die eine Spannung von 25 V und mehr haben!
- Berühre niemals die Pole einer Steckdose oder Kabel mit schadhafter Isolierung mit den Händen! Berühre sie auch nicht mit Gegenständen, die den Strom leiten, wie Minen von Bleistift oder Kugelschreiber!
- Fasse elektrische Geräte niemals mit nassen Händen an!
- Ziehe Stecker nicht am Kabel aus der Steckdose, sondern am Stecker!
- Baue Experimente nur bei ausgeschalteter Spannungsquelle auf!
- Schalte Spannungsquellen erst ein, wenn die Lehrkraft den Aufbau der Schaltung überprüft hat!

Im Alltag nutzt du elektrischen Strom ganz selbstverständlich, jedoch musst du Regeln beachten, die mit seiner Nutzung verbunden sind. Nur so kannst du dich und andere vor Gefahren schützen.

Unser Körper leitet den elektrischen Strom. Deshalb kann es bei Stromfluss durch unseren Körper zu lebensgefährlichen Verletzungen kommen. Schon bei Spannungen von 25 V kann es gefährlich werden.

Wir haben kein Sinnesorgan für elektrischen Strom. Daher können wir ihn weder sehen noch hören oder riechen und müssen besonders vorsichtig sein.

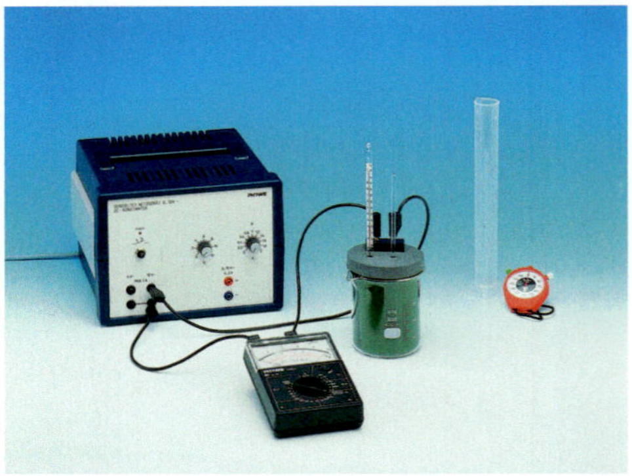

Wo lauern hier Gefahren?

So kannst du vorgehen

Protokolle anfertigen

In einem Protokoll hältst du Wesentliches zu deinem Experiment schriftlich fest. Du sicherst damit deine Ergebnisse.

► Schritt 1

Übernimm die Aufgabenstellung.

Aufgabe:
Untersuche, wovon die Helligkeit eines Fahrradlämpchens abhängt.

► Schritt 2

Notiere nötige Vorbereitungen.
Dazu gehören die benötigten Geräte und Materialien.

Vorbereitung:
Geräte: drei Batterien, ein Fahrradlämpchen (6 V; 3 W) auf einem Schaltbrett, zwei Kabel, zwei Klemmen

► Schritt 3

Beschreibe die Durchführung.
Fertige gegebenenfalls Skizzen an.

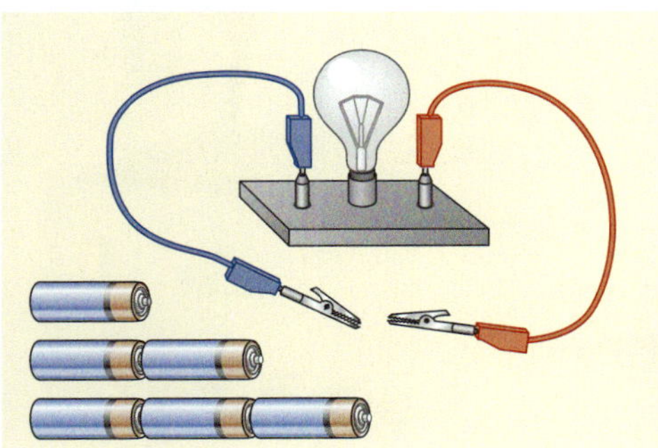

Durchführung:
a) Schließe das Fahrradlämpchen an eine, an zwei und an drei Batterien an.
b) Beobachte die Helligkeit der Lampe.

► Schritt 4

Halte die Beobachtungen bzw. Messungen fest.
Notiere das, was du beobachtest oder misst. Dabei helfen Tabellen und Skizzen.

Beobachtungen:

Anzahl der Batterien	Beobachtung
1	Das Lämpchen leuchtet nur schwach.
2	Das Lämpchen leuchtet etwas heller.
3	Das Lämpchen leuchtet noch heller.

► Schritt 5

Werte die Ergebnisse aus.
Deute deine Beobachtungen und Messungen. Leite daraus Schlussfolgerungen ab. Beziehe dich auf die Aufgabenstellung.

Auswertung:
Das Lämpchen leuchtet heller, wenn es an mehrere Batterien angeschlossen wird.

Hier wird geschaltet

Der elektrische Stromkreis

Nur wenn der Akku „richtig" eingelegt wird, funktioniert der MP3-Player.
Was bedeutet das?

Ohne elektrische Energie funktioniert kein elektrisches Gerät. Um eine Glühlampe zum Leuchten zu bringen, musst du sie mit einer Batterie oder mit einem Netzgerät verbinden. Auch dein MP3-Player funktioniert nur mit Akkumulatoren, kurz Akkus.

Spannungsquellen werden auch elektrische Quellen oder Stromquellen genannt.

Damit dir Geräte wie ein Geschirrspüler mühselige Arbeit abnehmen, musst du den Gerätestecker in eine Steckdose stecken. In der Physik sagt man:
Es muss eine elektrische **Spannungsquelle** vorhanden sein, damit ein Gerät funktioniert.

An jeder Spannungsquelle sind der Pluspol (+) und der Minuspol (–) deutlich gekennzeichnet.

Batterien und Akkumulatoren wandeln chemische Energie in elektrische Energie um. Aber Akkumulatoren können mit Ladegeräten wieder aufgeladen werden, Batterien dagegen nicht.

Eine Spannungsquelle allein reicht aber nicht aus. Das stellst du fest, wenn du die Experimente auf Seite 157 durchführst. Damit z. B. eine Lampe leuchtet, muss sie „richtig" angeschlossen werden.

Verschiedene Spannungsquellen

Erforsche es

Fahrradlampe intakt?

Untersuche, wie du mit einer Flachbatterie prüfen kannst, ob eine Lampe intakt ist.

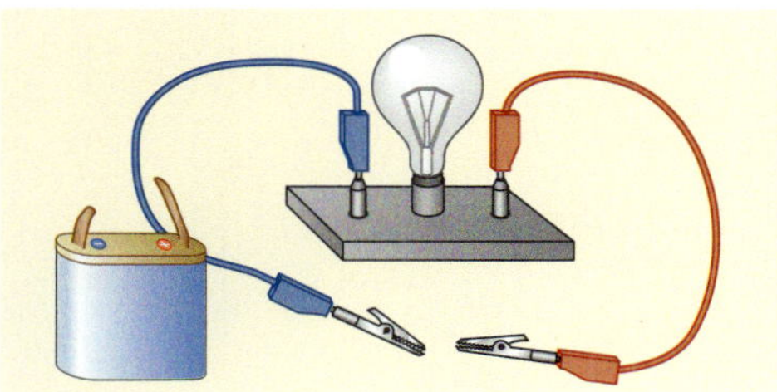

Vertausche die Kabel in der Fassung (an den Anschlüssen).

Verwende anstelle der Flachbatterie ein Netzgerät. Baue den Versuch wie in der Abbildung auf. Lege eine Spannung von 4 V an. Drehe dann die Lampe etwas aus der Fassung heraus.

Fasse zusammen: Unter welchen Bedingungen leuchtet eine Lampe?

Jede Spannungsquelle und jedes elektrische Gerät, auch eine Lampe, hat zwei Anschlüsse. Die beiden Anschlüsse der Lampe müssen so wie in der Abbildung unten mit den beiden Anschlüssen der Spannungsquelle, den **Polen,** verbunden sein.
Von einem Pol der Batterie führt ein Kabel zu einem der beiden Anschlüsse der Lampe, dem Fußkontakt. Vom anderen Anschluss, dem Lampensockel, führt ein Kabel zurück zum anderen Pol der Batterie. Der Stromkreis ist geschlossen.

Ist der Stromkreis unterbrochen, leuchtet die Lampe nicht.

Eine Lampe leuchtet, wenn beide Kontakte mit je einem Pol der Spannungsquelle verbunden sind. Der Stromkreis ist dann geschlossen.

Bei einer Glühlampe kommt es nicht darauf an, welcher Pol z. B. mit dem Fußkontakt verbunden ist.
Ein batteriebetriebenes Gerät funktioniert dagegen nur bei richtiger Polung.

Beim MP3-Player wird z. B. die Polung der Batterie angezeigt.

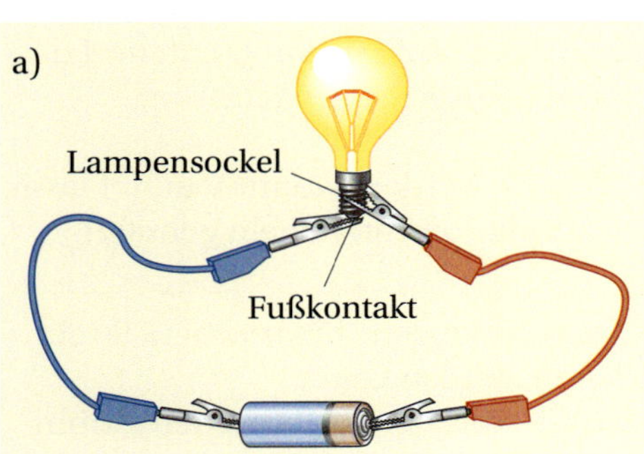

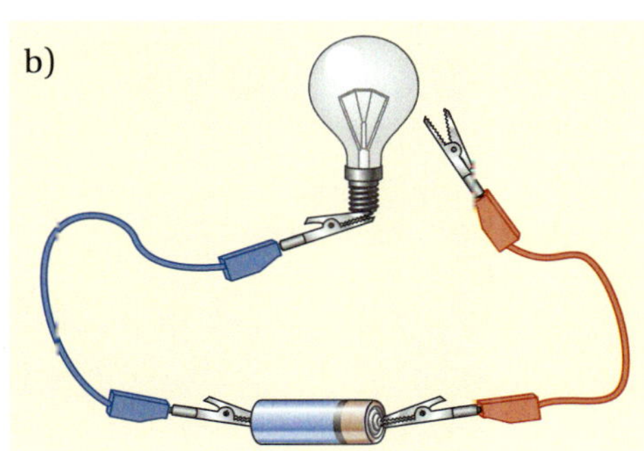

Beschreibe einen geschlossenen (a) und einen unterbrochenen (b) Stromkreis.

Hier wird geschaltet

Leiter und Nichtleiter

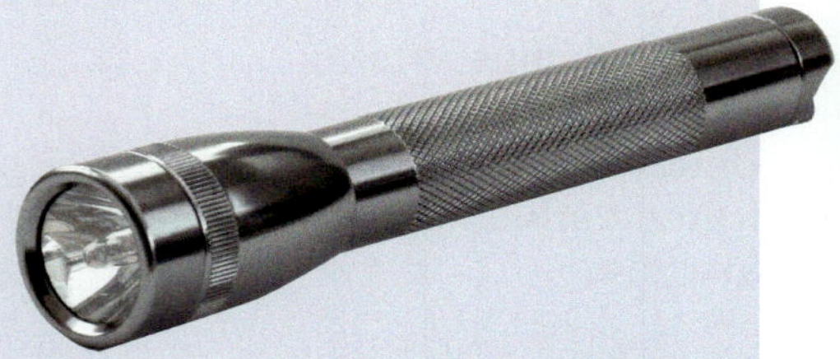

Einige Taschenlampen sind aus Kunststoff, andere aus Metall. Ist das Material wichtig für die Funktion?

Erforsche es

Baue einen Stromkreis auf, mit dem du überprüfen kannst, welche Gegenstände aus deiner Federtasche elektrischen Strom leiten.

a) Trenne dazu einen einfachen Stromkreis an einer Stelle auf. Schließe ein drittes Kabel an. Wenn du die beiden offenen Kabelenden zusammenhältst, leuchtet die Lampe.

b) Halte nun die Kabelenden an verschiedene Gegenstände.

Nutze z. B. Füller, Lineal, Bleistift, Bleistiftmine, Radiergummi, Reißverschluss.

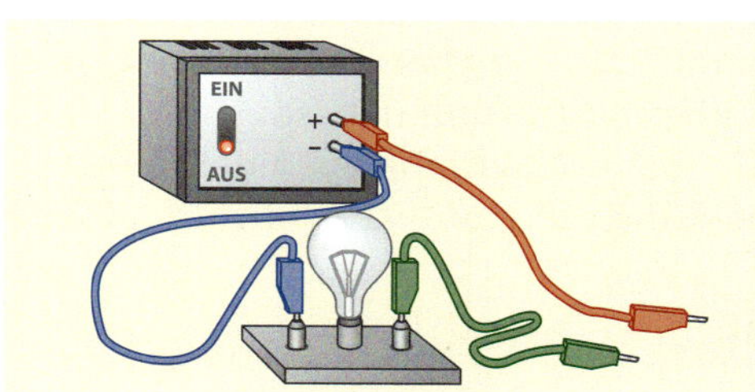

c) Werte deine Beobachtungen aus. Lege eine Tabelle an:

Körper	Stoff, aus dem der Körper besteht	Leitet der Stoff? ja	nein
Lineal			
…			

Einige Stoffe leiten den elektrischen Strom gut, andere Stoffe weniger gut oder überhaupt nicht.

Alle Metalle sind **Leiter.** Körper aus Kupfer und Aluminium leiten den elektrischen Strom besonders gut. Auch Gold ist ein guter elektrischer Leiter.

- Warum werden Kupfer und Aluminium für elektrische Kabel genutzt?

Salzlösungen leiten den Strom ebenfalls. Das gilt auch für unsere Körperflüssigkeiten. Deshalb kann der menschliche Körper Strom leiten.

Es gibt auch viele **Nichtleiter** (Isolatoren). Keramik, Kunststoff (z.B. Plastik oder Lack), Glas, Gummi, Luft und destilliertes Wasser sind Nichtleiter.

- Warum werden Gummi und Plastik zur Isolation von Kabeln genutzt?

> Stoffe, die den elektrischen Strom leiten, heißen Leiter.
> Stoffe, die den elektrischen Strom nicht leiten, heißen Nichtleiter.

Elektrische Stromkreise werden in **Schaltplänen** vereinfacht und übersichtlich dargestellt. Für einzelne Bauteile und Geräte gibt es **Schaltzeichen.**
In den meisten elektrischen Stromkreisen ist ein Schalter eingebaut, mit dem der Stromkreis geschlossen oder geöffnet werden kann. Bei geöffnetem Schalter ist der elektrische Stromkreis unterbrochen.
Bauteile und Geräte in Stromkreisen heißen elektrische **Verbraucher.** Dazu gehören z. B. Widerstände und Motoren.

Schaltzeichen	Bauteil
Spannungsquelle (allgemein) Spannungsquelle (Batterie)	
Lichtquelle	
Elektromotor	
Widerstand	
Sicherung	
Leitungen, Kabel: gekreuzt ohne Verbindung Abzweig	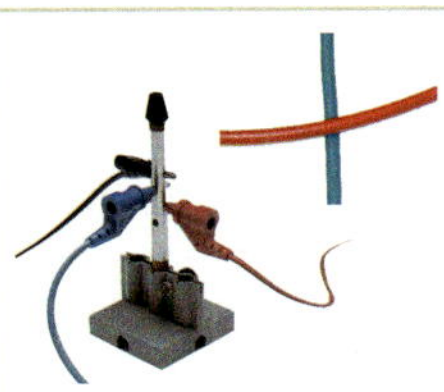
Schalter: geöffnet geschlossen	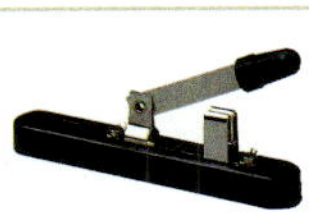

▮ Zeichne einen Schaltplan für einen geöffneten Stromkreis.

Aufgaben

1 _ Beschreibe den Aufbau eines Elektrokabels. Verwende die Begriffe Leiter und Isolator. ↗ S. 20
Begründe, warum die elektrischen Leitungen auch gegeneinander isoliert sind. ↗ S. 38

2 _ Weise nach, dass Wasser den elektrischen Strom leitet. Probiere es mit dicken Stahlnägeln oder kleinen Kupferplatten selbst aus. Tauche die Nägel in Leitungswasser und Salzwasser. Vor dem Einschalten überprüft dein Lehrer den Stromkreis.

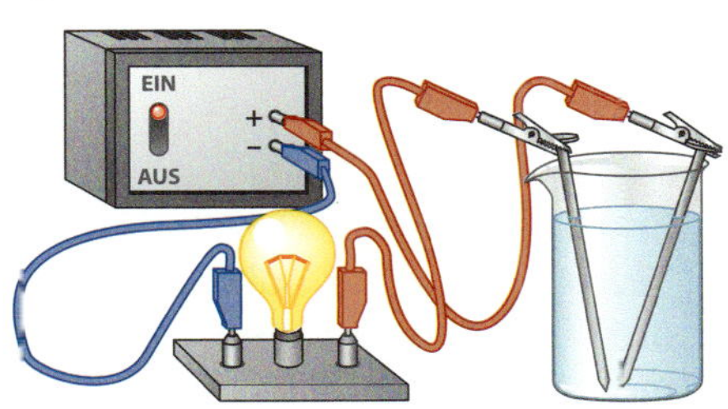

Leite aus deinen Beobachtungen ab, warum es lebensgefährlich ist, sich in der Badewanne die Haare zu föhnen. +

Hier wird geschaltet

Trick mit Rahmen und Gehäuse

Nur in einem geschlossenen Stromkreis fließt elektrischer Strom. Warum ist dann aber an diesem Rücklicht nur ein einziges Kabel angeschlossen?

Erforsche es

1. Baue einen Stromkreis mit einer Batterie und einer Lampe auf, in dem Lampe und Batterie nur mit einem Kabel verbunden sind. Schließe den Stromkreis mit einer Stativstange. Beschreibe deine Beobachtung, wenn du die Klemmen an der Stativstange bewegst.

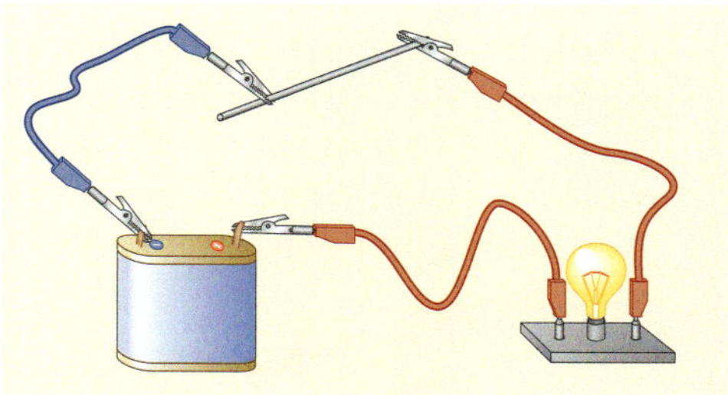

2. Erkläre mit deinem Ergebnis aus Versuch 1 und der Abbildung unten die Wirkungsweise einer Metalltaschenlampe. ⊕

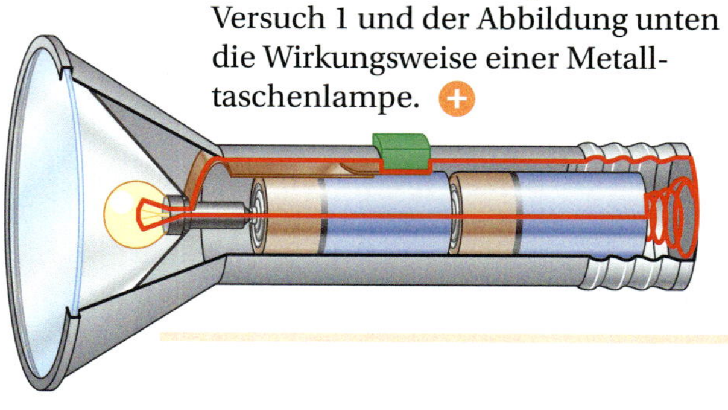

Bei vielen Fahrrädern sorgt ein Dynamo dafür, dass der Scheinwerfer und das Rücklicht eines Fahrrads bei Dunkelheit leuchten. Bei älteren Fahrrädern geht nur ein Kabel vom Dynamo zum Rücklicht und auch nur ein Kabel vom Dynamo zum Scheinwerfer.
Bei elektrischen Stromkreisen, die du bisher kennengelernt hast, verbinden zwei Kabel die Spannungsquelle mit der Lampe.

Der Stromkreis der Fahrradbeleuchtung ist aber nur scheinbar nicht geschlossen. Lampen und Dynamo sind mit dem Fahrradrahmen verbunden. Der **Rahmen** schließt den Stromkreis.

Ähnliches gilt für eine Metalltaschenlampe: Der eine Pol der Batterie ist direkt mit der Lampe verbunden. Die Rückleitung zum anderen Ende der Batterie übernimmt das **Metallgehäuse.**

> Ein Stromkreis kann über einen Rahmen oder ein Gehäuse geschlossen werden.

- Warum ist in Taschenlampen aus Kunststoff eine Rückleitung eingebaut?

Bei einem herkömmlichen Dynamo wie oben führt das eine Kabel zum Scheinwerfer, das andere zum Rücklicht. Der Rahmen schließt den Stromkreis.

Bei neueren Fahrrädern mit einem Nabendynamo wie oben rechts führen beide Kabel direkt zum Scheinwerfer. Das Rücklicht ist parallel zum Scheinwerfer geschaltet.

Falls die Fahrradbeleuchtung einmal nicht richtig funktioniert, kann das verschiedene Ursachen haben. Bei der Fehlersuche hilft dir diese Liste:

Fehlersuche bei der Fahrradbeleuchtung

- Sind die Kabel unbeschädigt und richtig angeschlossen?
- Ist eine Lampe lose oder defekt?
- Liegt der Dynamo fest genug an der Bereifung an oder ist er defekt?
- Sind alle Verbindungen zum Rahmen fest und rostfrei?

Aufgaben

1 _ Erkläre, warum eine Fahrradlampe fest am Fahrrad verschraubt sein muss. ↗ S. 138

2 _ Bewerte für einen herkömmlichen Dynamo und einen Nabendynamo die unterschiedlichen Arten, den elektrischen Stromkreis zu schließen.

3 _ Ein Stromkreis kann nicht nur über einen Rahmen oder ein Gehäuse geschlossen werden, sondern auch über den Erdboden. Begründe, warum Arbeiter, die an elektrischen Anlagen arbeiten, Schuhe aus nicht leitendem Material, z. B. aus Gummi, tragen sollten.

4 _ Zeichne den Schaltplan einer Taschenlampe mit zwei Batterien und geöffnetem Schalter.

5 _ Überlege, warum es ungefährlich ist, eine Taschenlampe zu berühren, bei der elektrischer Strom durch das Metallgehäuse fließt.

Hier wird geschaltet

Reihen- und Parallelschaltung

Warum funktioniert eigentlich der Computer noch, wenn du das Handyladegerät aus der Verteilersteckdose ziehst? Ist der Stromkreis dann nicht unterbrochen?

Es gibt verschiedene Möglichkeiten, um mehrere elektrische Geräte in einen Stromkreis einzubauen.
Bei Lichterketten können die Lampen hintereinandergeschaltet sein. Der Stromkreis ist **unverzweigt.** Die Schaltung heißt **Reihenschaltung.** Wenn der Stromkreis an einer Stelle durch eine defekte Lampe unterbrochen wird, dann erlöschen auch die anderen Lampen.
Zwei Schalter können ebenfalls in Reihe geschaltet werden.

Die Lampen können auch parallel zueinander geschaltet werden. Der Stromkreis ist dann **verzweigt.** Die Schaltung heißt **Parallelschaltung.** Wenn eine Lampe defekt ist, leuchten die anderen Lampen weiter.

Im Haushalt sind alle Verbraucher wie Lampen, Fernsehapparat und Computer parallel geschaltet.
Auch zwei Schalter können parallel geschaltet sein.

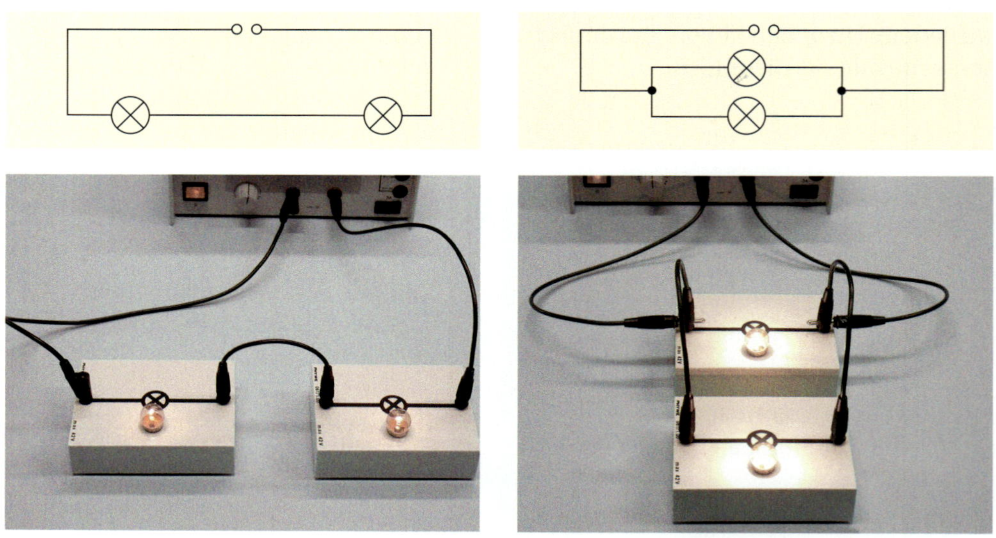

Vergleiche die Reihenschaltung und Parallelschaltung von zwei Lampen.

Erforsche es

Hintereinander oder parallel?

1. Untersuche, was passiert, wenn du in einem geschlossenen Stromkreis jeweils eine der beiden Lampen aus der Fassung schraubst.
   a) Baue zunächst eine Reihenschaltung, dann eine Parallelschaltung mit zwei Lampen auf.
   b) Welche Unterschiede zwischen beiden Schaltungen erkennst du?

2. Wie musst du eine Lampe an eine Batterie halten, damit sie leuchtet?

Probiere nun mit zwei Lampen. Beschreibe, wie du vorgegangen bist.

Der Kurzschluss

Stell dir vor, in einem Elektrokabel gibt es eine schadhafte Isolierung. Die beiden Kupferkabel berühren sich. Dies könnte passieren, wenn du mit einem Rasenmäher versehentlich über das Elektrokabel fährst und es durchtrennst.

Der elektrische Strom fließt dann direkt von einem Pol der elektrischen Quelle zum anderen Pol und nicht durch den Verbraucher (Rasenmäher). Es liegt ein **Kurzschluss** vor.
Bei einem Kurzschluss arbeitet der Verbraucher nicht mehr. Der Strom im Stromkreis wird sehr groß.

Aufgrund der Wärmewirkung könnten bei einem Kurzschluss die elektrischen Leitungen so heiß werden, dass ein Brand entstehen könnte.
Passiert ein Kurzschluss im Stromkreis einer Batterie oder eines Akkumulators (z. B. Akku eines Handys), können diese im schlimmsten Fall explodieren.

Elektrische Anlagen und elektrische Geräte werden deshalb mit **Sicherungen** gegen die Folgen eines Kurzschlusses geschützt.
In Schmelzsicherungen befindet sich dazu ein dünner Draht. Er schmilzt bei einem Kurzschluss, bevor sich die elektrischen Kabel zu stark erwärmen.

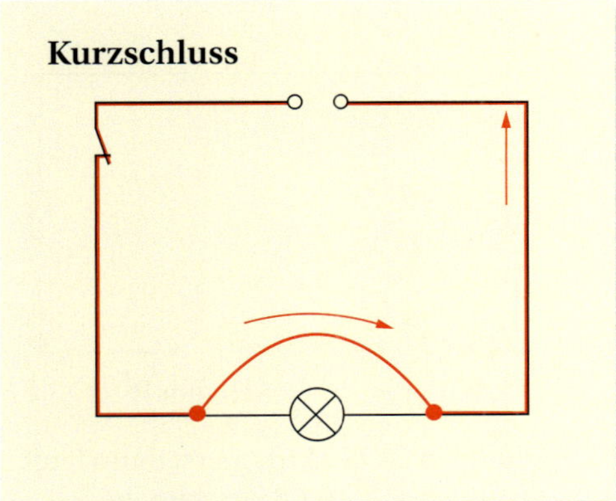

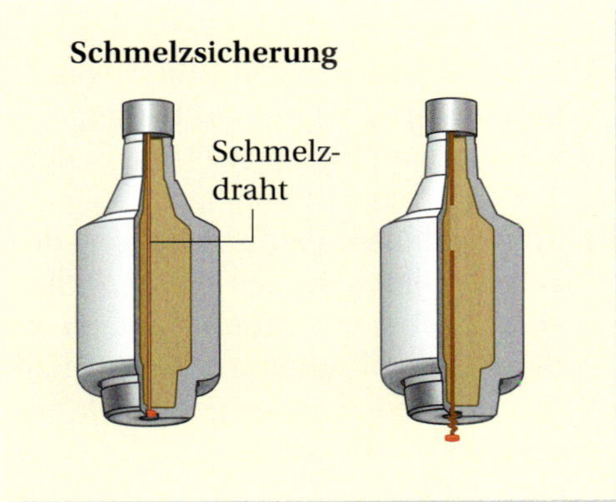

Der Draht dieser Sicherung schmilzt, wenn die Stromstärke einen bestimmten Wert überschreitet.

Hier wird geschaltet

Mit Schaltern ist vieles möglich

Eine Heckenschere läuft nur an, wenn die Griffe mit beiden Händen gefasst werden. Wie müssen die Schalter verbunden sein?

Erforsche es

Untersuchungen mit zwei Schaltern

Baue einen Stromkreis mit einer Reihenschaltung und danach mit einer Parallelschaltung von zwei Schaltern und einer Lampe auf.

Reihenschaltung

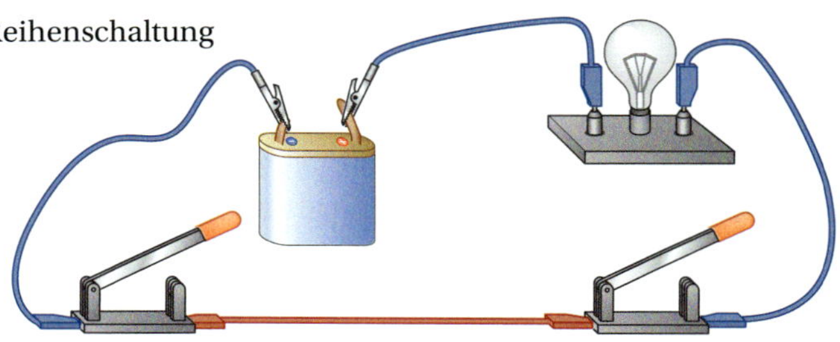

a) Untersuche in beiden Fällen, was passiert, wenn einer der beiden Schalter geschlossen ist und du den anderen Schalter betätigst.
b) Ziehe Schlüsse für die Schaltung der Schalter einer Heckenschere. Stelle zunächst eine Vermutung auf, um sie dann im Experiment zu überprüfen.
c) Protokolliere dein Vorgehen. Orientiere dich dabei an Seite 155.

UND-Schaltung: Bei dieser Schaltung sind zwei Schalter in Reihe geschaltet.

Bei einer Reihenschaltung von zwei Schaltern ist der Stromkreis geschlossen, wenn der eine **und** der andere Schalter geschlossen sind.

Damit bei einer Heckenschere der Motor läuft, muss jede Hand den Schalter an den beiden Handgriffen drücken. So können sie nicht in die Schere kommen. Bei einer Waschmaschine ist der gut sichtbare Geräteschalter mit einem versteckten Türschalter in Reihe geschaltet. Die Maschine startet erst, wenn der Geräteschalter angeschaltet **und** die Tür geschlossen ist.

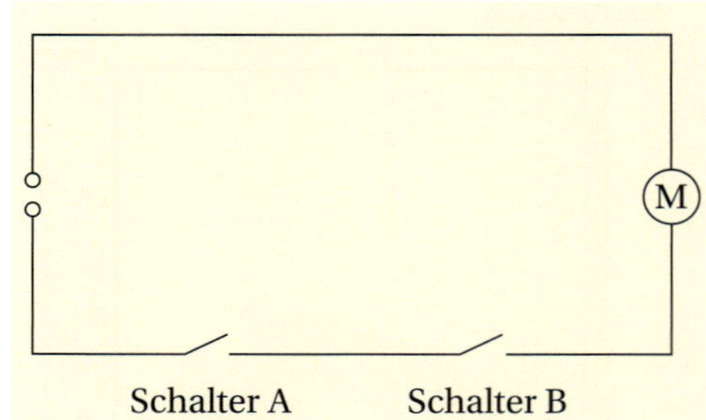

- Begründe, dass der Motor erst dann läuft, wenn Schalter A **und** B geschlossen ist.

Erforsche es

Wechselschalter – ein Schalter mit drei Anschlüssen

1. Baue einen Wechselschalter mit einfachen Mitteln wie in der Abbildung.

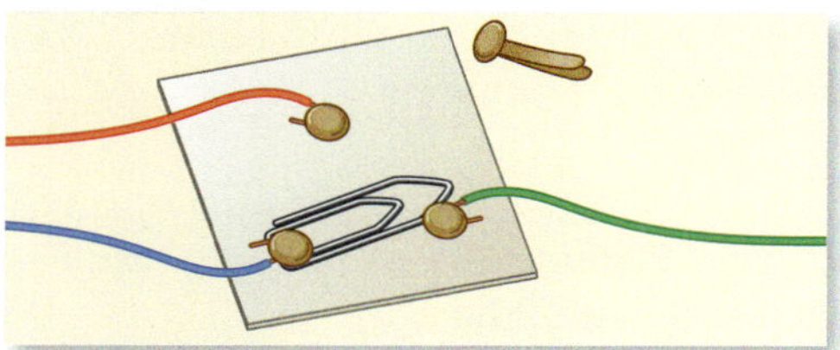

2. Plane ein Experiment, mit dem du mit einem Wechselschalter jeweils eine von zwei Lampen in einem Stromkreis ein- und ausschalten kannst.
Verwende deinen selbst gebauten Wechselschalter, zwei Glühlampen und eine Batterie. Führe das Experiment durch.

ODER-Schaltung: Bei dieser Schaltung sind zwei Schalter parallel geschaltet. Bei deinen Untersuchungen im Experiment auf Seite 28 hast du Folgendes herausgefunden:

> Bei einer Parallelschaltung von zwei Schaltern ist der Stromkreis geschlossen, wenn der eine **oder** der andere **oder** beide Schalter geschlossen sind.

Mit einer ODER-Schaltung kann z. B. die Klingel in einem Wohnhaus sowohl von der Haustür als auch von der Wohnungstür aus betätigt werden. Die Klingel läutet, wenn einer der beiden Schalter gedrückt wird.

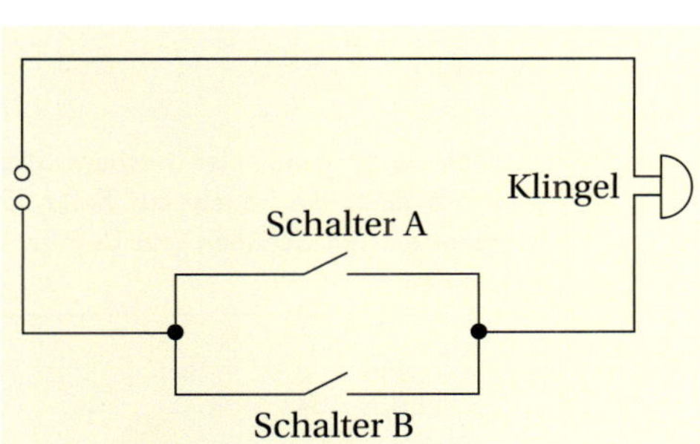

Begründe, dass die Klingel läutet, wenn Schalter A, B **oder** beide betätigt werden.

Wechselschaltung: Das ist eine Schaltung mit zwei Wechselschaltern. Diese sind in Reihe mit einer Spannungsquelle und einer Lampe geschaltet. Jeweils zwei Schalter sind miteinander verbunden. Mit dem einem Schalter kann der Stromkreis unterbrochen und mit dem anderen wieder geschlossen werden. Diese beiden Schalter sind z. B. oben und unten in einem Treppenhaus.

Aufgaben

1 Eine UND-Schaltung heißt auch Sicherheitsschaltung. Begründe am Beispiel der Heckenschere, dass diese Bezeichnung treffend gewählt ist.

2 Vergleiche deinen selbst gebauten Wechselschalter mit einem industriell hergestellten Wechselschalter und seinem Schaltsymbol.

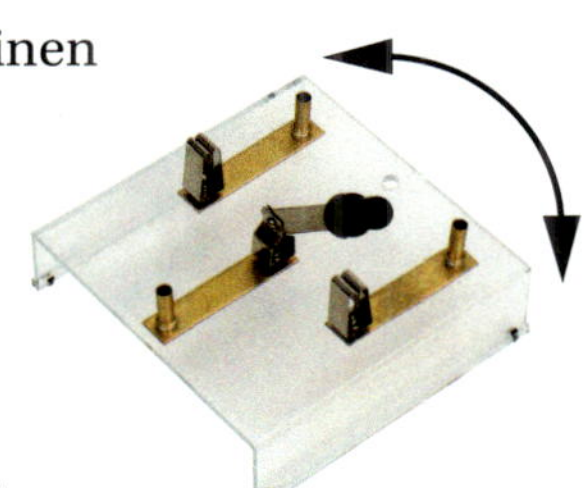

Das hast du gelernt

Hier wird geschaltet

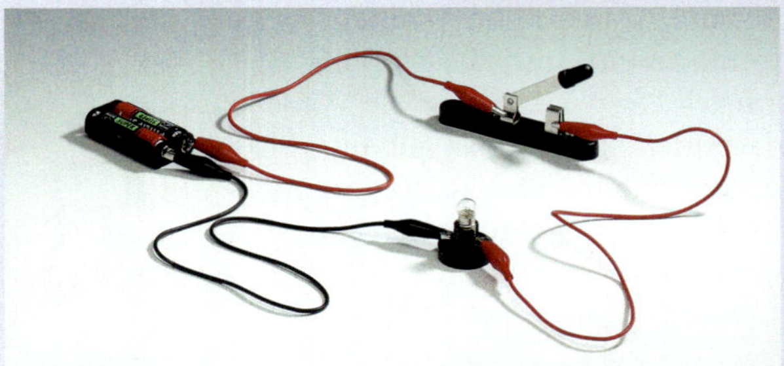

Elektrischer Strom fließt nur in einem geschlossenen Stromkreis.

Elektrische Stromkreise werden in Schaltplänen vereinfacht und übersichtlich dargestellt.

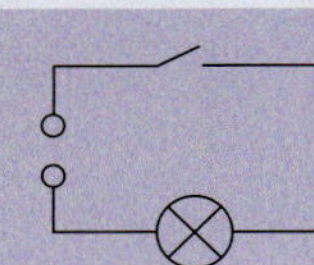

Verbraucher können hintereinander oder parallel geschaltet werden. Das gilt auch für Schalter.	
Reihenschaltung	**Parallelschaltung**
Die Verbraucher sind hintereinander angeordnet. 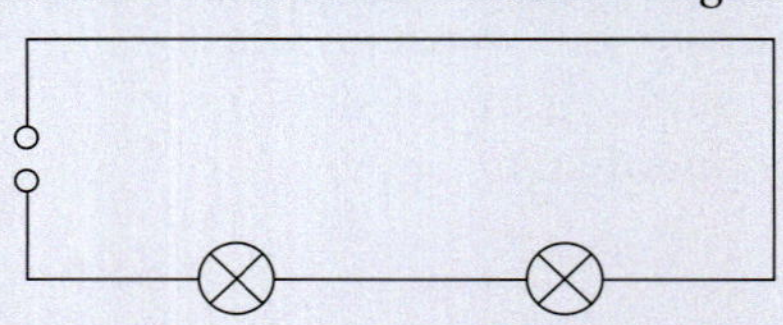	Die Verbraucher sind parallel angeordnet. 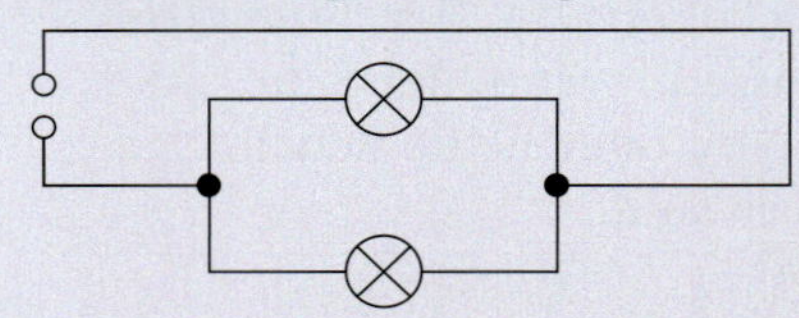
Die Schalter sind hintereinander angeordnet (UND-Schaltung). 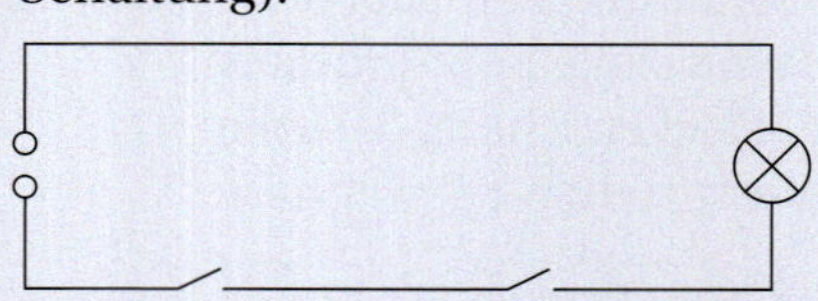	Die Schalter sind parallel angeordnet (ODER-Schaltung). 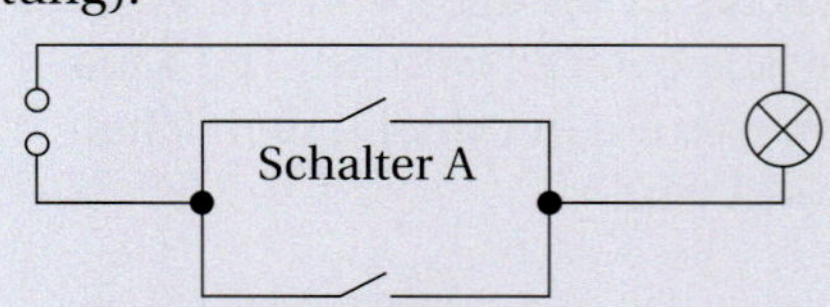

Elektrische Leiter leiten den elektrischen Strom gut.
Beispiele: Metalle, Salzlösungen, Kohlenstoff
Vorsicht: Auch der menschliche Körper leitet elektrischen Strom!

Nichtleiter leiten den elektrischen Strom schlecht oder gar nicht.
Beispiele: Keramik, Kunststoffe, Glas, Gummi, destilliertes Wasser

Für den Umgang mit elektrischem Strom sind unbedingt die Regeln auf Seite 154 einzuhalten, um Schäden und Unfälle zu vermeiden.

Löse mit Köpfchen

1. Expertenrat gefragt
An Emmas Fahrrad funktioniert das Licht nicht. Finn meint, dass der Dynamo defekt sei.

a) Diskutiert Finns Meinung. Hat er recht oder gibt es noch andere Fehlermöglichkeiten?

b) Entwerft einen Plan, mit dem Emma und Finn systematisch den Fehler finden können.

2. UND oder ODER?
Vergleicht UND- und ODER-Schaltungen. Wo werden sie angewendet? Recherchiert auch im Internet und vergleicht eure Ergebnisse. ↗ S. 90, 173

3. Von der Schaltung zum Schaltplan
Zeichne einen Schaltplan für diesen Versuchsaufbau:

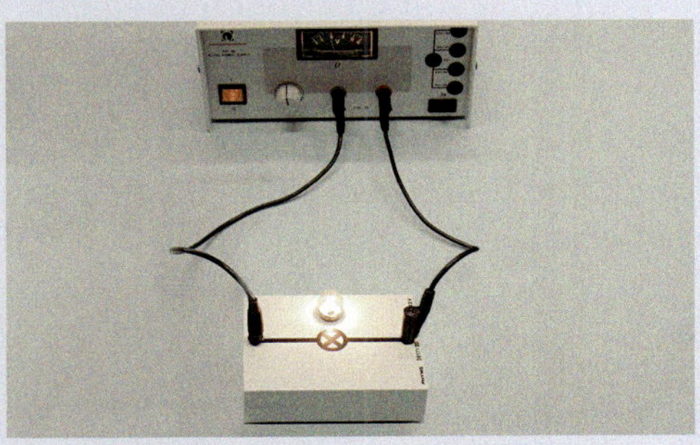

4. Auf der Suche nach der Sicherung
Erkunde, wo sich in eurem Haushalt der Sicherungskasten befindet. Wie kann die Hauptsicherung ausgeschaltet werden? Begründe, warum bei einem Stromunfall diese Kenntnis wichtig ist.

5. Schaltung für einen Föhn
Bei einem Föhn lassen sich Gebläse und Heizung getrennt einschalten. Während die Heizung nie ohne das Gebläse laufen darf, kann das Gebläse mit oder ohne Heizung laufen.

a) Entwirf einen Schaltplan für einen solchen Föhn.

b) Probiere die Schaltung aus. Verwende für die Heizung z. B. eine rote und für das Gebläse eine grüne Lampe. ↗ S. 126

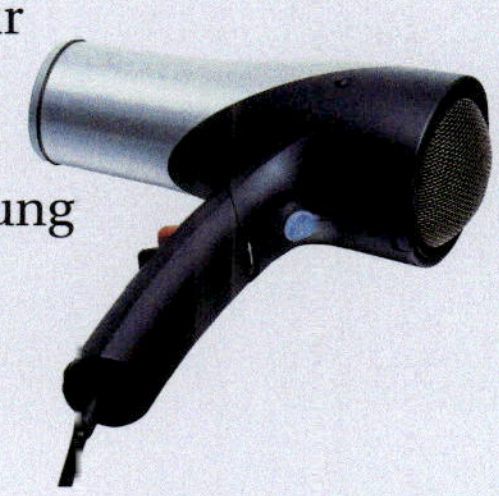

6. Eine Lampe fällt aus
Zwei Glühlampen sind an eine Spannungsquelle angeschlossen. Was passiert, wenn jeweils eine der beiden Lampen ausfällt? Begründe. ↗ S. 38

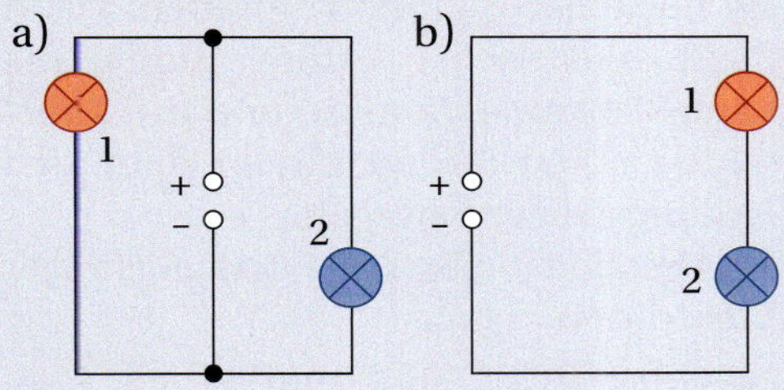

7. Stromkreis bei Straßenbahnen
Oberleitungsbusse (O-Busse) und Straßenbahnen werden mit Elektromotoren angetrieben. Damit die Motoren arbeiten können, muss ein geschlossener Stromkreis vorhanden sein.
Warum benötigen O-Busse zwei Fahrdrähte zum Betrieb, Straßenbahnen dagegen nur einen? ↗ S. 90

8. Drachen sicher steigen lassen
Bewerte die Aussage: „Vorsicht beim Drachensteigen in der Nähe von Freileitungen!“

Elektrische Geräte im Alltag

Elektrischer Strom

Blitze haben etwas mit elektrischem Strom zu tun. Wie kannst du dir elektrischen Strom vorstellen?

Wenn sich unterschiedlich geladene Kugeln wie im Bild oben durch einen Blitz ausgleichen, fließt kurzzeitig elektrischer Strom.
Damit eine Lampe leuchtet, musst du sie mit einer Batterie verbinden. Dann fließt elektrischer Strom durch die Lampe. Lampe, Batterie und die Kabel bilden einen Stromkreis, in dem sich **Ladungsträger** bewegen.
In Metallen heißen die Ladungsträger **Elektronen.**
In dem Schema unten werden die Elektronen als Kugeln mit einem Minuszeichen dargestellt.

Wenn du eine Lampe an eine Batterie anschließt, dann wirkt die Batterie wie eine Art Pumpe für die Elektronen und treibt sie an. Die Elektronen bewegen sich dadurch in eine Richtung.

> Elektrischer Strom ist die gerichtete Bewegung von Elektronen in einem elektrischen Stromkreis.

Die Elektronen bewegen sich im Stromkreis vom Minuspol zum Pluspol der Batterie.

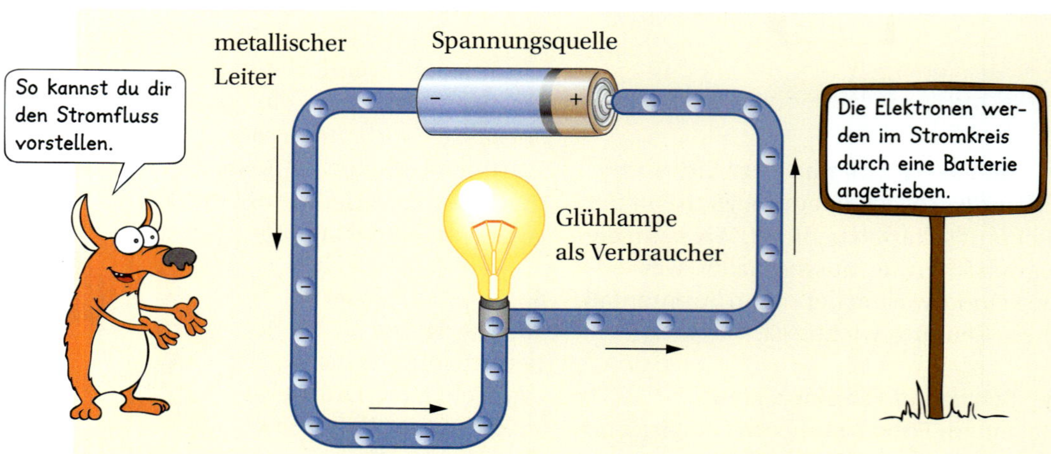

Modell Wasserstromkreis	Elektrischer Stromkreis
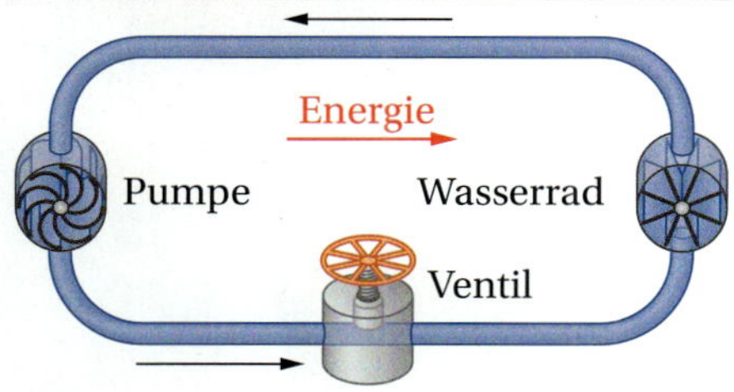	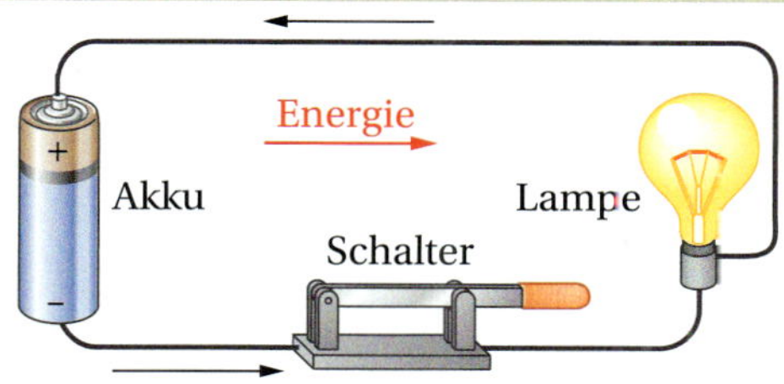
In einem geschlossenen Wasserstromkreis wird das Wasser durch eine Pumpe angetrieben. Das Wasser fließt durch Rohrleitungen zu einem Wasserrad und setzt es in Bewegung.	In einem geschlossenen Stromkreis werden Elektronen durch eine Spannungsquelle angetrieben. Die Elektronen fließen durch die Leitungen zu einer Lampe und bringen sie zum Leuchten.

Du kannst einen geschlossenen Stromkreis mit einem Wasserstromkreis vergleichen. Der Wasserstromkreis ist somit ein **Modell** für einen elektrischen Stromkreis.
Von Vorteil ist: Wasser kannst du sehen und beobachten, die fließenden Elektronen im Stromkreis nicht.

Unser Körper leitet den elektrischen Strom. Das kann zu lebensgefährlichen Verletzungen führen.
Sehr kleine Ströme schaden nichts. Sie werden zur medizinischen Behandlung eingesetzt.

Was tun bei einem Stromunfall?

- Berühre den Verunglückten nicht, solange der Stromkreis nicht sicher unterbrochen ist!
- Schalte den Stromkreis, in dem sich der Verunglückte befindet, mithilfe der Sicherung aus!
- Rufe den Notruf 112!
- Leite Erste-Hilfe-Maßnahmen ein, z. B. Herzdruckmassage und Atemspende!

Aber bereits etwas größere Ströme können uns verletzen oder sogar töten. Schon Ströme aus Spannungsquellen über 25 V können lebensgefährlich sein. Zwischen den Polen von Steckdosen im Haushalt und in der Schule besteht eine Spannung von 230 V. Eine Berührung der Kontakte ist lebensgefährlich.

Besonders kritisch ist der Stromweg Hand–Hand. Bei diesem Weg fließt der Strom über das Herz und beeinflusst dessen Tätigkeit. Beachte deshalb unbedingt die Regeln auf Seite 154 und die Regeln bei einem Stromunfall (↗ Zettel).

Aufgaben

1 Vergleiche einen elektrischen Stromkreis mit einem Wasserstromkreis: Was entspricht in einem elektrischen Stromkreis der Pumpe, dem Wasserrad, dem Ventil und den Rohrleitungen? ↗ S. 173

2 Lies die Regeln im Kasten auf dieser Seite und begründe, warum bei einem Stromunfall zuerst der Stromkreis unterbrochen werden muss.

Stromwirkungen hängen vom Weg des Stroms durch den Körper ab.

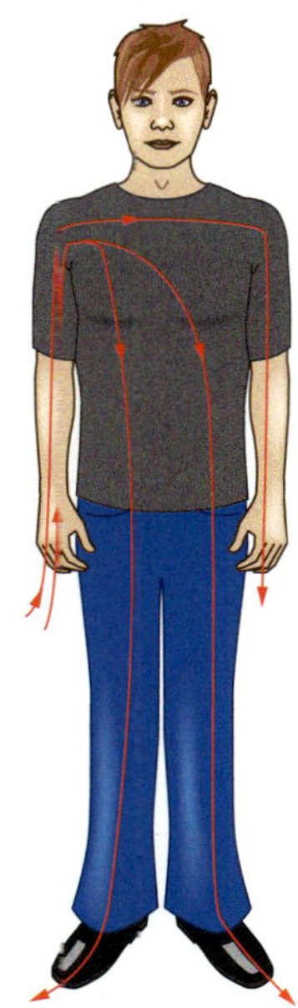

Elektrische Geräte im Alltag

Wirkungen des elektrischen Stroms

Welche Wirkungen erkennst du in Geräten, die du im Alltag nutzt?

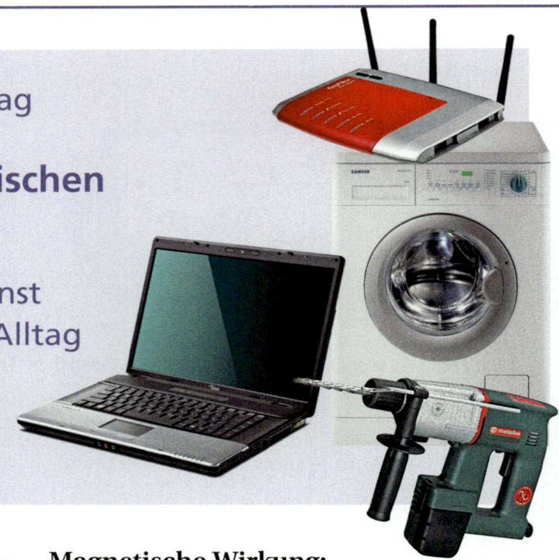

Ob Strom fließt, erkennst du nur an seinen Wirkungen. Auch alle Nachweismöglichkeiten für Strom beruhen auf seinen Wirkungen.
Viele Geräte nutzen die Wirkungen des elektrischen Stroms (↗Übersicht S. 171).

Wärmewirkung und Lichtwirkung:
In Glühlampen heizt der Strom einen dünnen Draht so weit auf, dass er glüht und Licht aussendet. Dabei entsteht Wärme, die unerwünscht ist.

Leuchtdioden und Leuchtstofflampen wandeln elektrische Energie ebenfalls in Licht um. Es entsteht aber weniger Wärme.
In Wasserkochern, Kaffeemaschinen, Toastern und Bügeleisen befinden sich Drähte, die vom elektrischen Strom erhitzt werden. Hier ist die Wärmewirkung erwünscht.

Magnetische Wirkung:
In Elektromotoren wie in CD-Playern erzeugt der Strom über seine magnetische Wirkung eine Drehbewegung der CD. Weitere Anwendungen sind Hebemagnete (↗S. 38), elektrische Klingeln und elektrische Türöffner.

Chemische Wirkung:
Der Stromfluss in Flüssigkeiten ist immer mit einem Stofftransport verbunden. Das wird z. B. zur Oberflächenveredlung genutzt.
So werden Lenker von Fahrrädern mithilfe von elektrischem Strom verchromt. Die Chromschicht schützt den Stahl des Lenkers vor Rost und sieht dazu noch gut aus.

- Elektrischer Strom hat eine magnetische Wirkung, eine Lichtwirkung, eine Wärmewirkung und eine chemische Wirkung.

Aufgabe

Welche Wirkung des elektrischen Stroms wird in einem Wasserkocher genutzt?

Elektrischer Strom kann unterschiedliche Wirkungen haben.			
Der elektrische Strom in einer Leuchtstofflampe erzeugt Licht.	Der elektrische Strom in einem Bügeleisen erwärmt die Heizplatte.	Der elektrische Strom macht aus der Spule einen Elektromagneten.	Mit elektrischem Strom kann ein metallischer Gegenstand verkupfert werden.
	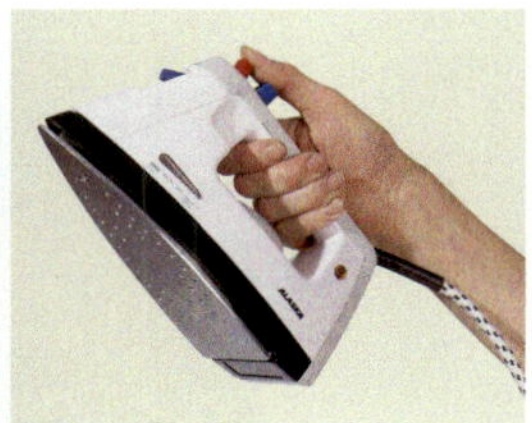	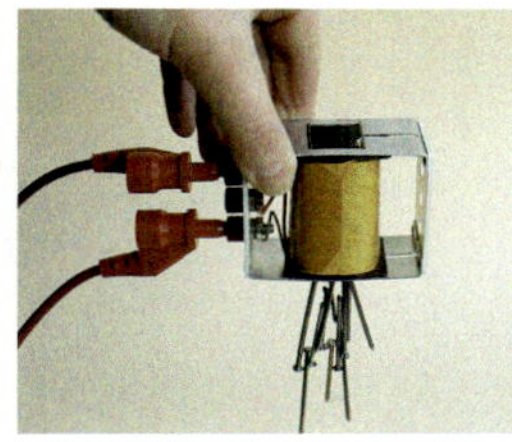	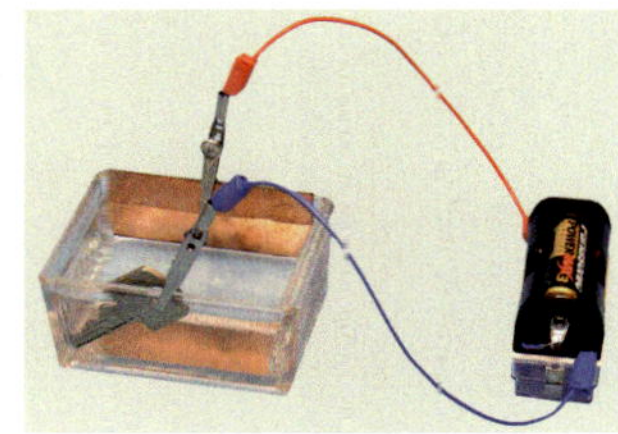
Der Strom hat eine Lichtwirkung.	Der Strom hat eine Wärmewirkung.	Der Strom hat eine magnetische Wirkung.	Der Strom hat eine chemische Wirkung.

Erforsche es

Was der Strom alles kann

1. Untersuche die Wirkungen von elektrischem Strom. Schließe an eine Batterie verschiedene Bauteile an.
   a) Verbinde eine Glühlampe wie in der Abbildung mit einer Batterie. Beobachte und berühre die Lampe.

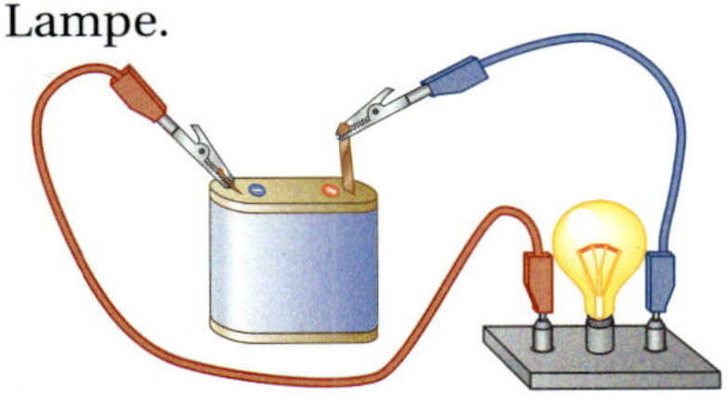

   b) Ersetze die Glühlampe durch eine Leuchtdiode (LED) mit Vorwiderstand. Den längeren Draht der Leuchtdiode musst du mit dem Pluspol der Batterie verbinden. +

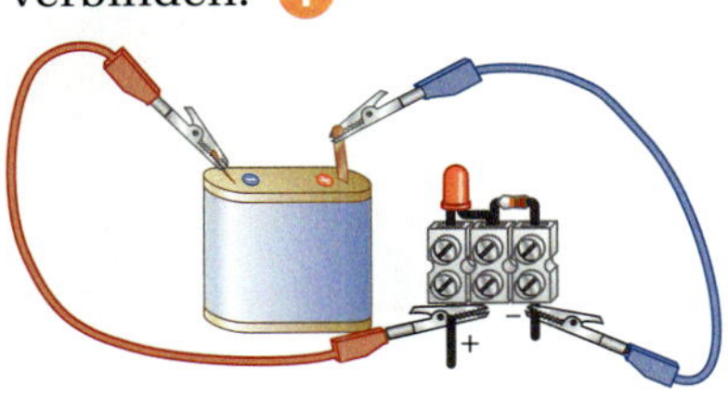

2. Baue das Experiment wie in der Abbildung auf. Nutze einen ca. 10 cm langen, dünnen Draht.
   Miss die Temperatur vor und nach dem Schließen des Stromkreises.

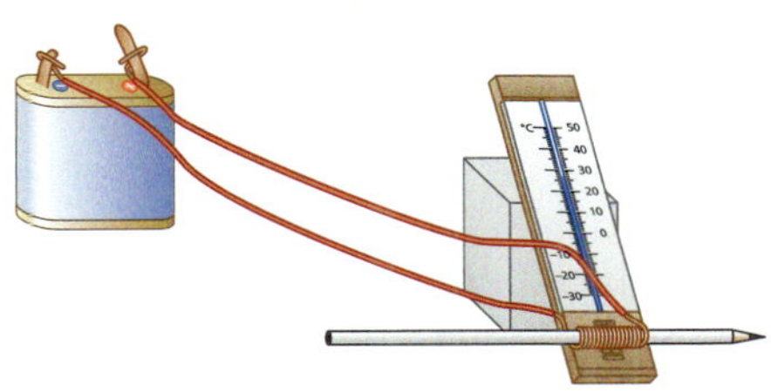

3. Wickle einen ca. 50 cm langen isolierten Draht um einen Stahlnagel. Halte den Nagel über verschiedene Eisenteile. Beschreibe deine Beobachtungen.

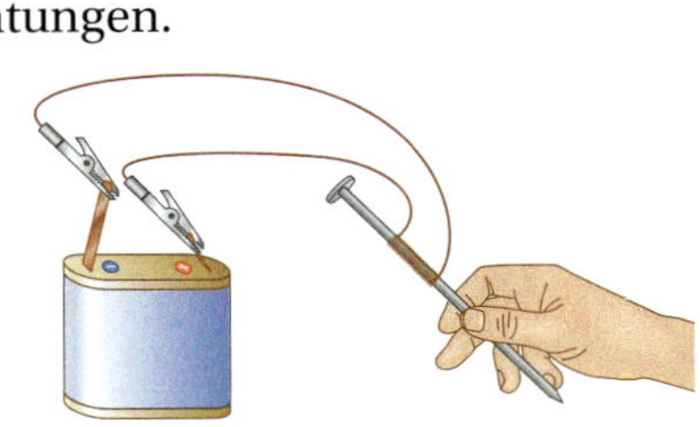

Beachte, dass du das zweite Kabelende nur kurz an die Batterie anschließt.

Elektrische Geräte im Alltag

Elektromagnete

Auf Schrottplätzen werden schwere Teile aus Eisen oder Stahl mit Lasthebemagneten bewegt.
Wie funktionieren sie?

Der elektrische Strom hat eine magnetische Wirkung. Sie ist besonders groß, wenn ein Draht um einen Eisenkern, z. B. um einen Nagel, zu einer Spule aufgewickelt wird. So entsteht ein **Elektromagnet.** Das hast du im Experiment auf der Seite 37 herausgefunden.

> Stromdurchflossene Leiter wirken wie Magnete.

Elektromagnete sind oft viel stärker als Dauermagnete. Sie lassen sich abschalten und haben einen Nordpol und einen Südpol. Wenn du die Richtung des Stroms änderst (Plus und Minus vertauschst), dann wechseln Nordpol und Südpol ihre Lage.

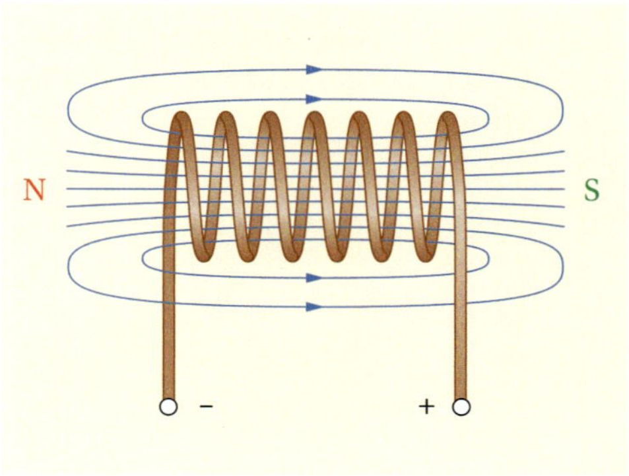

Aufgaben

1 Erkläre, warum die Spule eines Lasthebemagneten einen Eisenkern hat.

2 Beschreibe das Feldlinienbild einer stromdurchflossenen Spule. Vergleiche dieses Feldlinienbild mit dem eines Stabmagneten. ↗ S. 173

3 Schreibe einen Text, in dem du die Wirkungsweise eines Lasthebemagneten erklärst. Nimm die folgende Abbildung zu Hilfe.

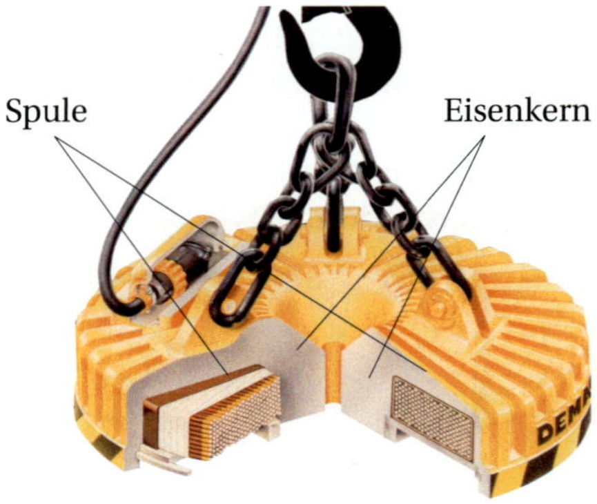

So kannst du vorgehen

Vergleichen

Wenn du etwas vergleichst, suchst du nach Gemeinsamkeiten oder Unterschieden zwischen mindestens zwei Objekten oder Vorgängen. Ein Vergleich hat immer einen bestimmten Zweck.

▶ Schritt 1

Lege die Objekte fest, die du vergleichen willst.

Vergleiche Dauermagnete und Elektromagnete. Was haben sie gemeinsam? Worin unterscheiden sie sich?

▶ Schritt 2

Wähle geeignete Merkmale aus.

- *Wie sind die Magnete aufgebaut?*
- *Wie wirken die Magnete auf andere Körper?*
- *Wo ist die Wirkung der Magnete am größten?*
- *Kann die Wirkung abgeschaltet werden?*
- *Lassen sich Magnete umpolen?*

▶ Schritt 3

Führe den Vergleich durch.

Ermittle Gemeinsamkeiten und Unterschiede der Objekte, die du vergleichst.

Gemeinsamkeiten:

Beide ziehen Magnete (auch Elektromagnete) und Körper aus Eisen, Nickel oder Cobalt an. An den Polen ist die magnetische Wirkung am größten. Gleiche Magnetpole stoßen sich ab. Ungleiche Magnetpole ziehen sich an.

*Die **Unterschiede** sind in der Übersicht unten dargestellt.*

▶ Schritt 4

Leite eine Schlussfolgerung ab.

Elektromagnete und Dauermagnete wirken auch aufeinander ein. Das zeigt sich, wenn du eine Kompassnadel in die Nähe eines Elektromagneten bringst.

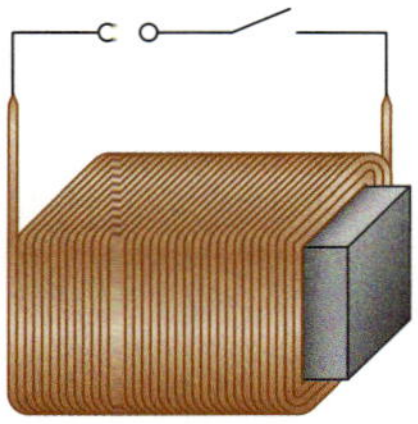

Unterschiede zwischen Dauermagneten und Elektromagneten	
Dauermagnete	Elektromagnete
bestehen aus Eisen, Nickel oder Cobalt bzw. werden aus speziellen Legierungen hergestellt	bestehen aus einer Spule mit Eisenkern
lassen sich nicht umpolen	lassen sich umpolen (Vertauschen der Anschlüsse)
magnetische Wirkung kann nicht abgeschaltet werden	magnetische Wirkung kommt nur bei Stromfluss zustande, kann also abgeschaltet werden

Elektrische Geräte im Alltag

Ohne Energie läuft nichts

Diese Taschenlampe funktioniert auch ohne Batterie. Weißt du, wie?

Wie wichtig elektrische Energie für dich ist, merkst du erst, wenn die Energieversorgung unterbrochen ist: Computer, Kühlschrank und Radio funktionieren nicht mehr.
Der Bildschirm des Fernsehapparats bleibt dunkel. Straßenbahnen, Aufzüge und Rolltreppen stehen still.

Lampen, Geräte und Maschinen funktionieren nur, wenn ihnen mit dem elektrischen Strom Energie zugeführt wird. Sie sind **Energiewandler.**

Wenn elektrische Geräte arbeiten, wandeln sie die Energie des elektrischen Stroms in andere Energien um.

Aufgaben

1 Begründe, warum elektrische Geräte Energiewandler sind. ↗ S. 38

2 Beschreibe an drei weiteren Beispielen die Energieumwandlung in elektrischen Geräten.

Bei einer Herdplatte wird elektrische Energie in thermische Energie umgewandelt.

Bei einer Energiesparlampe wird elektrische Energie in Lichtenergie umgewandelt.

Bei einer Küchenmaschine wird elektrische Energie in mechanische Energie umgewandelt.

Energieformen in Natur und Technik		
Potenzielle Energie	Kinetische Energie	Rotationsenergie

Körper, die aufgrund ihrer Lage mechanische Arbeit verrichten können, besitzen **potenzielle Energie.** Der Bergsteiger besitzt potenzielle Energie.	Körper, die aufgrund ihrer Bewegung mechanische Arbeit verrichten können, besitzen **kinetische Energie.** Ein Flugzeug besitzt kinetische Energie.	Körper, die aufgrund ihrer Rotation Arbeit verrichten können, besitzen **Rotationsenergie.** Der Rotor eines Windkraftwerks besitzt Rotationsenergie.
Thermische Energie	Chemische Energie	Lichtenergie

Körper, die aufgrund ihrer Temperatur Wärme abgeben oder Licht aussenden können, besitzen **thermische Energie.** Eine Kerzenflamme besitzt thermische (innere) Energie.	Körper, die bei chemischen Reaktionen Wärme abgeben, Arbeit verrichten oder Licht aussenden, besitzen **chemische Energie.** Beim Verbrennen von Gas entstehen Wärme und Licht.	Die Sonne und andere Lichtquellen senden Licht aus. Licht und andere Strahlung besitzen Energie. Sie wird auch als **Lichtenergie** bezeichnet
Elektrische Energie	Magnetische Energie	Kernenergie

Körper, die aufgrund elektrischer Vorgänge Arbeit verrichten, Wärme abgeben oder Licht aussenden, besitzen **elektrische Energie.** Elektrischer Strom und damit auch ein Blitz besitzt elektrische Energie.	Körper, die aufgrund ihrer magnetischen Eigenschaften mechanische Arbeit verrichten können, besitzen **magnetische Energie.** Das Magnetfeld eines Lasthebemagneten besitzt magnetische Energie.	Bei der Spaltung von Atomkernen und bei ihrer Verschmelzung wird Energie frei, die als **Kernenergie** bezeichnet wird. Kernenergie wird z. B. bei der Spaltung von Atomkernen des Urans und in der Sonne frei.

Elektrische Geräte im Alltag

Energieübertragung

Wo „steckt" die Energie, die das Wasser in einem Topf zum Sieden bringt? Wie gelangt die Energie zum Topf?

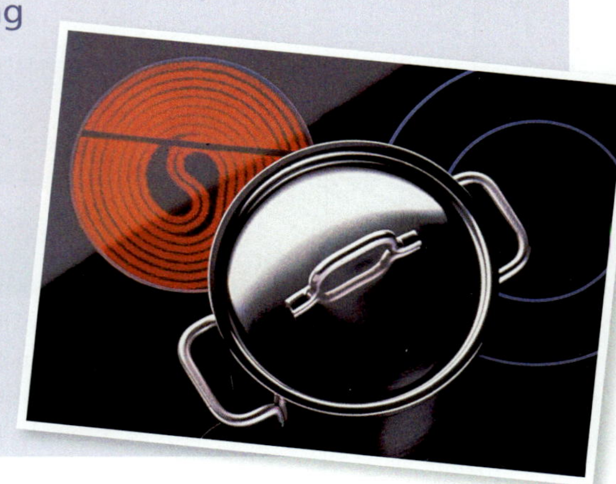

Energie ist in **Energieträgern** gespeichert. Solche Energieträger sind z. B.:
- Licht und elektrischer Strom,
- Batterien und Akkumulatoren,
- Brennstoffe (Kohle, Holz, Erdöl),
- Treibstoffe (Benzin, Diesel),
- Nahrungsmittel aller Art.

Auch in einer heißen Herdplatte ist Energie gespeichert.

Energie haben auch bewegte Körper wie ein Dynamo, fließendes Wasser, fahrendes Auto und gehobene Körper wie angestautes Wasser.

> Energie ist in Energieträgern gespeichert. Mit dem jeweiligen Energieträger wird die Energie transportiert und auf einen anderen Träger übertragen.

Wenn du in die Pedale deines Fahrrads trittst, versetzt du das Rädchen am Dynamo in Drehbewegung. Mit der Drehbewegung des Vorderrads wird die Energie auf den Dynamo übertragen.

Der Dynamo wandelt die Bewegungsenergie in elektrische Energie um. Mit dem elektrischen Strom wird Energie auf den Scheinwerfer übertragen. Im Scheinwerfer wird die elektrische Energie in Licht umgewandelt.

Energieübertragungen können in **Energietransportketten** dargestellt werden.

- Welches sind die Energiewandler in der Energietransportkette unten?

Energie → **Fahrraddynamo** → Energie → **Fahrradscheinwerfer** → Energie

Dreh-bewegung → Fahrraddynamo → elektrischer Strom → Fahrradscheinwerfer → Licht

- Beschreibe die Energietransportkette bei einer Fahrradbeleuchtung.

Wusstest du schon …

Strom für unterwegs und aus der Wand

Wenn deine Taschenlampe nur noch glimmt, ist klar, was zu tun ist: Batterien austauschen. Schwächelt dein MP3-Player oder geht dein Handy nicht mehr, lädst du den Akkumulator, kurz Akku, auf. Dann liefert er wieder Energie. Die elektrische Energie im Akku wird durch elektrochemische Reaktionen freigesetzt (chemische Wirkung des elektrischen Stroms).

Im Braunkohlentagebau Garzweiler wird auf ca. 70 km² Fläche Braunkohle abgebaut.

Bei den meisten elektrischen Geräten nutzt du Energie aus der Steckdose. Diese wird in Kraftwerken aus verschiedenen Energieträgern bereitgestellt, z. B. aus Kohle, Wind oder Wasser. In einem Kohlekraftwerk wird beim Verbrennen von Kohle heißer Wasserdampf erzeugt.

Die Energie des Wasserdampfs versetzt eine Dampfturbine in Drehbewegung. Die Energie wird dann über eine Welle auf einen Generator übertragen und von dort auf den elektrischen Strom. Der Anteil der Braunkohle an der Energieerzeugung beträgt knapp 25 %.

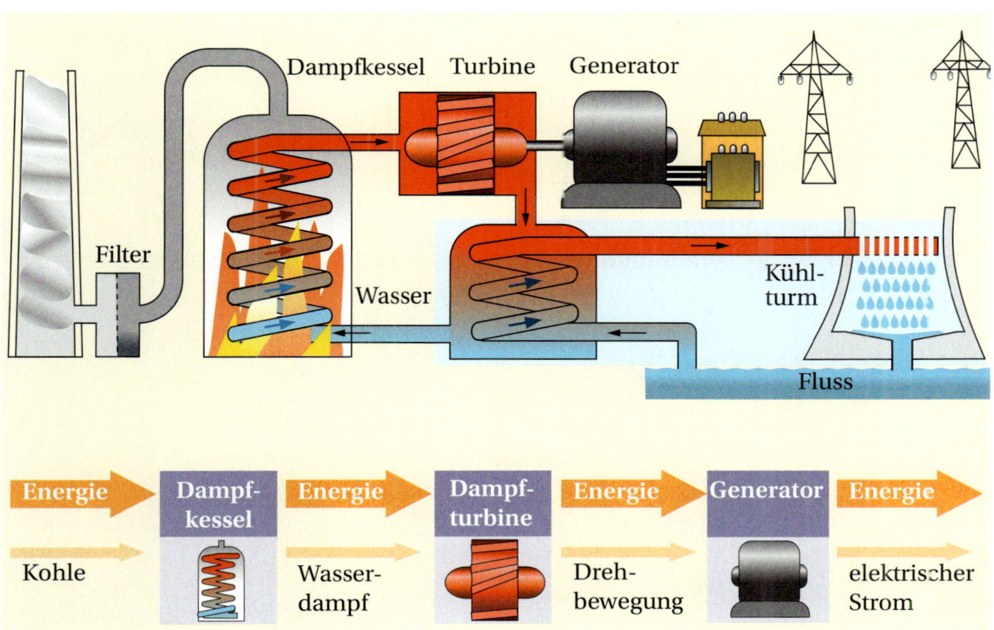

Bei einem Kohlekraftwerk erfolgt eine ganze Kette von Energieübertragungen. Ein Teil der Energie erwärmt die Umwelt.

Das hast du gelernt

Elektrische Geräte im Alltag

Der elektrische Strom ist nur an seinen Wirkungen zu erkennen.

Elektrischer Strom ist die gerichtete Bewegung von Ladungsträgern in einem elektrischen Stromkreis.

Elektrische Geräte, Maschinen und Anlagen sind Energiewandler.

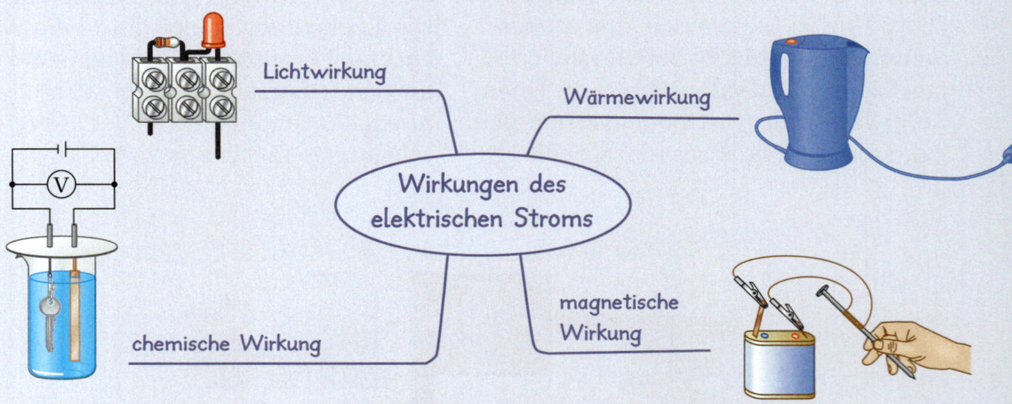

Energie kann von einem Körper auf einen anderen übertragen und mit dem jeweiligen Energieträger auch transportiert werden. Das kannst du in Energietransportketten darstellen.

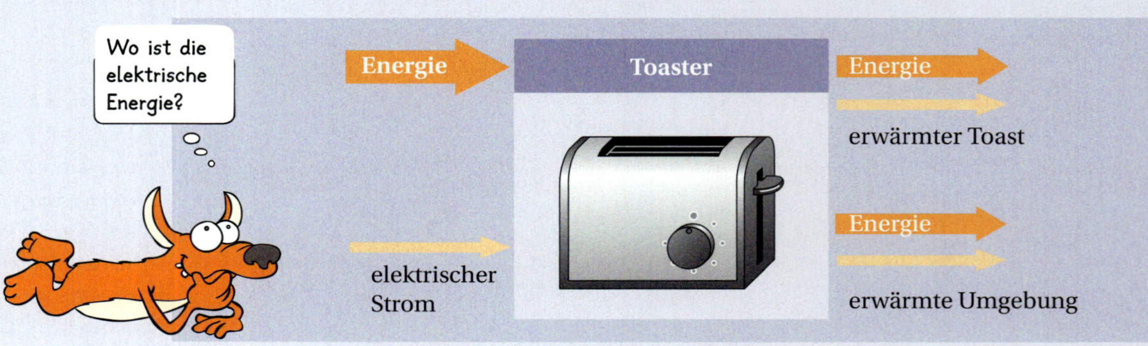

Löse mit Köpfchen

1. Im Vergleich
Vergleiche das Verhalten eines Stabmagneten mit dem eines Elektromagneten. Halte zunächst den Elektromagneten und dann den Stabmagneten über eine Kiste mit Stecknadeln.
Beschreibe und vergleiche deine Beobachtungen. ↗ S. 20, 173

2. Weicher Kern
Starke Elektromagnete, mit denen schwere Stahlplatten gehoben werden können, haben Spulenkerne aus Weicheisen. Recherchiere, welche Eigenschaften Weicheisen hat. ↗ S. 90

3. Magnete in vielen Anwendungen
Erarbeite eine Mindmap zum Thema „Magnete und ihre Anwendungen im Alltag und in der Technik“. Gehe dabei auf Dauermagnete und auf Elektromagnete ein. ↗ S. 33

4. Strom wirkt verschieden
Welche Wirkungen des elektrischen Stroms werden bei den Geräten in den Abbildungen genutzt?

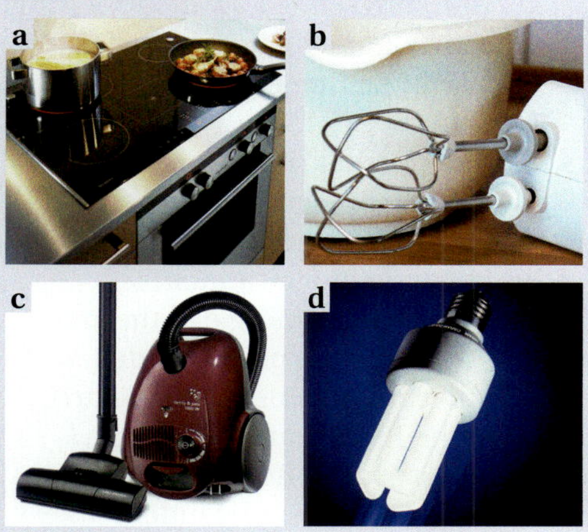

5. Fehlersuche
In der Energietransportkette haben sich Fehler eingeschlichen. Finde und korrigiere sie.

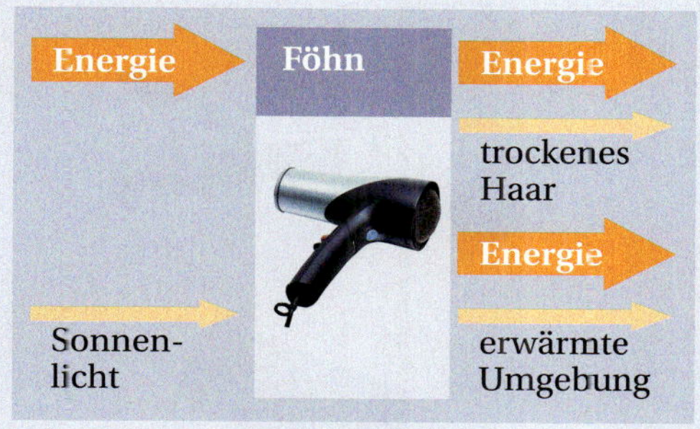

6. Energietransport in Ketten
a) Beschreibe die Energietransportkette für eine Energiesparlampe.

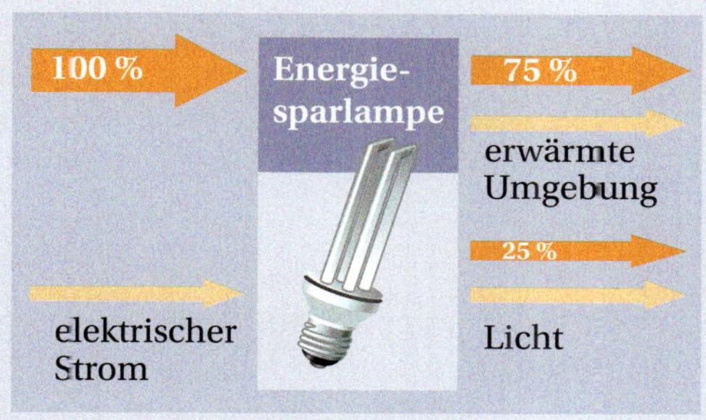

b) Zeichne eine Energietransportkette für einen Mixer.
c) Was passiert mit der zugeführten elektrischen Energie, wenn du Wasser in einem Wasserkocher zum Sieden bringst? Zeichne eine Energietransportkette.
d) Begründe, warum ein Mixer und ein Wasserkocher Energiewandler sind.

7. Aufgaben selbst gestellt
Stellt euch untereinander Aufgaben zu Energieumwandlungen. Wertet sie aus.

Teste dich selbst

Bei manchen Wahlantworten gibt es mehrere richtige Lösungen. Die Lösungen findest du auf S. 201.

Wähle aus.

1 Entscheide: Nach welchem Schaltplan wurde die folgende Schaltung aufgebaut?

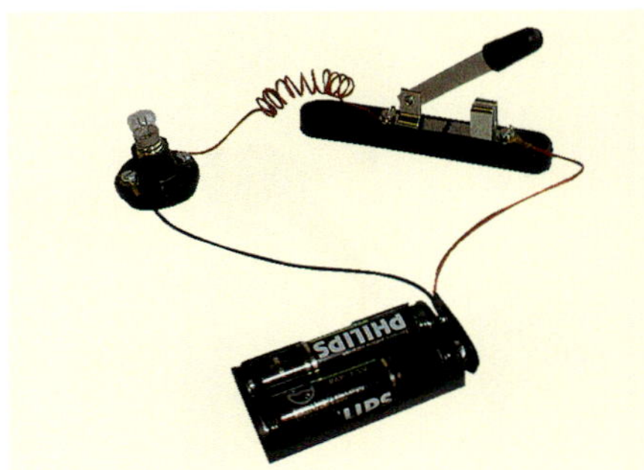

A

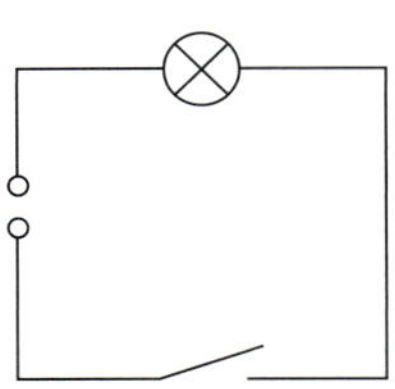

B

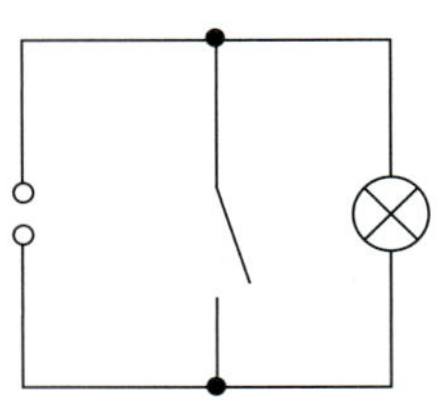

C

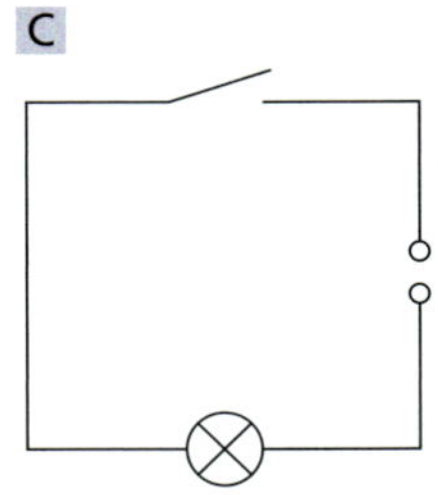

2 Für welche der abgebildeten Stromkreise trifft folgende Aussage zu: Wird der Schalter geschlossen, dann fließt ein elektrischer Strom im Stromkreis.

A

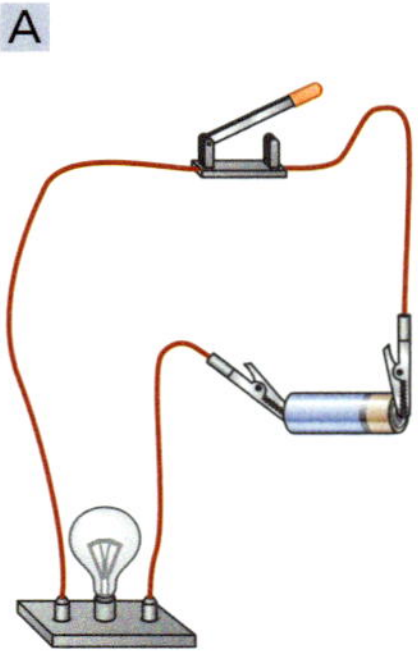

B

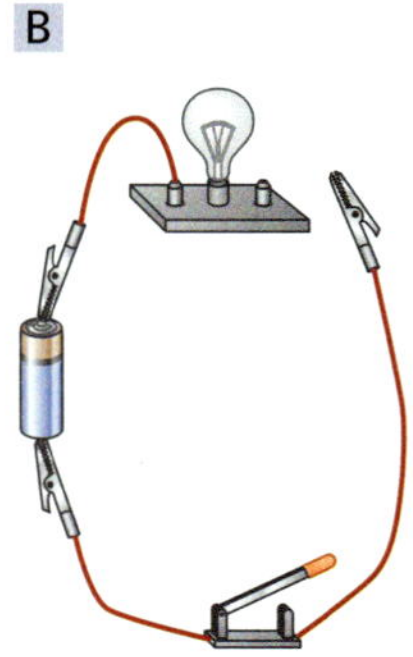

C

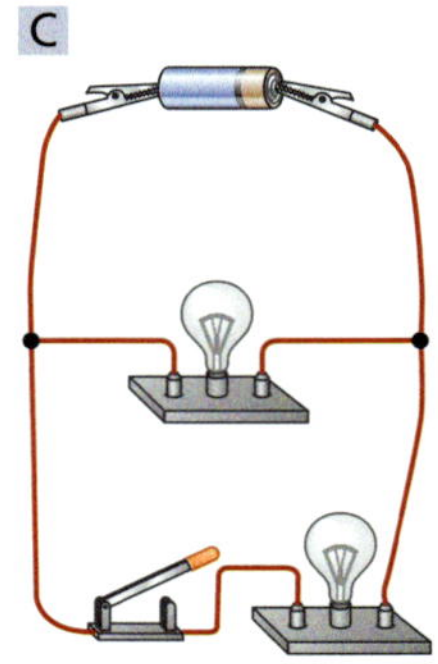

3 Körper, die elektrischen Strom gut leiten, heißen

- A Stromleiter,
- B Isolatoren,
- C elektrische Leiter,
- D Nichtleiter.

4 In der Abbildung sind zwei gleiche Lampen verwendet worden. Wenn der Schalter geschlossen wird, leuchten beide Lampen. Was kannst du über die Helligkeit der Lampen aussagen?

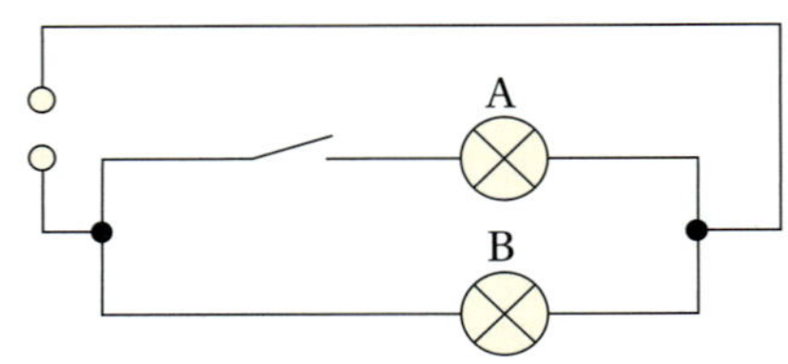

- A Beide Lampen leuchten gleich hell.
- B Die Lampen leuchten dunkler, als zuvor Lampe B geleuchtet hat.
- C Beide Lampen verlöschen, weil ein Kurzschluss auftritt.
- D Die Lampen leuchten heller, als zuvor Lampe B geleuchtet hat.

5 Ein Eierkocher ist ein Energiewandler. In einem Eierkocher wird

- A chemische Energie in elektrische Energie umgewandelt,
- B elektrische Energie in thermische Energie umgewandelt,
- C thermische Energie in elektrische Energie umgewandelt.
- D elektrische Energie in mechanische Energie umwandelt.

Beantworte ausführlich.

1 Die Geräte in der Abbildung nutzen die Wirkungen des elektrischen Stroms.

a) Stelle in einer Tabelle die jeweiligen Geräte und die genutzten Wirkungen zusammen.

b) Wie sind die Geräte geschaltet?

c) Der Toaster und der Wasserkocher sind in Betrieb. Was passiert mit dem Toaster, wenn der Wasserkocher ausfällt?

2 Zeichne einen Schaltplan für die jeweilige Schaltung. Beschreibe und vergleiche die beiden Schaltungen.

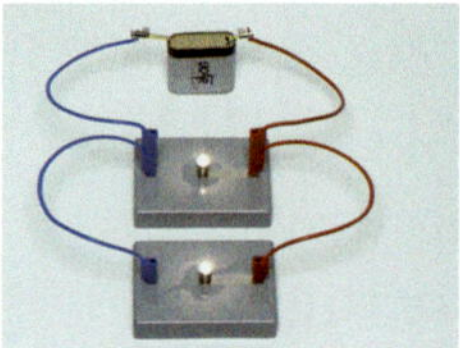

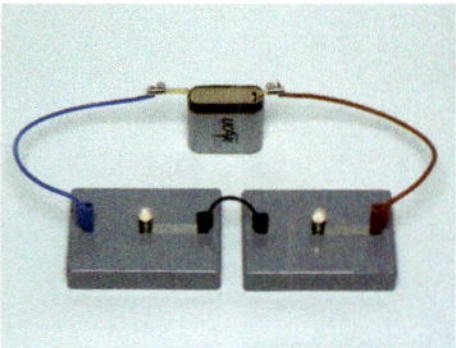

3 Sicherheitsschaltungen sind UND-Schaltungen. Kontrolliere die Schaltung oben rechts, die Meike als Sicherheitsschaltung gezeichnet hat.

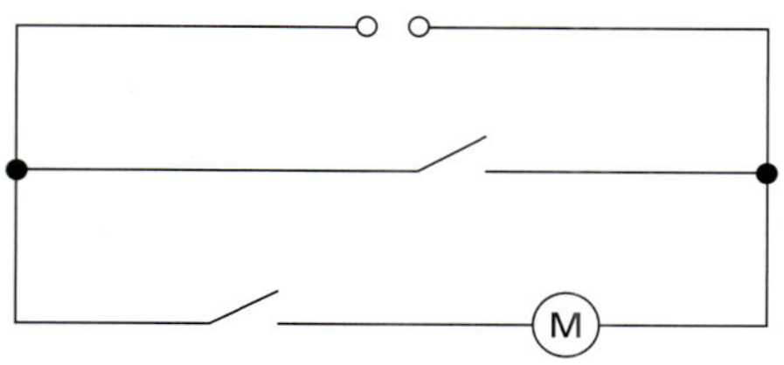

a) Würdest du ihr die Erlaubnis zum Aufbau der Schaltung erteilen?

b) Wo kommen Sicherheitsschaltungen im Alltag und in der Technik vor?

4 „Mir passiert schon nichts!", sagt Niklas und experimentiert zu Hause mit Netzspannung. Bewerte sein Verhalten.

5 Vorsicht bei der Nutzung von elektrischen Geräten im Bad!

a) Begründe, warum die Berührung mit elektrischem Strom beim Baden gefährlich ist.

b) Welche Schlussfolgerungen leitest du daraus für die Benutzung eines Föhns oder anderer elektrischer Geräte im Bad ab?

6 Bei den folgenden Aussagen und Schaltungen haben sich Fehler eingeschlichen. Finde sie heraus und korrigiere sie.

a) Ein Elektromagnet wird stärker, wenn man die Zahl der Windungen einer Spule verkleinert.

b) Der Stromkreis rechts ist geschlossen.

c) Körper aus Kupfer leiten den elektrischen Strom schlechter als Körper aus Kunststoff.

Ziel erreicht

Roter Faden gesucht
Fällt es dir schwer, vor lauter Fakten noch Zusammenhänge zu erkennen? Dann versuche, den Blickwinkel zu wechseln. Die grundlegenden Betrachtungsweisen „Struktur der Materie", „System", „Energie" und „Wechselwirkung" geben dir eine Orientierung, dein Wissen zu systematisieren und zu strukturieren. So behältst du den Überblick.

Beispiel Reflexion von Licht

Struktur der Materie

Welche Stoffe reflektieren das Licht?

Wechselwirkung

Warum sind die Spiegelbilder nicht ganz scharf?

System

Wie entsteht ein Bild im Auge?

Wechselwirkung

Welche Körper beeinflussen sich gegenseitig?

Hast du den Überblick?

Struktur der Materie

Materie ist alles, was in der Welt, die uns umgibt, in Form von Stoffen (Wasser, Luft, Kunststoff, Eisen …) sowie magnetischen und elektrischen Feldern vorhanden ist.

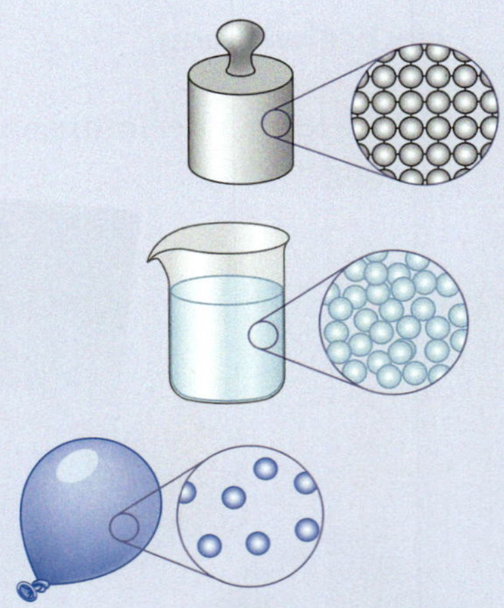

Sonnenenergie und Wärme

- Stoffe bestehen aus Teilchen. Diese bewegen sich ständig und wirken aufeinander.
- Je höher die Temperatur ist, desto schneller bewegen sich die Teilchen.
- Stoffe unterscheiden sich darin, ob sie Wärme absorbieren, reflektieren oder übertragen.

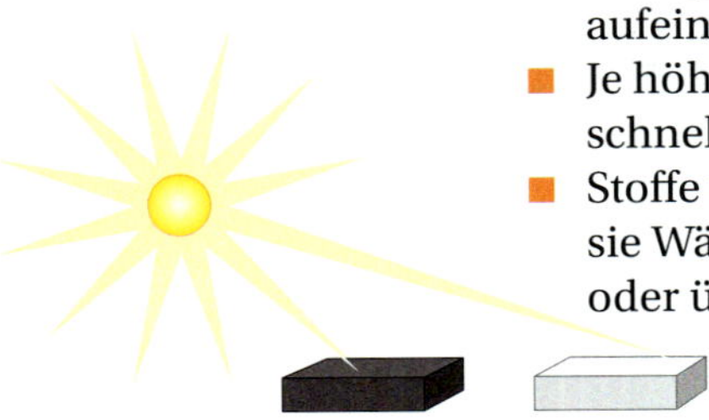

Sinneswahrnehmungen mit Licht und Schall

- Treffen Licht bzw. Schall auf Körper, wird ein Teil absorbiert, gestreut, reflektiert oder durchgelassen – je nachdem, aus welchem Stoff die Körper bestehen.
- Im Vakuum kann sich Schall nicht ausbreiten.

Kräfte und Körper

- Körper bestehen aus Stoffen. Stoffe erkennst du z. B. an ihrer Magnetisierbarkeit.
- Magnetische Felder sind Räume mit Kraftwirkungen.
- Wirken auf eine Körper von außen Kräfte, dann ändern sich Form oder Bewegung des Körpers oder beides.

Elektrizität und ihre Wirkungen

- Stoffe unterscheiden sich in ihrer elektrischen Leitfähigkeit.

Wechselwirkung

Wenn sich zwei oder mehrere Körper gegenseitig beeinflussen, liegt eine Wechselwirkung vor.

Sonnenenergie und Wärme

- Jahreszeiten entstehen, weil sich die Erde um die Sonne bewegt und die Erdachse geneigt ist.
- Zwischen Körpern unterschiedlicher Temperatur wird Wärme übertragen.
- Die Zufuhr oder Abgabe von Wärme führt zu Wärmeausdehnungen oder Änderungen des Aggregatzustands.

Kräfte und Körper

- Zwischen Körpern wirken Kräfte.
- Kräfte bewirken die Veränderung der Form oder des Bewegungszustands von Körpern oder beides.
- Hebel sind Kraftwandler.
- Magnete wirken ohne direkten Kontakt aufeinander und auf andere Körper (Anziehung, Abstoßung).

Elektrizität und ihre Wirkungen

- Elektrischen Strom kannst du an seinen Wirkungen erkennen.

Sinneswahrnehmungen mit Licht und Schall

- Licht und Schall treten mit Körpern der Umgebung in Wechselwirkung.
- Bilder entstehen durch die geradlinige Lichtausbreitung.
- Wenn Körper genügend schnell schwingen, entsteht hörbarer Schall.
- Wenn Licht von Körpern in unsere Augen fällt, können wir sehen.

Hast du den Überblick?

Sonnenenergie und Wärme

- Tag und Nacht sowie der Wechsel der Jahreszeiten entstehen durch periodische Vorgänge in unserem Sonnensystem.
- Verdunsten und Kondensieren sind Teile des Wasserkreislaufs.
- Körper, die sich in engem Kontakt befinden, tauschen Wärme aus.
- Die Temperaturen auf der Erde ergeben sich aus dem Stand der Sonne.

Sinneswahrnehmungen mit Licht und Schall

- Augen und Ohren sind Sinnesorgane für Licht bzw. Schall.
- Umwelteinflüsse wie Lärm, grelles Licht und ultraviolette Strahlung schaden den Sinnesorganen.
- Schwingungsfähige Systeme erzeugen Schall.

Kräfte und Körper

- Beispiele für Systeme sind Kraftwandler.

Elektrizität und ihre Wirkungen

- Elektrische Geräte funktionieren nur in einem geschlossenen Stromkreis.
- Elektrische Geräte können in Reihe oder parallel geschaltet werden.
- UND- und ODER-Schaltungen kommen in speziellen Nutzungen vor.

System

Ein System setzt sich aus vielen Einzelteilen zusammen. Diese haben in dem System eine bestimmte Funktion und sind voneinander abhängig.

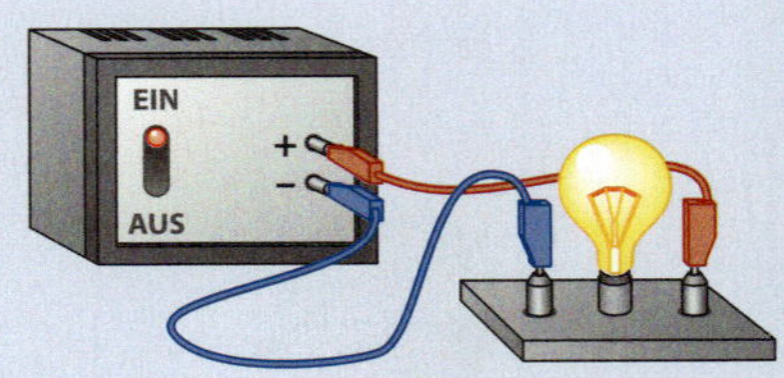

Energie

Energie braucht man, um etwas zu bewegen, zu erwärmen oder zu beleuchten.

Sonnenenergie und Wärme

- Unsere wichtigste Energiequelle ist die Sonne.
- Wärme gelangt durch Strahlung von der Sonne zur Erde.
- Aufgrund der Bewegung von Teilchen besitzen alle Körper thermische Energie.
- Die thermische Energie kann durch Wärme von einem Körper auf einen anderen übertragen werden.

Elektrizität und ihre Wirkungen

- Energie wird in Energiewandlern (Geräte, Maschinen, Lebewesen) von einer Energieform in eine andere umgewandelt.
- In elektrischen Geräten wird elektrische Energie in andere Energieformen umgewandelt.
- Energie ist in Energieträgern gespeichert. Elektrische Energie wird mit dem Strom transportiert.
- Die zugeführte Energie ist nur z. T. nutzbar. Ein Teil wird als Wärme an die Umgebung abgegeben.

Trainiere mit Methode

1 Wer ist schneller?
Erkunde, wie lange der Mond für eine Drehung um seine eigene Achse benötigt.
Wie lange dauert ein Mondtag im Vergleich zu einem Erdtag?

2 Ein Globus hilft
Erkläre die Entstehung von Tag und Nacht und den Wechsel der Jahreszeiten. Nutze eine Taschenlampe und einen Globus. Inwiefern ist ein Globus ein Modell?

3 Das passende Thermometer
Gib an, welches der abgebildeten Thermometer du für die Temperaturmessung in der jeweiligen Situation nutzen würdest.
Begründe deine Wahl.

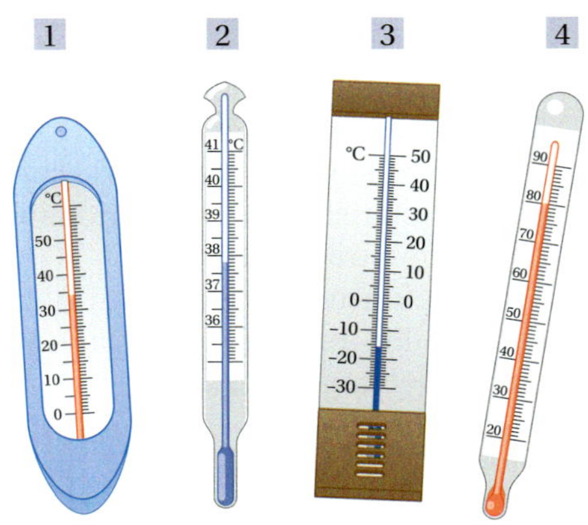

a) Temperaturen in der Sauna
b) Körpertemperatur des Menschen
c) Außentemperatur der Luft
d) Temperatur im Tiefkühlfach des Kühlschranks
e) Temperatur von Badewasser

4 Ändern sich die Temperaturen?
In einem großen Glas befindet sich kaltes Wasser, in einem kleineren Glas heißes Wasser.

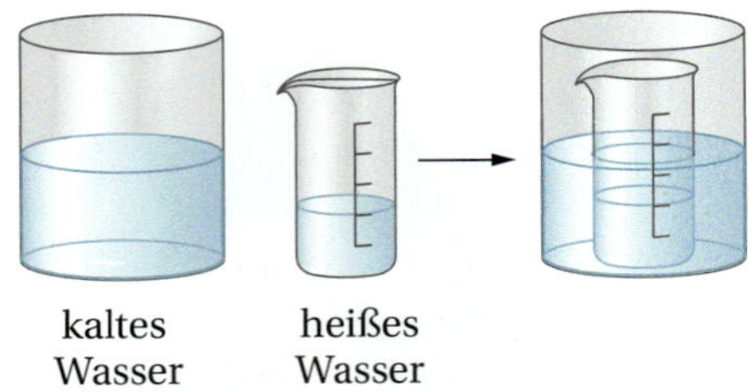

a) Miss zunächst die Temperatur des Wassers in beiden Gläsern.
b) Stelle die Gläser ineinander. Miss jeweils im Abstand von einer Minute die Temperaturen. Rühre gut um. Erfasse die Messwerte in einer Tabelle.
c) Zeichne ein Temperatur-Zeit-Diagramm. Trage alle Messwerte ein. Werte das Diagramm aus.
d) Mache eine Aussage über die Wärme, die zwischen den Wassermengen ausgetauscht wird.

5 Leben wie die Eskimos
Diskutiert in Gruppen, ob ihr euch ein Leben in einem Iglu vorstellen könnt. Wie würde sich euer bisheriges Leben ändern?

6 Wie Flüssigkeiten abkühlen

Denise interessiert, nach welchem Gesetz sich Flüssigkeiten abkühlen. Deshalb hat sie alle zwei Minuten die Temperatur von Tee in einer Tasse gemessen:

t in min	0	2	4	6	8	10
ϑ in °C	85	63	49	39	33	28

a) Stelle den Abkühlvorgang in einem Temperatur-Zeit-Diagramm (ϑ-t-Diagramm) dar.
b) Berechne die Temperaturänderung nach jeweils zwei Minuten.
c) Werte das Diagramm aus.
d) Am nächsten Tag wiederholt Denise den Versuch bei einer geringeren Zimmertemperatur. Werden sich die Messwerte ändern? Begründe.

7 Ein anschauliches Teilchenmodell

a) Welche der Aussagen, die den flüssigen Aggregatzustand eines Stoffs mit dem Teilchenmodell beschreiben, sind richtig, welche falsch?
(1) Alle Teilchen bewegen sich gleich schnell.
(2) Alle Teilchen sind gleich groß.
(3) Zwischen den Teilchen wirken Kräfte.
(4) Alle Teilchen haben den gleichen Abstand voneinander.
b) Erkläre mit dem Teilchenmodell, warum du eine vollständig mit Wasser gefüllte Kunststoffflasche kaum zusammendrücken kannst, eine mit Luft gefüllte Flasche dagegen sehr leicht.

8 Nur mit Netz

Warum verhindert ein Drahtnetz unter dem Gefäß, dass das Glas zerspringt? Was passiert mit der Wärme?

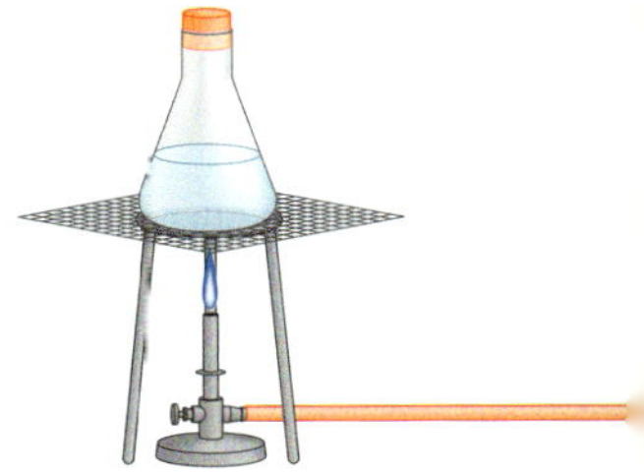

9 Küchenhelfer

Begründe, warum Küchenhelfer aus Holz, Kunststoff oder aus einer Kombination von hitzebeständigen Metallen und Griffen aus Kunststoff sind.

10 Was stimmt denn nun?

An einem Teelöffel aus Kunststoff und einem aus Stahl werden jeweils vier Stahlkügelchen mit Wachs befestigt. Danach werden die beiden Löffel gleichzeitig in ein Glas mit heißem Wasser getaucht. Das Ergebnis des Experiments zeigt die Abbildung rechts. Entscheide, welche der Schlussfolgerungen die richtigen sind:
(1) Metalle leiten die Wärme besser als Nichtmetalle.
(2) Stahl ist der beste Wärmeleiter.
(3) Kunststoff leitet Wärme schlechter als Stahl.
(4) Kunststoff leitet die Wärme nicht.
(5) Stoffe leiten Wärme unterschiedlich gut.

Trainiere mit Methode

11 Nur teilweise finster
Eine partielle (teilweise) Sonnenfinsternis wie in der Abbildung ist viel häufiger zu beobachten als eine totale Sonnenfinsternis. Worin unterscheiden sich beide? Informiere dich im Internet.

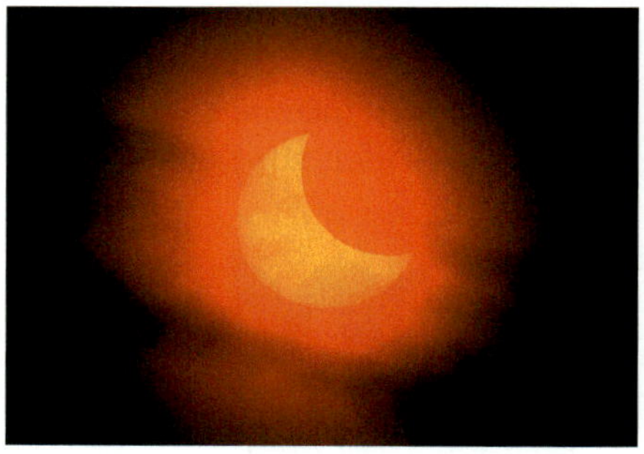

12 Pia versteckt sich
Pia, Tim und Lena spielen Verstecken. Wo muss Pia stehen, damit sie weder von Tim noch von Lena gesehen werden kann? Wähle zwischen den Positionen A bis E aus und begründe deine Entscheidung.

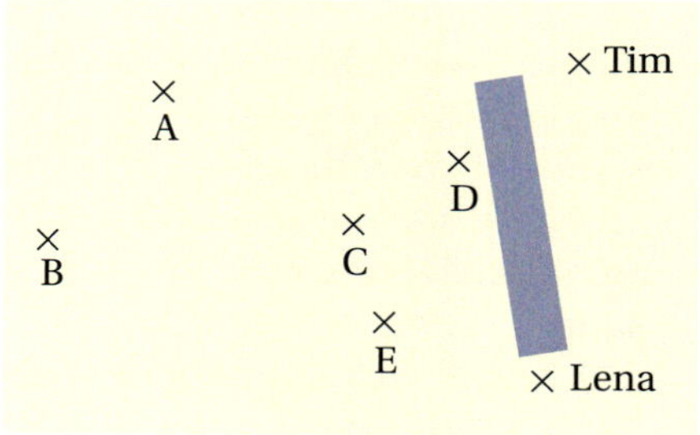

13 Saftflasche
Von einer 25 cm hohen Saftflasche wird ein Schatten an einer Wand erzeugt. Die Lichtquelle befindet sich 40 cm vor der Wand, die Flasche 20 cm.

a) Ermittle in einer maßstäblichen Zeichnung, wie hoch der Schatten der Flasche an der Wand ist.
b) Sage voraus, wie sich die Höhe des Schattens ändert, wenn die Flasche verschoben wird.
c) Prüfe deine Voraussage in einem Experiment. Kannst du sie bestätigen?

14 Vom Sehen
Die Vorstellungen darüber, warum wir Gegenstände sehen, haben sich im Laufe der Geschichte verändert. Welche der farbigen Pfeile (rot, grün oder blau) stellen den Sehvorgang richtig dar?

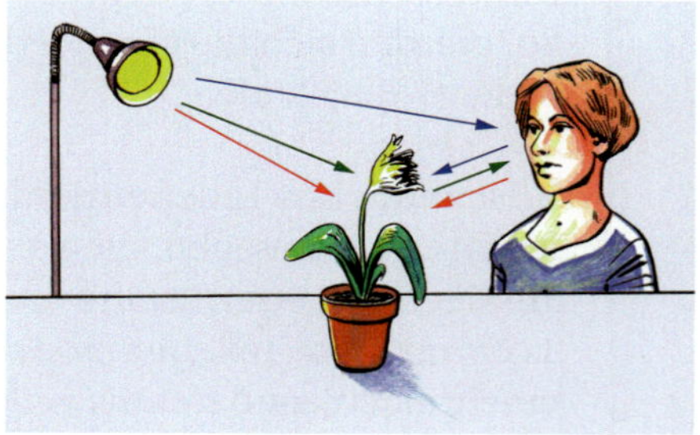

15 Erstaunliche Augen
a) Bei unseren Augen ist der Abstand zwischen Linse und Netzhaut immer gleich. Trotzdem können wir Gegenstände in unterschiedlicher Entfernung scharf sehen. Wie ist das zu erklären?
b) Wie ragieren unsere Augen auf verschiedene Helligkeiten? Beobachtet eure Augen, wenn ihr vom Dunkeln ins Helle kommt. Wertet eure Beobachtungen aus.

16 Nicht hören

Fabian ist mit dem Fahrrad unterwegs. Er hat seinen Walkman auf und hört seine Lieblingsmusik. Bewerte das Verhalten von Fabian.

17 Schall von Tieren

Erkunde, wie verschiedene Tiere Schall erzeugen und welche Hörfähigkeiten sie haben.

a) Fertige Informationsmaterial zu verschiedenen Arten der Schallerzeugung an.

b) Interessant ist, dass der Hörbereich bei allen Lebewesen größer ist als der Stimmumfang. Überlege, warum dies sinnvoll ist.

c) Hundepfeifen werden u. a. zum Trainieren von Rettungshunden eingesetzt. Vergleiche das Gehör eines Hundes mit dem eines Menschen. In welchem Bereich erzeugt die Pfeife Töne?

18 Bolzplatz in Gefahr

Die Anwohner eines Bolzplatzes beschweren sich über den ständigen Lärm, der erst bei Dunkelheit anhält. An den Wochenenden ist die Belastung besonders groß. Sie schlagen verschiedene Maßnahmen vor:

- Einige sprechen sich dafür aus, den Bolzplatz zu schließen.
- Andere fordern, Ohrenschützer an die Anwohner auszuteilen.
- Einer hat die Idee, eine Halle bauen zu lassen.
- Viele fordern, nur bestimmte Zeiten am Tag für das Bolzen zuzulassen.

Bewertet die Maßnahmen und entscheidet, welche am besten ist.
Diskutiert die Maßnahmen in der Gruppe und gebt Gründe an, die für oder gegen die Maßnahmen sprechen.
Wägt die Gründe gegeneinander ab und begründet eure Entscheidung.

19 Wenn Sinne ausfallen

Behinderte Menschen haben es schwer, sich zu verständigen, sich zu orientieren und zu agieren. Sie nutzen andere Wege.

a) Stellt in einer Übersicht zusammen, welche Behinderungen durch Ausfall von Augen und Ohren zustande kommen.

b) Diskutiert darüber, wie man sich gegenüber einer behinderten Person verhalten sollte.

Trainiere mit Methode

20 Belastung zeigt Wirkung

Wie biegt sich ein langes Lineal bei Belastung durch? Bestimme die Durchbiegung *s* in Abhängigkeit von der Belastung *F*. Erstelle ein Protokoll.

Orientiere dich an „So kannst du vorgehen“ auf der Seite 155.

Vorbereitung:

a) Wiederhole, welche Wirkungen Kräfte haben können.

b) Du benötigst folgende Materialien: 2 Lineale, schweres Buch, Bleistift, 8 10-Cent-Münzen.

Durchführung:

a) Ordne ein langes und biegsames Lineal so wie in der Abbildung an.

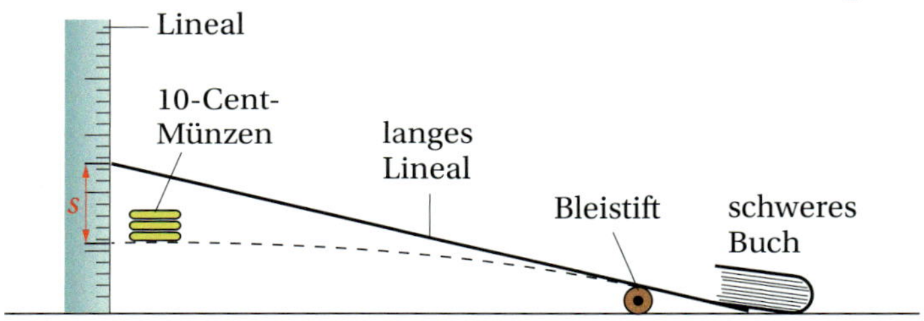

b) Belaste das Lineal an einem Ende durch 10-Cent-Münzen.

c) Erfasse die Messwerte in einer Tabelle nach diesem Muster:

F in N	0,04	0,08	0,12	…
s in cm				

Auswertung:

a) Stelle die Messwerte in einem Diagramm dar.

b) Werte das Diagramm aus. Welchen Zusammenhang erkennst du zwischen der wirkenden Kraft *F* und der Durchbiegung *s*?

21 Schwer und leicht

Miss die Gewichtskräfte verschiedener Gegenstände aus deiner Schultasche mit einem Federkraftmesser. Ordne sie und trage sie in eine Tabelle ein. Ergänze die Tabelle um eine Spalte und berechne die Massen der Gegenstände.

„Auf dem Mars würden wir ganz andere Ergebnisse ermitteln“, behauptet Felix.

Was meinst du dazu?

22 Reibung

Bestimme die Reibungskräfte für die Haft- und Gleitreibung eines Holzklotzes auf einer Unterlage aus normalem Papier und aus Sandpapier.

Vorbereitung:

a) Recherchiere, was Haftreibung und Gleitreibung bedeuten.

b) Stelle eine Vermutung auf, welche der beiden Kräfte größer ist.

Plane ein Experiment und führe es durch. Orientiere dich dabei an der folgenden Abbildung:

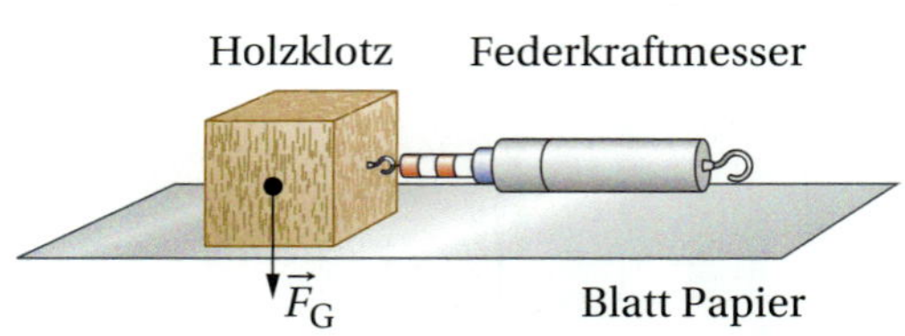

Durchführung:

Miss die jeweiligen Kräfte und trage sie in eine Messwertetabelle ein.

Auswertung:

Kannst du deine Vermutungen bestätigen?

23 Eine merkwürdige Geschichte

Die folgende Geschichte berichtet über drei Vorgänge, die aus physikalischer Sicht so nicht stattfinden können. Finde diese Vorgänge und begründe, warum sie so nicht möglich sind.

Physikprofessor Schlaumeier hat schon viele seltsame Dinge erfunden. In seiner Berghütte will er nun einen Superball herstellen.
Er hat diesen Ort gewählt, weil nur in über 1 500 m Höhe das Wasser bei 120 °C siedet. Diese Temperatur ist notwendig, um den Spezialgummi für den Ball zu kochen.

Endlich war es so weit:
Er nahm den Ball vorsichtig aus dem heißen Wasser. Da hörte er draußen ein lautes Geräusch. Er ging schnell nach draußen, konnte aber im ersten Moment nichts sehen, weil seine Brille durch die Kälte sofort beschlug. Dann sah er die Ursache des Geräuschs:
Ein Ast war auf das Hüttendach gefallen. Beruhigt ging er wieder in die Hütte. Der Ball war inzwischen abgekühlt. Der Professor konnte jetzt ausprobieren, ob der Ball tatsächlich ein Superball ist. Er ließ ihn aus 1,5 m Höhe auf den Fußboden fallen und der Ball sprang tatsächlich bis zur Decke der Hütte. Zufrieden packte der Professor seine Sachen zusammen.

24 Wippen mit Köpfchen

Angenommen, Hasen, Pakete, Katzen und Paul würden alle mit ihren Gewichtskräften am Ende der Wippe angreifen.
Finde mindestens eine Lösung, die Paul auf der Wippe im Bild im Gleichgewicht hält.

25 Wirbelsäule entlasten

Tim und Tom heben jeder eine schwere Kiste mit Flaschen. Bewertet, wer von beiden besser beachtet, dass er seine Wirbelsäule möglichst entlasten sollte.

Trainiere mit Methode

26 Ein etwas anderes Alphabet

Mit langen und kurzen Lichtsignalen, die man mithilfe eines Tasters erzeugt, können Nachrichten übermittelt werden. Die Idee geht auf F. B. MORSE (1791–1872) zurück. Er entwickelte auch ein Alphabet, das nach ihm bezeichnet wird.

a) Informiere dich im Internet über das Morsealphabet.
b) Baue ein Licht-Morsegerät. Nutze eine Glühlampe, einen Taster, eine Spannungsquelle und Klingeldraht.
c) Sende den Notruf SOS.
d) Verschlüssle weitere Nachrichten und tausche sie mit deinen Mitschülern aus.

27 Wie war es früher?

Elektrische Geräte werden in rasantem Tempo weiterentwickelt. Erkundige dich bei Erwachsenen, welche elektrischen Geräte es in ihrer Kindheit noch nicht gab.
Welche Geräte wurden durch neue ersetzt?

28 Energie sparen?

Bewerte folgende Aussagen aus physikalischer Sicht:

29 Die Erlebnisse einer Portion Energie

Aus einem Schüleraufsatz:

a) Zeichne ein Energieflussdiagramm für diese Geschichte.
b) Denke dir selbst eine Geschichte über den Weg einer kleinen Portion Energie aus. Trage sie deinen Mitschülern vor und diskutiert darüber.

Hallo, ich bin das kleine Quäntchen Energie. Mit dem Sonnenlicht bin ich auf die Erde gereist. Dort wurde ich von einem Löwenzahnblatt durch Fotosynthese in etwas Zucker gesteckt. Als ein Hase vorbeikam, hat er das Blatt gefressen. Er hat mich aus dem Zucker herausgeholt und ist mit meiner Hilfe einem Fuchs davongerannt.

Ein großer Teil von mir hat sich mit der Körperwärme in der Umgebung verteilt. So schwebe ich nun ein bisschen in der Luft, liege ein bisschen im Gras und ein bisschen hoppelt von mir mit dem Hasen durch die Gegend.

30 Strom hat Wirkungen

Baue in einen Stromkreis aus Netzgerät und Lämpchen einen Lamettafaden oder einen Streifen aus Aluminiumfolie ein.

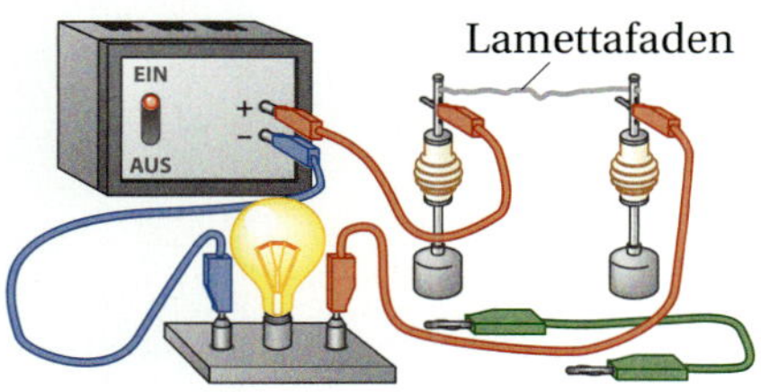

Bitte die Lehrkraft, die Schaltung zu prüfen. Überbrücke das Lämpchen mit einem Kabel. Beschreibe deine Beobachtung.

31 Schwebender Transrapid

Der Transrapid hat keine Räder. Er schwebt über der Fahrbahn, die wie ein großes T geformt ist.

Recherchiere im Internet, wie der Zug mithilfe von Elektromagneten und Dauermagneten in der Schwebe bleibt. Entwirf einen Text und diskutiere ihn mit deinen Mitschülern.

32 Lampe intakt?

Um die Funktionstüchtigkeit einer Haushaltsglühlampe mit der Aufschrift 230 V/40 W zu prüfen, schließt Finja sie an eine Flachbatterie. Sie kommt zu dem Schluss: nicht intakt. Was meinst du dazu?

33 Lasten heben auf Knopfdruck

Sammelt Informationen und Bilder zu Lasthebemagneten und elektrischen Haltemagneten. Berücksichtigt dabei Folgendes:

- Wie groß sind Lasthebemagnete?
- Welche Lasten können sie heben?
- Wo werden sie genutzt?

Verwendet verschiedene Quellen zur Informationssuche, u. a. Lexika und das Internet. Sammelt interessante Texte und Bilder. Notiert die genauen Quellen.

Achtet darauf, dass alle Informationen aus verlässlichen Quellen stammen.

34 Schalten wie die Profis

Philipp und Hannah haben die Aufgabe, eine Schaltung aus Spannungsquelle (6 V), zwei gleichen Glühlampen (6 V; 0,1 W), zwei Schaltern und Kabeln zu entwerfen und aufzubauen. Dies ist ihr Entwurf:

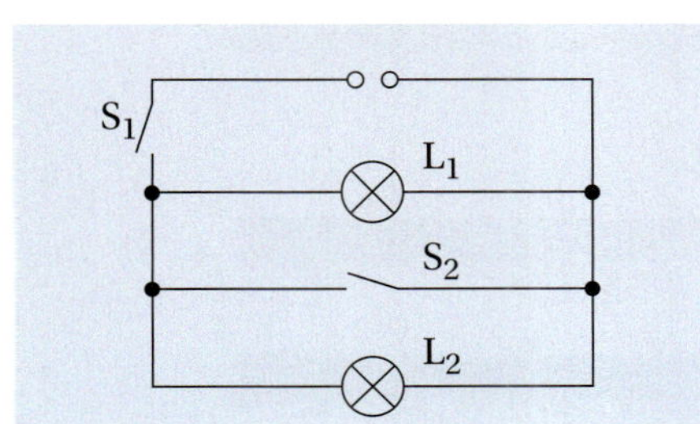

Warum haben die beiden wohl keine Erlaubnis für den Aufbau ihrer Schaltung erhalten?

A Anhang

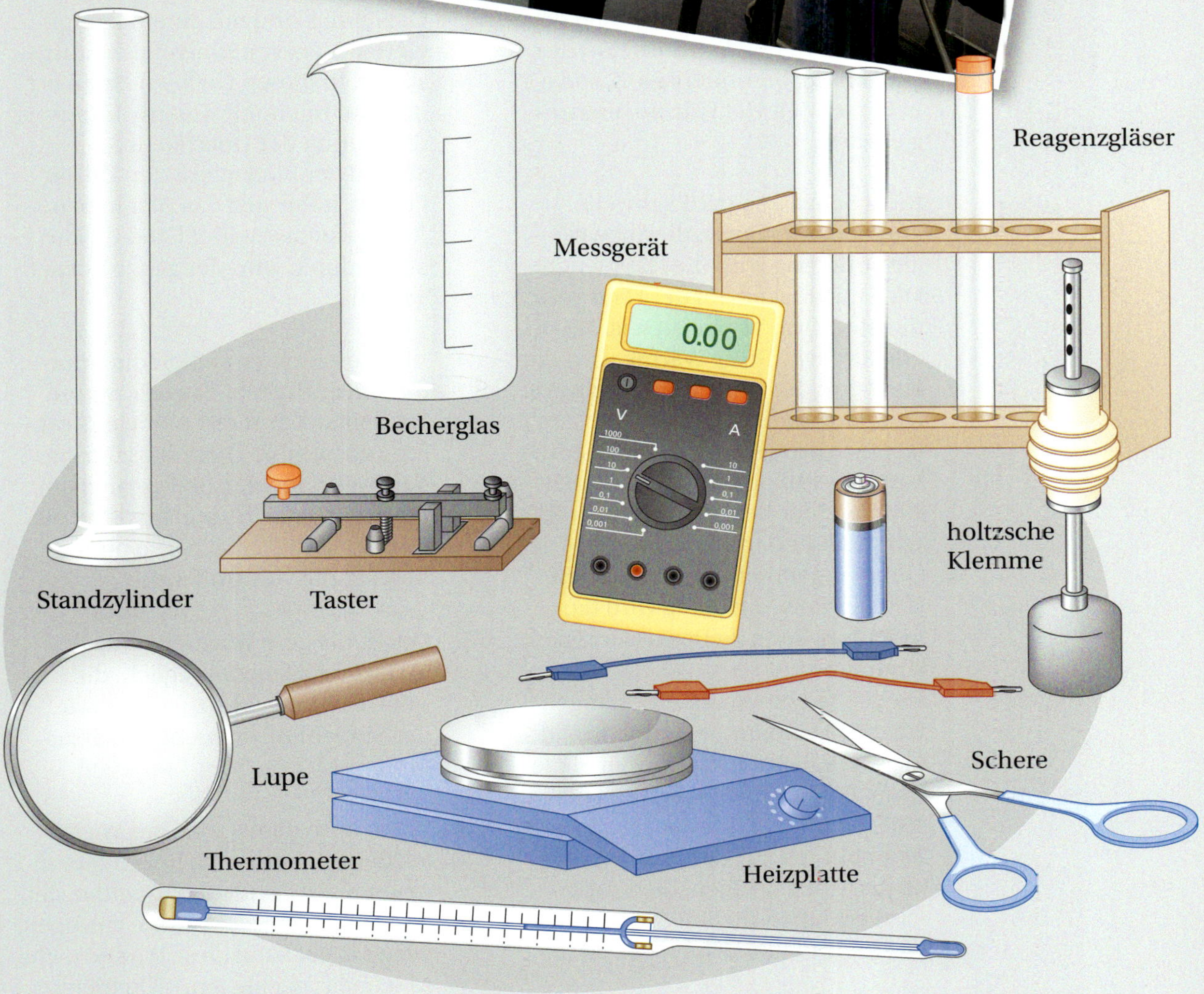
Reagenzgläser
Messgerät
0.00
Becherglas
holtzsche
Klemme
Standzylinder
Taster
Lupe
Schere
Thermometer
Heizplatte

Lösungen zu „Teste dich selbst"

Sonnenenergie und Wärme

Wähle aus – ↗ S. 64

1 B, C; 2 B; 3 A, B; 4 A; 5 C; 6 A, C

Beantworte ausführlich – ↗ S. 65

1 In sehr kalter Umgebung ist die Temperaturdifferenz zwischen der Temperatur des Getränks und der Umgebung besonders groß, sodass in kurzer Zeit viel Wärme übertragen wird.

2 Beim Schwitzen wird Schweiß abgesondert. Durch die Schweißabsonderung wird die Haut feucht. Die Feuchtigkeit auf der Haut verdunstet. Zum Verdunsten ist Wärme erforderlich. Diese Wärme wird der Haut und der Umgebung entzogen. Der Körper wird gekühlt.
Ist die Schweißproduktion gestört, kommt es zu einem Wärmestau. Die Haut der Betroffenen fasst sich sehr heiß und trocken an.
Ohne Gegenmaßnahmen erhöht sich der Puls, der Gang wird taumelnd. Es kann zu Bewusstlosigkeit kommen.
Die Stoffwechselvorgänge hängen von der Temperatur ab und funktionieren nicht mehr bei großer Hitze. Ohne Behandlung kann der Hitzschlag zum Tod führen.
Maßnahmen zur Rettung: Betroffene ins Kühle bringen, die Körpertemperatur zusätzlich durch kaltes Wasser und Eiswürfel absenken.

3 Die Körperoberfläche eines Elefanten ist im Verhältnis zu seinem Körpervolumen klein. Eine Regulation der Körpertemperatur über die Haut ist deshalb nicht ausreichend. Elefanten lösen dieses Problem mithilfe ihrer Ohren. Diese sind auffallend groß. Jedes Ohr kann eine Fläche von zwei Quadratmetern haben. Die Ohren sind mit einem komplizierten Netz von Blutgefäßen ausgestattet. In diesen Gefäßen zirkuliert das Blut mit hoher Geschwindigkeit dicht unter der Oberfläche.
Sobald der Elefant mit den Ohren fächelt, kühlt sich das Blut in den Adern um bis zu fünf Grad Celsius ab. Dadurch wird der ganze Körper gekühlt.

4 Alle Geschichten sollten die Information enthalten, dass die Sonne ein heißer Körper ist und viel Strahlung aussendet. Diese durchdringt den Weltraum. Ein Teil gelangt auf die Erdoberfläche und erwärmt sie. Strahlung breitet sich also ohne Beteiligung von Stoff aus.

5 Durch die gute Wärmeleitung des Metalls ist es nicht möglich, die Münze so lange festzuhalten, wie das Streichholz braucht, um abzubrennen.

6 Wenn nach dem Baden das Wasser auf deiner Haut durch hohe Lufttemperatur und Wind schnell verdunstet, dann wird der Haut Wärme entzogen. Dein Körper kann diese Wärme nicht so schnell „nachliefern". Du frierst.

7 Die Wäsche sollte großflächig aufgehängt werden. Wind und Sonneneinstrahlung beschleunigen das Verdunsten.

Sinneswahrnehmungen mit Licht und Schall

Wähle aus – ↗ S. 118

1 B; 2 A; 3 A; 4 B; 5 B; 6 A; 7 B, D

Beantworte ausführlich – ↗ S. 119

1 a) Das Bild muss umgekehrt sein.
b) Leiser und lauter Ton wurden vertauscht.

2 a) Die Schattenbilder kommen zustande, weil der Fußballer von verschiedenen Lichtquellen beleuchtet wird.
b) An der Erzeugung der Schattenbilder sind vier Lichtquellen (Flutlicht des Stadions) beteiligt.

3 Fahrzeuge mit Licht werden von anderen Verkehrsteilnehmern besser wahrgenommen. Reflektoren werfen das Licht immer nur in die Richtung des Senders zurück.
Ein Fahrzeugführer sieht also Reflektoren an Menschen oder Gegenständen nur bei eingeschaltetem Licht.

4 a) Reflektoren setzen Licht voraus und reflektieren Licht in die Ausgangsrichtung zurück. In vielen Alltagssituationen ist helle Kleidung zusätzlich sinnvoll.
b) Die Sonne scheint nicht weniger. Die Wolken verhindern aber, dass alles Licht der Sonne auf die Erde gelangt.
c) Fledermäuse orientieren sich mithilfe von Schall im Raum. So können sie Hindernissen ausweichen und Beutetiere fangen.
d) Weiche und poröse Körper absorbieren besonders viel Schall.

5 a) Schall kann nicht nur durch Luft übertragen werden, sondern auch über einen straff gespannten Faden. Der Schall breitet sich über die Schnur sogar noch besser aus als in der Luft.
Wenn man in den Becher spricht, so wird die Luft im Becher in Bewegung versetzt und der Boden des Bechers schwingt hin und her. Dadurch wird auch die gespannte Schnur bewegt und am anderen Ende beim „Empfänger" zieht der Faden am Becherboden und bringt auch ihn zum Schwingen. Die Luft im zweiten Becher gerät dadurch in Bewegung.
b) Die Verständigung verbessert sich bei einem Metalldraht, da dieser den Schall besser überträgt als ein Faden.

Kräfte und Körper

Wähle aus – ↗ S. 150

1 A, C; 2 a) B; 2 b) A, C; 3 A, C; 4 B; 5 B; 6 B

Beantworte ausführlich – ↗ S. 151

1

Physikalische Größe	Formelzeichen	Einheiten	Messgerät
Masse	m	g, kg	Waage
Länge	l	cm	Lineal
Volumen	V	cm^3, ml	Messzylinder
Kraft	F	N	Federkraftmesser

2 a) Körper 1: Fußballspieler
Körper 2: Ball
Wirkungen: Ball wird verformt und in Bewegung versetzt.
b) Körper 1: Ast
Körper 2: Wind
Wirkungen: Ast wird verformt und bewegt sich.
c) Körper 1: Bremse
Körper 2: Reifen
Wirkungen: Bewegung wird gestoppt.
d) Körper 1: Fuß
Körper 2: Erdboden
Wirkungen: Läufer setzt sich in Bewegung.

3 a), b) Verlängerung-Kraft-Diagramm
Auf der waagerechten Achse wird die Kraft abgetragen, auf der senkrechten Achse die Verlängerung. Die beiden Geraden verlaufen durch den Koordinatenursprung. Für beide Körper gilt: Je größer die Kraft, umso größer die Verlängerung. Es könnten zwei Federn sein.

s-*F*-Diagramm

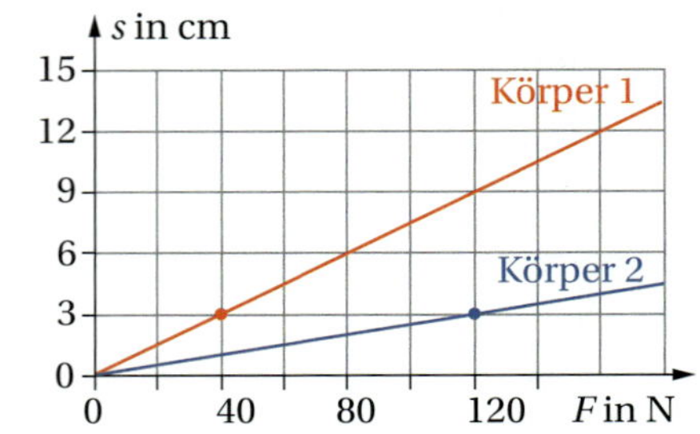

c) $F = 60$ N: Körper 1: $s = 4{,}5$ cm, Körper 2: $s = 1{,}5$ cm
$F = 140$ N: Körper 1: $s = 10{,}5$ cm, Körper 2: $s = 3{,}5$ cm
d) $s = 3{,}0$ cm: Körper 1: $F = 40$ N, Körper 2: $F = 120$ N
$s = 2{,}0$ cm: Körper 1: $F = 23$ N, Körper 2: $F = 80$ N

4 Die Masse des Rings beträgt:
$m = 15\text{ g} - 2{,}007\text{ g}$
$m = 12{,}993\text{ g}$
Der Goldwert des Rings beträgt etwa 130 €.

5 a) Experiment
b) Die Nägel werden selbst zu kleinen Magneten. Sie richten sich so aus, wie die Feldlinien verlaufen.

6 Hebel: Türklinke, Schubkarre, Wagenheber, Schraubenschlüssel
Rollen: Aufzug, Geräte für Fitness
Flaschenzug: Kran, Segelschiff, Baumschere
Geneigte Ebene: Laderampe, Bergstraße

Elektrizität und ihre Wirkungen

Wähle aus – ↗ S. 180

1 A, C; 2 A, C; 3 C; 4 A, D; 5 B

Beantworte ausführlich – ↗ S. 181

1 a)

Gerät	Wirkung des elektrischen Stroms
Wasserkocher	Wärmewirkung
Toaster	Wärmewirkung
Handrührgerät	magnetische Wirkung
Leuchte	(mit Leuchtstoffröhre) Lichtwirkung

b) Die Geräte sind parallel geschaltet.

c) Wenn der Wasserkocher defekt ist, kann der Toaster trotzdem betrieben werden, weil beide Geräte parallel geschaltet sind. Wenn in dem Wasserkocher allerdings ein Kurzschluss verursacht wird, kann auch der Toaster nicht mehr betrieben werden.

2 Schaltplan für die Reihenschaltung (Schaltung rechts)

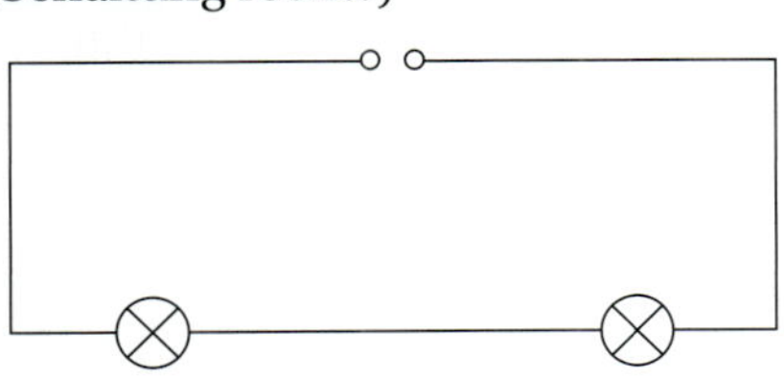

Schaltplan für die Parallelschaltung (Schaltung links):

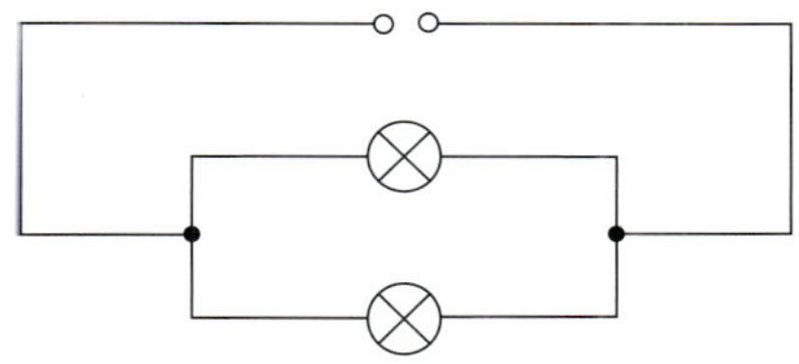

Gemeinsamkeiten:
Beide Schaltungen bestehen aus einer Spannungsquelle und zwei Glühlampen. In beiden Schaltungen leuchten die beiden Glühlampen jeweils gleich hell.

Unterschiede:
In Schaltung links sind die Glühlampen parallel geschaltet, in der Schaltung rechts in Reihe. Die Glühlampen in Schaltung links leuchten heller als in Schaltung rechts.

3 a) Die Schaltung darf so nicht aufgebaut werden. Der obere Schalter verursacht beim Schließen einen Kurzschluss. Wird nur der untere Schalter geschlossen, läuft der Motor an. Bei einer Sicherheitsschaltung darf der Motor nur dann laufen, wenn beide Schalter gleichzeitig geschlossen sind.

b) Sicherheitsschaltungen gibt es u. a. bei Geräten und Maschinen, bei denen gewährleistet sein muss, dass die Hände nicht in die Maschine geraten. Dies ist z. B. bei Heckenscheren, elektrischen Kettensägen und Pressen der Fall.

4 Niklas geht nicht nur extrem leichtsinnig mit seiner Gesundheit um, sondern gefährdet unter Umständen auch Personen, die ihm bei einem Stromunfall zu Hilfe eilen würden. Gerade die Berührung der Pole einer Steckdose, die Spannungen von 230 V liefert, ist für Menschen lebensgefährlich.

5 a) Das Leitungswasser enthält genug Salze und leitet deshalb den elektrischen Strom. Wenn man beim Baden mit elektrischem Strom in Berührung kommt, kann der elektrische Strom durch den Körper fließen – es besteht Lebensgefahr.
b) Benutzung nicht im Wasser, Herabfallen ins Wasser verhindern, nur mit trockenen Händen benutzen.
Elektrogeräte wie einen Föhn sollte man im Bad nur dort benutzen, wo man nicht mit Wasser in Berührung kommen kann.
Niemals in der Badewanne!

6 a) Ein Elektromagnet ist stärker, wenn er bei gleicher Stromstärke mehr Windungen hat.
b) Im Stromkreis fehlt eine Spannungsquelle.
c) Körper aus Kupfer leiten den elektrischen Strom. Körper aus Kunststoff sind Nichtleiter.

Register

G

H

I

J

K

L

M

adpic Bildagentur/R. Maaßen: 52/2; adpic Bildagentur/A. Buss: 105/3; AEARO GmbH: 191/2; AEG Hausgeräte GmbH: 170/2; Channel Island Pictures/Alamy: 30/1; Archiv der Archenhold-Sternwarte Berlin: 76/1; Arnulf Betzold GmbH: 101/1; C ars mundi, www.arsmundi.de: 40/1; AVM GmbH: 170/1; BackArts GmbH: 102/4, 104/5, 105/4, 133/1, 171/2; K. Bahro, Berlin: 179/2; BASF, Ludwigshafen: 111/1; Bibliographisches Institut GmbH, Mannheim: 95/2; Bizerba GmbH & Co. KG, D-72336 Balingen: 125/1; blickwinkel/P. Royer: 34/2; Bosch: 156/6, 164/1, 164/2; Bosch AG: 174/4; Hubert Bossek, Hoppegarten: 78/2, 190/1, NS/4; Corel Photos Inc.: 62/1, 79/5, 15/1; Cornelsen Experimenta: 27/4, 27/5, 32/2, 32/3, 55/1, 98/1, 100/1, 102/1, 104/2, 121/2, 140/2, 140/3, 149/2, 149/3, 156/2, 156/5, 159/1, 159/3, 159/8, 166/1, 173/1, 180/1, 188/2; Cornelsen Experimenta GmbH: 181/1, 181/2; Daimler AG: 178/1; DRK: 85/2; Duden Paetec GmbH: 92/1, 105/5; www.erdbeergarten.com: 63/2; ESA: NS/3, NS/10; Rainer Fischer: 12/1, 175/9, 188/1; Fotolia/Kurt Tutschek: 9/2, Fotolia: 19/2, 29/1; Fotolia/Flexmedia – Fotolia: 19/3; Fotolia/Renee Jansoa: 34/5; Fotolia/Andrzej Solnica: 35/3; Fotolia/Jörg Krumm: 52/3; Fotolia/thongese: 65/1; Fotolia/Yuri Arcurs: 67/2; Fotolia/Ilka Burckhardt: 94/1; Fotolia/Monique van Elsen: 95/3; Fotolia/George Chamberlain: 121/4; Fotolia/Markus Lennartz: 125/2; Fotolia/Aleksandr Ugorenkov: 131/2; Fotolia/Susanne Karlsson: 131/3; Fotolia/Volker Wille: 156/7; Fotolia/Alain Nicolas Lavanchy: 174/3; Fotolia/Tan Kian Khoon: 175/4; Fotolia/Elenathewise: 183/5; Fotolia/Sergey Tokarev: 187/2; Fotolia/ctacik: 196/1; Fotolia/Freddy Smeets: NS/5; www.fotos-direkt.de: 79/3; Fraport AG: 112/2; Barbara Gau: 125/4; Getty Images: 187/1; M. Hannemann, Georg-Weerth-Oberschule 68/1; Heinz-Günter Lau GmbH: 107/1; Thomas Holtrup: 121/6; iStockphoto: 35/1, 45/2, 50/1, 104/1, 109/1, 120/1, 121/1, 121/3, 158/1, 158/2, 183/2, 183/3, 189/1; iStockphoto/Christina Norwood: 19/1, 131/1; iStockphoto/Elena Elisseeva: 24/1; iStockphoto/Tomasz Pietryszek: 43/1; iStockphoto/Rick Lord: 52/1; iStockphoto/GoodMood Photo: 65/3; iStockphoto/max homand: 75/1; iStockphoto/ARENA Creative: 96/1; iStockphoto/T. Popova: 105/1; iStockphoto/Roman Milert: 113/1; iStockphoto/R. Kohlhuber: 115/2; iStockphoto/Chris Hutchison: 116/2; iStockphoto/Sveta Kashkina: 122/1; iStockphoto/photoGartner: 125/3; iStockphoto/Carsten Böttcher: 137/1; iStockphoto/Ina Peters: 146/2; iStockphoto/Mike Clarke: 183/4; iStockphoto/MH: 184/1; iStockphoto/Larry Sherer: 185/2; iStockphoto/Amanda Rohde: 186/1; iStockPhoto/M. Olson: 188/3; iStockphoto/Anthony Seebaran: 126/5; S. Kalmutzki, Neuenhagen: 92/2; Sebastian Karpp: 65/2; Knauf Insulation GmbH & Co. KG: 36/3; Bibliographisches Institut GmbH, Mannheim: 79/6; LD Systeme AG & Co. KG: 27/1, 27/7, 30/2, 32/1, 165/1; LEGO BAGS: 83/1; LEMO Solar: 156/4; Kenneth G. Libbrecht, Kalifornien, USA: 63/1; G. Liesenberg: 10/2, 10/3, 10/4, 27/3, 27/6, 48/1, 50/5, 105/2, 137/3, 137/4, 137/5, 159/5, 159/6, 159/7, NS/1; Werner Krüger/Deutsche Lufthansa AG: 115/1; Lufthansa: 175/2; B. Mahler, Fotograf, Berlin: 43/2, 50/3, 51/1, 72/2, 73/1, 122/2, 139/1, 148/1; H. Mahler, Fotograf, Berlin: 18/1-2, 36/2, 55/2, 72/1, 149/1; Mannesmann Dematic AG, Wetter: 172/2, 175/8; mauritius images/age fotostock: 8/1; mauritius images/imagebroker.net: 9/3; mauritius images/Edmund Nägele: 16/1, 17/1; mauritius images/imagebroker / Ralph Kerpa: 34/1; mauritius images/Tunger: 42/1; mauritius images/Deniz Kalkavan: 45/3; mauritius images/Photo Researchers: 59/4; mauritius images /Schulze+ Schulze: 66/1; mauritius images/Harry Walker: 95/1; mauritius images/Simon Katzer: 116/1; mauritius imagages/ Josh Westrich: 142/1; mauritius images/Marc Gilsdorf: 152/1; mauritius images/Nonstock: 182/1; mauritius images/Schlief: 185/1; mauritius images/Thorsten Milse: NS/2; Messe Berlin GmbH und BDLI: NS/9; Metabowerke GmbH, Nürtingen: 104/4, 170/4; Meyer, L., Potsdam: 22/1, 27/2, 27/8, 50/4, 79/2, 84/1, 137/2, 138/1, 171/3, 171/4, 176/3; Miele & Cie. KG, Gütersloh: 194/1; Z. Neuls, Berlin: 159/9; Michael Neunzig: 161/2; NTL Austria: 13/1, 144/1-4, 158/1, 197/1, 94/2-3; ÖAMTC: 84/2, 105/4, 132/1; OKAPIA KG/Achim Chowanetz: NS/7; Osram GmbH:

Temperaturen in Natur und Technik

tiefste Temperatur, die möglich ist
–273 °C = 0 K

Temperatur, bei der der
Widerstand von Quecksilber
sprungartig null wird (Supraleitung)
–268,95 °C = 4,2 K

Temperatur flüssiger Luft
–193 °C

Nachtseite des Mondes
–130 °C

niedrigste Lufttemperatur in der Antarktis
– 89 °C

Körpertemperatur des Menschen
37 °C

Körpertemperatur einer Maus
44 °C

Siedetemperatur von Wasser
100 °C

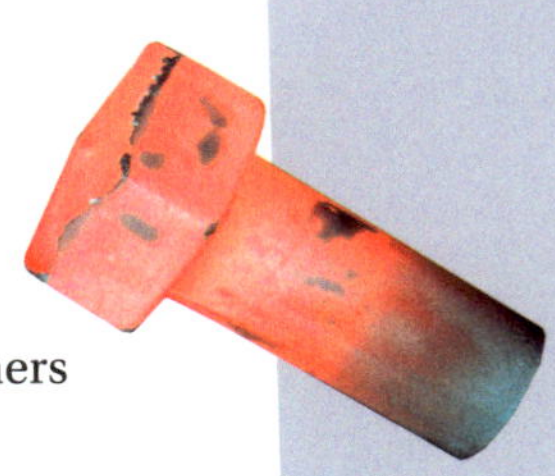

rot glühender Stahl
800 °C

Flamme eines Bunsenbrenners
1 700 °C

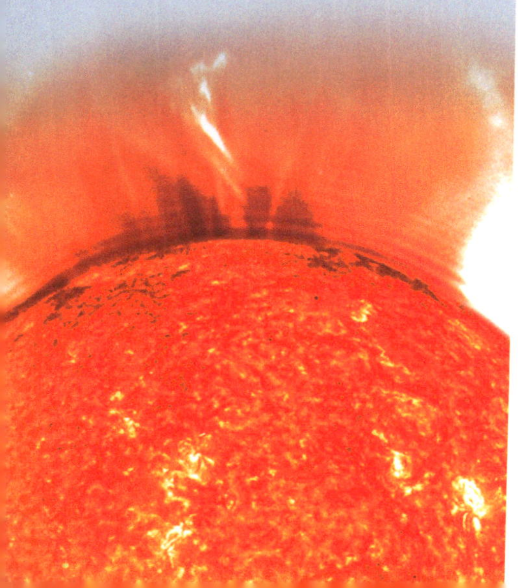

Oberfläche der Sonne
5 500 °C